面向21世纪高端技能型专业人才培养系列

实用建筑工程测量

韩永光　周秋平　主编

MIANXIANG 21SHIJI GAODUAN JINENGXING ZHUANYE RENCAI PEIYANG XILIE

www.fudanpress.com.cn

实用建筑工程测量

韩永光　周秋平　主　编

李春雷　左海龙
罗小虎　冯利朋　副主编

復旦大學出版社

前言

QIAN YAN

《实用建筑工程测量》是建筑工程类课程规划教材之一。本教材结合高职高专建筑类专业培养高端技能型专门人才目标为指导，依据“立足使用、打好基础、强化能力”的教学原则，结合高职教育教学特点编写。为使本教材更具先进性和实用性，编写人员多次深入施工现场进行调研，与现场施工技术人员进行探讨，征求了部分测绘单位和施工单位专家的意见，对一些测绘新仪器、新技术和新方法作了相应的介绍，以便学生今后更快、更好地使用这些技术。同时，在编写思路上采用“一体化(实训)工作任务单”的方式统筹了教材内容。

本教材共分十个(包含一体化实训工作任务单)模块：模块一，建筑工程测量课程标准；模块二，建筑工程测量概述；模块三，水准测量；模块四，角度测量；模块五，距离测量与直线定向；模块六，小区域控制测量；模块七，全站仪；模块八，大比例尺地形图的基本知识及应用；模块九，民用建筑施工测量；模块十，GPS应用。在实际教学活动中可以结合各自的专业方向进行选择。

本书由重庆城市职业学院韩永光、周秋平主编，李春雷、左海龙、罗小虎、重庆文理学院冯利朋任副主编，韩永光担任主审。具体分工为：周秋平、秦继伟、冯利朋编写模块一；黎明、杨靖编写模块二；李春雷、王海霞编写模块三；罗小虎、彭靖编写模块四；卜涛、韩永光编写模块五；谭兴斌、赵辉编写模块六；南方测绘公司钟涛(周秋平校稿)编写模块七；韩永光、唐小茹编写模块八；左海龙编写模块九；韩永光、周秋平编写模块十。全书最后由韩永光、周秋平统稿。

本教材的编者都来自高职高专院校教学第一线，也都有施工现场一线的经历。全书体现了新《建筑工程测量规范》(GB50026—2007)的应用；本书在编写过程中参考了众多同行专家论著，并借鉴精品课程相关网络资源，吸取了有关专著和学术论文的最新成果，在此一并表示感谢！由于编者水平有限，书中难免存在缺点与错误之处，恳请专家、同人和广大读者批评指正。并将意见及时反馈给我们，以便修订时完善。

所有意见和建议请发往：hans0537@126.com

欢迎访问我们的网站：http://www.cqcvc.com.cn/jianzhu/

联系电话：023－49578506 49578503

编　者

2012年7月

目录
MU LU

模块一　建筑工程测量课程标准

课程编码		课程类别	专业核心课程
计划学时	76	学　　分	
适用专业	建筑工程管理	开课单位	建筑工程系
开课学期	第三学期	考核类型	一体化课程
先行课程	建筑工程图的识读与绘制、土建工程图 CAD 软件绘制		
平行课程			
后续课程	建筑工程施工技术、土石方及基础施工		

1.1　课程标准依据

本课程标准依据《测量员国家职业标准》和《建筑工程管理专业人才培养方案》中的人才培养规格要求而制定，用于指导建筑工程测量课程教学与课程建设。

1.2　课程的性质与定位

建筑工程测量是我校建筑工程管理专业的专业核心课之一，同时又是后续施工技术课程的先行课程，在整个人才培养过程中起着承前启后的作用。本课程将以工作任务由简单到复杂为原则，以测量仪器的基本操作、测量仪器的综合操作、测量方法的基本运用、测量方法的综合运用与实现工作任务为载体，设置 4 个学习情境，完成 11 项工作任务。本课程具有“以学生为教学主体，以工作任务为教学载体，以工作过程为教学导向”的特色，实现“教、学、做、考一体化”。本课程在第三学期开设，共 76 学时。

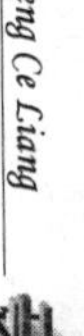

序　　号	前期课程名称	为本课程支撑的主要能力
1	建筑工程图的识读与绘制	识读施工图的能力
2	土建工程图 CAD 软件绘制	识读施工图的能力

序　　号	后续课程名称	需要本课程支撑的主要能力
1	建筑工程施工技术	测量放线能力
2	土石方及基础施工	测量放线能力

高等职业技术院校建筑工程管理专业及相关专业方向的专业人才培养目标是建筑工程施工员，建筑工程监理员等。施工员和监理员是该专业学生就业的主要方向和主要岗位。建筑工程测量是施工员、监理员必须具备的一项专业技术能力。

1.3　典型工作任务分析

1.3.1　施工员岗位(核心目标岗位)

工作流程(项目)	典型工作任务	对应的职业能力
1. 临建施工管理与图纸审核	1.1. 审绘图纸	1.1.1. 具备建筑制图、识图的能力 1.1.2. 具备审绘一般房屋中水、暖、电、卫设备和设施等安装图纸的基本能力
	1.2. 编制施工方案及计划	1.2.1. 利用计算机编制施工组织方案的能力 1.2.2. 利用计算机 CAD 设计的能力 1.2.3. 利用计算机进行工程算量、计价的能力 1.2.4. 具有一定的施工技术和组织管理能力
	1.3. 编制单项人力、材料及设备计划	1.3.1. 具备一定的经济与经营管理能力，能编制施工预算，能进行工程统计和现场经济活动分析。 1.3.2. 具有一定的施工组织和科学的施工现场管理的能力。
2. 施工现场组织管理	2.1. 会审施工图	2.1.1. 具有一定建筑制图、识图的能力 2.1.2. 具备审绘一般房屋中水、暖、电、卫设备和设施等安装图纸的基本能力 2.1.3. 懂得一般建筑结构的基本构造
	2.2. 编制施工进程及月进度表	2.2.1. 利用计算机编制施工组织方案的能力 2.2.2. 利用计算机 CAD 设计的能力 2.2.3. 利用计算机进行工程算量、计价的能力 2.2.4. 利用计算机处理测量数据能力 2.2.5. 应用计算机辅助施工管理

(续表)

工作流程(项目)	典型工作任务	对应的职业能力
2. 施工现场组织管理	2.3. 施工组织管理	2.3.1. 具有一定的经济与经营管理知识,和现场经济活动的能力能编制施工预算,能进行工程统计 2.3.2. 具备一定的施工组织和科学的施工现场管理能力 2.3.3. 懂得地基处理、基础施工的一般原理和方法 2.3.4. 具有施工技术与高层建筑基础施工技术知识 2.3.5. 具有施工现场布置及施工方案的制定的能力 2.3.6. 具有施工现场质量与安全管理的能力 2.3.7. 具有施工进度计划的编制的能力 2.3.8. 具有施工内业文件的编制和归档的能力 2.3.9. 具有参与图纸会审及技术交底的能力
	2.4. 建筑材料的调度及配置	2.4.1. 熟悉常用建筑材料(包括水泥、钢材、木材、砂石等)的性能、应用和质量标准 2.4.2. 熟悉一般工业与民用建筑施工的标准、规范 2.4.3. 具有招标、市场采价及采购谈判的能力 2.4.4. 熟悉常用建筑材料的检验、存放及保管方法 2.4.5. 熟悉常用建筑材料的基本技术指标及检测 2.4.6. 熟悉建筑材料检验报告单的审查
	2.5. 建筑构件验算及设计	2.5.1. 具备确定结构计算简图和内力的计算的能力 2.5.2. 熟悉常见结构体系的认知 2.5.3. 熟悉基本构件的设计和验算 2.5.4. 熟悉施工中结构问题的认知和处理 2.5.5. 熟悉工程地质资料的应用和基础的结构处理
	2.6. 建筑工程测量	2.6.1. 具有定位及抄平放线、垂直度控制的能力 2.6.2. 具备建筑变形观测的能力
	2.7. 建筑工程主要工种的配置及调度	2.7.1. 熟悉钢筋工操作并具有相应的工作能力 2.7.2. 熟悉模板工工作流程并具有相应工作能力 2.7.3. 熟悉砌筑工的工作流程并具有相应工作能力
3. 中期交验及竣工交验	3.1. 建筑施工质量验收	3.1.1. 掌握一定的质量管理知识 3.1.2. 掌握常用建筑构件或分项工程的基本技术指标及检测方法 3.1.3. 具有建筑构件或分项工程的检验报告单的审查能力 3.1.4. 熟悉建筑工程施工质量验收统一标准
	3.2. 建筑工程量计算	3.2.1. 具有编制工程量清单及清单计价的能力 3.2.2. 具有准确应用各种计量计价文件的能力 3.2.3. 具有编制土建工程预算的能力 3.2.4. 具有进行土建工程的工料分析的能力 3.2.5. 具有参与工程竣工决算的能力 3.2.6. 具有进行工程统计和现场经济活动分析的能力。
	3.3. 组织协调各方关系	3.3.1. 掌握一定的管理学原理 3.3.2. 掌握一定的施工组织和科学的施工现场管理方法

1.3.2 监理员(目标岗位)

工作流程	工作子流程	典型工作任务	对应的职业能力
1. 临建项目期间	1.1 核实进场材料及检测	1.1.1 核实进场原材料质量检验报告和施工测量成果报告等原始资料	1.1.1.1 读懂建筑施工图,结构施工图,水电,装饰等施工图纸的能力 1.1.1.2 熟悉工程监理基本知识 1.1.1.3 熟悉合同法 1.1.1.4 熟悉招投标 1.1.1.5 掌握安全生产法相关内容及要求 1.1.1.6 掌握施工各环节的操作及工艺技术
2. 工程施工期间	2.1 质量、安全等环节的监理工作	2.1.1 施工过程中各种质量保证资料的收集、检查、汇总等	2.1.1.1 具备安全生产和劳动保护知识 2.1.1.2 掌握安全操作知识 2.1.1.3 执行安全生产的规章制度 2.1.1.4 熟悉各种操作设备应遵守的安全操作规程 2.1.1.5 能坚持"安全第一、预防为主"的安全生产方针
		2.1.2 施工中各种会议的记录、整理、会签、复印、分发等	2.1.2.1 对施工现场易燃易爆物品的用法、存储、运输进行监督和指导 2.1.2.2 参与环境污染物处理的各项措施的编制工作
		2.1.3 各种工程信息的收集、传递、反馈,必要时及时向领导汇报等	2.1.3.1 各种工程信息的收集、传递、反馈,必要时及时向领导汇报等 2.1.3.2 核实进场原材料质量检验报告和施工测量成果报告等原始资料 2.1.3.3 检查承包人用于工程建设的材料、构配件、工程设备使用情况,并做好现场记录
		2.1.4 各种工程联系单、变更单及其他需要联系的事项的往返签证	2.1.4.1 各种工程联系单、变更单及其他需要联系的事项的往返签证 2.1.4.2 检查并记录现场施工程序、施工工法等实施过程情况
		2.1.5 施工中各种试块、试件的取样、送检、结果回索、上报、分类保管等	2.1.5.1 具有良好的职业道德和素质 2.1.5.2 检查和统计计日工情况;核实工程计量结果 2.1.5.3 核查关键岗位施工人员的上岗资格;检查、监督工程现场的施工安全和环境保护措施的落实

（续表）

工作流程	工作子流程	典型工作任务	对应的职业能力
3. 竣工验收期	3.1 竣工验收前做好安全评价工作	3.1.1 竣工验收前做好安全评价工作	3.1.1.1 读懂建筑施工图、结构施工图、水电、装饰等施工图纸的能力 3.1.1.2 指导特殊气候下的施工安全措施，指导、监督正确设置消防设施和器材 3.1.1.3 核查关键岗位施工人员的上岗资格；检查、监督工程现场的施工安全和环境保护措施的落实

1.4 课程目标

关键点： 课程目标要面向全体学生，明确教学应达到的基本要求，同时还要考虑学生的个体差异，为充分发挥学生的学习潜力留有一定的空间。

课程目标包括总体目标和具体目标。

1.4.1 总体目标

本课程旨在培养高端技能型专门人才，如施工员、测量员等，因此，其总体目标是要促使学生形成核心能力中“建筑工程测量放线能力”的职业技术能力和“吃苦耐劳、团结协作、爱护设备、精益求精”的职业素质精神。

本课程要求学生在完成课程学习后，能进行：土石方工程施工测量；基础工程施工测量；钢筋砼主体结构施工测量；砌体结构施工测量放线；钢结构工程施工测量；特殊工程施工测量。

1.4.2 具体目标

本课程的具体目标可以分为能力目标、知识目标、素质目标。

1. 能力目标

（1）能够熟练使用水准仪、能正确进行水准测量的外业及内业演算。

（2）能熟练操作经纬仪、能正确进行水平角观测、竖直角观测、三角高程测量、视距测量、全站仪测量。

（3）能够进行距离测量、直线定向的确定。

（4）能够进行地面点位的确定。

（5）能正确进行小地区控制测量。

(6) 能正确识读地形图，绘制测量地形图、竣工图。
(7) 能够完成建筑方格网的测设、建筑物定位与放样。
(8) 具有自学能力、理解能力与表达能力。
2. 知识目标
(1) 能够正确使用水准仪。
(2) 能够运用水准仪等实训设备测量闭合水准路线(等外水准测量)。
(3) 能够正确使用经纬仪。
(4) 能够运用经纬仪等实训设备测量五边形的内角。
(5) 能够运用经纬仪等设备观测竖直角。
(6) 能够运用全站仪和水准仪联合完成一小区域控制测量。
(7) 能够完成学校内某一区域的竣工图测量。
(8) 能够完成土方量测量与计算。
(9) 能够运用测量仪器及工具测设已知水平角度和水平距离。
(10) 能够完成建筑方格网的测设。
(11) 能够完成建筑物定位与放样。
(12) 具有较好的学习新知识和技能的能力。

3. 素质目标
(1) 具有良好的职业道德和吃苦耐劳精神；
(2) 具有团队意识及妥善处理人际关系的能力；
(3) 具有沟通与交流能力；
(4) 具有计划组织能力和团队协作能力；
(5) 具有爱护仪器设备的素质。

1.5 设计思路

建筑工程测量课程的学习领域设计，其基本思想是依据能力目标、知识目标、素质目标，将学习领域划分成相互衔接、工作任务由简单到复杂的 4 个学习情境：

在学习情境 1 中，本课程以测量仪器的基本操作为工作任务载体，使学生初步掌握常规测量仪器的使用，通过课堂实训，学生具备使用水准仪测量闭合导线高程的能力，运用经纬仪测量闭合五边形的内角的能力。

在学习情境 2 中，学生要学会运用水准仪、经纬仪、全站仪等仪器设备，以完成由简单到复杂的 2 项工作任务，逐步加强学生对测量仪器综合运用的能力。

在学习情境 3 中，本课程将以建筑物定位大型工作任务为载体，进一步强化学生对测量方法综合运用的能力，同时提高与拓宽学生的方法能力和社会能力。

在学习情境 4 中，本课程将把测量方法的综合运用与先进测量技术相结合，引导

讲授与之相关联的GPS单元内容，训练学生具有较好的学习新知识和技能的能力，具有自学能力、理解能力与表达能力

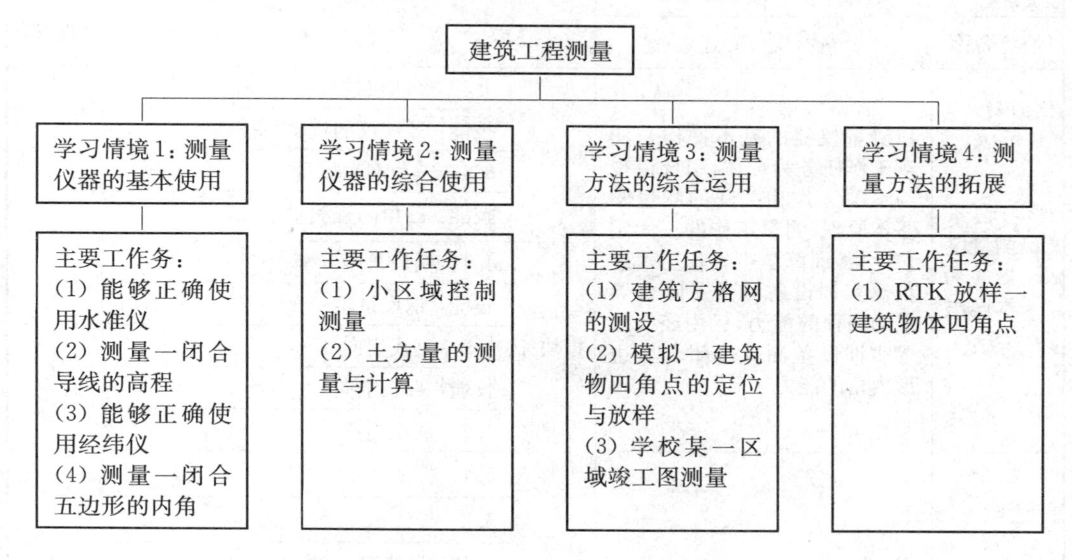

1.6 课程教学内容及学时分配

学习情境		学习内容		参考课时	
情境名称	情境描述				
学习情景1. 测量仪器的基本操作	以测量仪器的基本操作与实现工作任务为载体，引导讲授与本项工作相关联的测量学基本原理、测量工作的三大定位元素，训练学生具备用水准仪等实训设备测量一闭合导线的高程的能力，运用经纬仪等实训设备测量一闭合五边形内角的能力	模块1	1.1 建筑工程测量的任务及作用	4	4
			1.2 测量工程的基准面和基准线		
			1.3 地面点位的确定		
			1.4 建筑工程测量的原则和程序		
			1.5 建筑工程测量常用的测量仪器		
		模块2	2.1 水准测量的使用	4	12
			技能：水准仪认识与使用		
			2.2 水准测量测量的基本方法	4	
			技能：水准路线的测量		
			2.3 水准仪的检验与校正	4	
			技能：水准仪的检验与校正		
		模块3	3.1 经纬仪的使用	4	14
			技能：经纬仪认识与使用		
			3.2 角度测量	4	
			技能：角度测量		

（续表）

<table>
<tr><th colspan="2">学 习 情 境</th><th colspan="2" rowspan="2">学 习 内 容</th><th colspan="2" rowspan="2">参考课时</th></tr>
<tr><th>情境名称</th><th>情 境 描 述</th></tr>
<tr><td rowspan="9">学习情景 1. 测量仪器的基本操作</td><td rowspan="9">以测量仪器的基本操作与实现工作任务为载体，引导讲授与本项工作相关联的测量学基本原理、测量工作的三大定位元素，训练学生具备用水准仪等实训设备测量一闭合导线的高程的能力，运用经纬仪等实训设备测量一闭合五边形内角的能力</td><td rowspan="4">模块 3</td><td>3.3 经纬仪的检验与校正</td><td rowspan="2">4</td><td rowspan="4">14</td></tr>
<tr><td>技能：经纬仪的检验与校正</td></tr>
<tr><td>3.4 三角高程测量</td><td rowspan="2">2</td></tr>
<tr><td>技能：三角高程测量</td></tr>
<tr><td rowspan="5">模块 4</td><td>4.1 钢尺量距</td><td rowspan="2">2</td><td rowspan="5">6</td></tr>
<tr><td>技能：钢尺量距</td></tr>
<tr><td>4.2 直线定向</td><td rowspan="3">4</td></tr>
<tr><td>技能：直线定向</td></tr>
<tr><td>4.3 视距测量</td></tr>
<tr><td rowspan="21">学习情景 2. 测量仪器的综合操作</td><td rowspan="21">以测量仪器的综合操作与实现工作任务为载体，引导讲授与本项工作相关联的小地区控制测量、大比例尺地形图测绘等内容，训练学生具备用全站仪和水准仪联合完成一小区域控制测量的能力，能够完成土方量测量与计算</td><td rowspan="4">任务 5</td><td>5.1 控制测量</td><td rowspan="3">8</td><td rowspan="4">10</td></tr>
<tr><td>5.2 导线测量</td></tr>
<tr><td>技能：导线测量(控制测量)</td></tr>
<tr><td>5.3 测设平面点的方法</td><td>2</td></tr>
<tr><td rowspan="12">模块 6</td><td>6.1 全站仪测量操作</td><td>2</td><td rowspan="12">6</td></tr>
<tr><td>6.2 角度测量与距离测量</td><td rowspan="11">2</td></tr>
<tr><td>技能：角度测量与距离测量</td></tr>
<tr><td>6.3 坐标测量</td></tr>
<tr><td>技能：坐标测量</td></tr>
<tr><td>6.4 放样测量</td></tr>
<tr><td>技能 放样测量</td></tr>
<tr><td>6.5 拓展与认知(程序测量)</td></tr>
<tr><td>6.6 全站仪数据采集</td></tr>
<tr><td>6.7 全站仪内存管理与数据通讯</td></tr>
<tr><td>6.8 全站仪的使用注意事项</td></tr>
<tr><td>技能：能够完成土方量测量与计算</td></tr>
<tr><td rowspan="5">模块 7</td><td>7.1 地形图的比例尺</td><td rowspan="2">2</td><td rowspan="5">6</td></tr>
<tr><td>7.2 地物符号和地貌符号</td></tr>
<tr><td>7.3 地形图图外注记</td><td rowspan="3">4</td></tr>
<tr><td>7.4 地形图的分幅和编号</td></tr>
<tr><td>7.5 地形图的应用</td></tr>
</table>

（续表）

学习情境		学习内容		参考课时	
情境名称	情境描述				
学习情景 3. 测量方法的综合运用	以测量方法的综合运用与实现工作任务为载体，引导讲授与之相关联的民用建筑施工测量单元内容，训练学生具备建筑物定位与放样的能力，完成学校某一区域的竣工图测量的能力	模块 8	8.1　民用建筑施工测量概述	2	14
			8.2　测设前准备工作		
			技能：熟悉建筑施工图		
			8.3　民用建筑的定位和放线	4	
			技能：建筑物定位放线(经纬仪)		
			8.4　基础施工测量	2	
			技能：开挖边线的测量		
			8.5　墙体工程测量	1	
			8.6　高层建筑的施工测量	1	
			8.7　竣工测量	4	
			技能：学校某一区域竣工图测量		
学习情景 4. 测量方法的拓展	以测量方法的综合运用与先进测量技术相结合，引导讲授与之相关联的 GPS 单元内容，训练学生具有较好的学习新知识和技能的能力，具有自学能力、理解能力与表达能力	模块 9	9.1　GPS 概述	2	4
			9.2　GPS 系统组成		
			9.3　GPS 定位原理		
			9.4　GPS 在测量中的应用	2	

1.7　教学组织与方法(教学情境设计)

学习模块	模块 1　测量学的基本知识		
学习情境	1. 测量仪器的基本操作	学时数	4
学习目标	能力(技能)目标	知 识 目 标	
	通过学习，使学生掌握确定地面点位的方法	通过学习，学生了解建筑工程测量的任务和测量工作的三大原则	
主要学习内容		教学方法建议	
1.1　建筑工程测量的任务及作用 1.2　测量工程的基准面和基准线 1.3　地面点位的确定 1.4　建筑工程测量的原则和程序 1.5　建筑工程测量常用的测量仪器		探究式教学法 小组讨论法	
		考核评价方式	
		常用仪器的识别及功能简介，采用问答形式	

（续表）

教学材料	对学生能力知识的要求	对教师能力知识的要求
图纸、测量仪器	1. 有较好的数学基础 2. 有较好的自主学习能力 3. 有较好的团队协作能力	1. 有丰富的工程实践经验 2. 有扎实的理论知识功底 3. 有很强的语言组织能力和表达能力 4. 有新的教育理念
备　注		

学习模块	模块 2　水准测量		
学习情境	1. 测量仪器的基本操作	学时数	12
学习目标	1. 掌握水准测量的基本原理 2. 掌握水准测量的方法和成果计算 3. 了解水准仪的构造，能正确操作水准仪 4. 具有水准仪的检验与校正的能力 5. 能使用水准仪进行基坑的引点测量和坑底设计高程测设工作 6. 能正确进行测量校核和填写成果资料		

主要学习内容	教学方法建议
任务 3.1　水准仪的使用 3.1.1　水准测量原理 3.1.2　水准测量的仪器及工具 3.1.3　水准仪的操作步骤 3.1.4　其他水准仪介绍 技能　水准仪认识与使用 任务 3.2　水准测量基本方法 3.2.1　水准点与水准路线 3.2.2　水准测量方法与记录 3.2.2　水准测量的误差及注意事项 3.2.2　水准测量成果计算 技能　水准路线的测量 任务 3.3　水准仪的检验与校正 3.3.1　水准仪应满足的几何条件 3.3.2　水准仪的检验与校正 技能　水准仪检验与校正	案例、操作演示、课堂讨论、启发引导 **考核评价方式** 本部分内容采用过程评价和项目评价相结合的方法，注重学生自我评价、小组评价和教师评价的综合性 教师的评价占 50%，评价的手段包括研讨、选择、收集参考资料、运用网络资源等。评价的内容包括小组内成员合理分工、科学制定工作进程表、参考资料的准备、测量工具的选择、识读以及其他准备工作完成情况 学生的自评占 25%，包括遵守课堂纪律，积极参与教学活动，按时、独立完成任务情况。 小组评价占 25%，包括乐于请教和帮助同学，小组活动协调和谐，积极参与小组活动，学习态度等

教学材料	对学生能力知识的要求	对教师能力知识的要求
图纸、水准仪	测量放线工基础知识介绍 水准仪及水准尺的构造和使用方法 水准仪的检验和校正 水准测量原理 高差测量和校核的方法 水准测量的精度要求和高程的成果计算 高程测设和校核的方法	1. 有丰富的工程实践经验 2. 有扎实的理论知识功底 3. 有很强的语言组织能力和表达能力 4. 有新的教育理念
备　注		

<table>
<tr><td>学习模块</td><td colspan="3">模块3　角度测量</td></tr>
<tr><td>学习情境</td><td>1. 测量仪器的基本操作</td><td>学时数</td><td>14</td></tr>
<tr><td>学习目标</td><td colspan="3">1. 掌握测角的基本方法——测回法的观测、记录、计算方法
2. 了解 DJ6 光学经纬仪的构造,能正确操作经纬仪
3. 具有光学经纬仪的检验与校正的能力
4. 会使用 DJ6 光学经纬仪运用测回法进行左角和右角的测量
5. 会使用 DJ6 光学经纬仪测设直线
6. 会使用 DJ6 光学经纬仪极坐标法测设建筑物房角点的平面位置
7. 能正确进行测量校核和填写成果资料</td></tr>
<tr><td colspan="2">主要学习内容</td><td colspan="2">教学方法建议</td></tr>
<tr><td colspan="2" rowspan="3">任务 4.1　经纬仪的使用
4.1.1　角度测量原理
4.1.2　角度测量的仪器及工具
4.1.3　经纬仪的操作步骤
4.1.4　其他经纬仪介绍
技能　经纬仪认识与使用
任务 4.2　角度测量
4.2.1　水平角的观测
4.2.2　竖直角的观测
4.2.3　角度观测误差及注意事项
技能　角度测量
任务 4.3　经纬仪的检验与校正
4.3.1　经纬仪轴线及各轴线间应满足的几何条件
4.3.2　经纬仪的检验与校正
技能　经纬仪的检验与校正
任务 4.4　三角高程测量
技能　经纬仪三角高程测量</td><td colspan="2">案例、操作演示、课堂讨论、启发引导</td></tr>
<tr><td colspan="2">考核评价方式</td></tr>
<tr><td colspan="2">本部分内容采用过程评价和项目评价相结合的方法,注重学生自我评价、小组评价和教师评价的综合性
教师的评价占 50%,评价的手段包括研讨、选择、收集参考资料、运用网络资源等。评价的内容包括小组内成员合理分工、科学制定工作进程表、参考资料的准备、测量工具的选择、识读以及其他准备工作完成情况
学生的自评占 25%,包括遵守课堂纪律,积极参与教学活动,按时、独立完成任务情况
小组评价占 25%,包括乐于请教和帮助同学,小组活动协调和谐,积极参与小组活动,学习态度等</td></tr>
<tr><td>教学材料</td><td>对学生能力知识的要求</td><td colspan="2">对教师能力知识的要求</td></tr>
<tr><td>图纸、经纬仪(光学、电子)</td><td>DJ6 光学经纬仪的构造和使用方法
DJ6 型光学经纬仪的检验和校正方法
水平角测量原理
水平角测量方法
测设直线原理与方法
极坐标测设点位的计算和测设方法</td><td colspan="2">1. 有丰富的工程实践经验
2. 有扎实的理论知识功底
3. 有很强的语言组织能力和表达能力
4. 有新的教育理念</td></tr>
</table>

<table>
<tr><td>学习模块</td><td colspan="3">模块4　距离测量</td></tr>
<tr><td>学习情境</td><td>1. 测量仪器的基本操作</td><td>学时数</td><td>6</td></tr>
<tr><td>学习目标</td><td colspan="3">分别采用钢尺量距、经纬仪视距法测距和全站仪测距三种方式,以一个四边形的四个边长测量为工作任务,使学生掌握距离测量的三种测量与计算方法,距离测量误差分析等能力,比较三种测量的精度和适用范围</td></tr>
</table>

（续表）

<table>
<tr><td colspan="2">主要学习内容</td><td>教学方法建议</td></tr>
<tr><td colspan="2" rowspan="3">任务 5.1　钢尺量距
技能　钢尺量距
任务 5.2　直线定向
技能　直线定向
任务 5.3　视距测量</td><td>案例、操作演示、课堂讨论、启发引导</td></tr>
<tr><td>考核评价方式</td></tr>
<tr><td>本部分内容采用过程评价和项目评价相结合的方法，注重学生自我评价、小组评价和教师评价的综合性
教师的评价占 50%，评价的手段包括研讨、选择、收集参考资料、运用网络资源等。评价的内容包括小组内成员合理分工、科学制定工作进程表、参考资料的准备、测量工具的选择、识读以及其他准备工作完成情况
学生的自评占 25%，包括遵守课堂纪律，积极参与教学活动，按时、独立完成任务情况
小组评价占 25%，包括乐于请教和帮助同学，小组活动协调和谐，积极参与小组活动，学习态度等。</td></tr>
<tr><td>教学材料</td><td>对学生能力知识的要求</td><td>对教师能力知识的要求</td></tr>
<tr><td>图纸、钢尺、经纬仪</td><td>仪器操作：
(1) 钢尺的构造与使用方法
(2) 复习经纬仪使用方法
距离测量：
(1) 钢尺量距的一般方法与计算
(2) 经纬仪视距法测距的观测与计算</td><td>1. 有丰富的工程实践经验
2. 有扎实的理论知识功底
3. 有很强的语言组织能力和表达能力
4. 有新的教育理念</td></tr>
<tr><td>备　注</td><td colspan="2"></td></tr>
</table>

<table>
<tr><td>学习模块</td><td colspan="3">模块 5　小区域控制测量</td></tr>
<tr><td>学习情境</td><td>2. 测量仪器的综合运用</td><td>学时数</td><td>10</td></tr>
<tr><td>学习目标</td><td colspan="3">在校内实训场地布置闭合导线，测量各内角和导线长度，以计算各导线点的 X，Y 坐标为工作任务，使学生掌握导线测量外业工作和内业计算等方面的能力</td></tr>
<tr><td colspan="2">主要学习内容</td><td colspan="2">教学方法建议</td></tr>
<tr><td colspan="2" rowspan="3">任务 6.1　控制测量
6.1.1　控制测量概述
任务 6.2.2　导线测量
技能　导线测量
任务 6.3　测设平面点位的方法
6.3.1　直角坐标法
6.3.2　极坐标法
6.3.3　角度交会法
6.3.4　距离交会法</td><td colspan="2">案例、操作演示、课堂讨论、启发引导</td></tr>
<tr><td colspan="2">考核评价方式</td></tr>
<tr><td colspan="2">本部分内容采用过程评价和项目评价相结合的方法，注重学生自我评价、小组评价和教师评价的综合性
教师的评价占 50%，评价的手段包括研讨、选择、收集参考资料、运用网络资源等。评价的内容包括小组内成员合理分工，科学制定工作进程表，参考资料的准备、测量工具的选择、识读以及其他准备工作完成情况
学生的自评占 25%，包括遵守课堂纪律，积极参与教学活动，按时、独立完成任务情况
小组评价占 25%，包括乐于请教和帮助同学，小组活动协调和谐，积极参与小组活动，学习态度等</td></tr>
</table>

（续表）

教学材料	对学生能力知识的要求	对教师能力知识的要求
钢尺、经纬仪	控制测量的基本知识： （1）控制测量中的基本概念 （2）平面控制测量 （3）高程控制测量 导线测量： （1）导线测量的布设形式与等级 （2）导线测量的外业工作 （3）导线测量的内业计算 （4）查找导线测量错误的方法 其他控制测量方法： （1）小三角测量、高程控制测量 （2）交会定点	1. 有丰富的工程实践经验 2. 有扎实的理论知识功底 3. 有很强的语言组织能力和表达能力 4. 有新的教育理念
备　注		

学习模块	模块6　全站仪		
学习情境	2. 测量仪器的综合运用	学时数	6
学习目标	1. 了解全站仪构造和功能 2. 掌握全站仪的参数设置 3. 掌握全站仪的角度测量方法和距离测量方法 4. 掌握全站仪的坐标测量方法和全站仪的坐标放样方法 5. 了解全站仪的悬高测量方法和全站仪的对边测量方法 6. 会使用全站仪进行指定点的坐标测量和设计坐标的放样工作 7. 能正确进行测量校核和填写成果资料 8. 能选用正确的仪器正确的方法进行建筑物定位和工程校核		

主要学习内容	教学方法建议
任务7.1　全站仪测量操作 7.1.1　测量前准备 7.1.2　开机与仪器设置 任务7.2　角度测量与距离测量 技能　角度测量与距离测量 任务7.3　坐标测量 技能　坐标测量 任务7.4　放样测量 技能　放样测量 任务7.5　拓展与认知（程序测量） 任务7.6　全站仪数据采集 7.6.1　数据采集步骤 7.6.2　设置采集参数 7.6.3　数据采集文件的选择 7.6.4　坐标文件的选择 7.6.5　设置测站点和后视点 7.6.6　待测点的测量、记录 任务7.7　全站仪内存管理与数据通讯 任务7.8　全站仪的使用注意事项	案例、操作演示、课堂讨论、启发引导 **考核评价方式** 本部分内容采用过程评价和项目评价相结合的方法，注重学生自我评价、小组评价和教师评价的综合性 教师的评价占50%，评价的手段包括研讨、选择、收集参考资料、运用网络资源等。评价的内容包括小组内成员合理分工、科学制定工作进程表，参考资料的准备，测量工具的选择、识读以及其他准备工作完成情况 学生的自评占25%，包括遵守课堂纪律，积极参与教学活动，按时、独立完成任务情况 小组评价占25%，包括乐于请教和帮助同学，小组活动协调和谐，积极参与小组活动，学习态度等。

(续表)

教学材料	对学生能力知识的要求	对教师能力知识的要求
全站仪	全站仪构造和使用方法 全站仪的参数设置 全站仪的角度测量方法 全站仪的距离测量方法 全站仪的悬高测量方法 全站仪的对边测量方法 全站仪的坐标测量方法 全站仪的坐标放样方法 工程中建筑物定位和高程、轴线、点位的校核方法 施工坐标系与测量坐标系的转换	1. 有丰富的工程实践经验 2. 有扎实的理论知识功底 3. 有很强的语言组织能力和表达能力 4. 有新的教育理念
备　　注		

学习模块	模块 7　大比例尺地形图的基本知识及应用		
学习情境	2. 测量仪器的综合运用	学时数	8
学习目标	1. 采用经纬仪视距法、全站仪测坐标两种方式，以一个小区域内地形测绘为工作任务，使学生掌握地形测量与计算、地形图绘制等方面的能力 2. 用全站仪，以测量基坑已开挖的土方量和待开挖土方量测量与计算为工作任务，使学生掌握地形图基本应用能力和方格网法测量土方量的方法、操作及计算的能力，并使学生掌握绘制基坑开挖仿真图的能力		

主要学习内容	教学方法建议
任务 8.1　地形图的比例尺 8.1.1　比例尺种类 8.1.2　比例尺精度 任务 8.2　地物符号和地貌符号 8.2.1　地物符号 8.2.2　地貌符号 任务 8.3　地形图图外注记 任务 8.4　地形图的分幅和编号 任务 8.5　地形图的应用 8.5.1　读图方法 8.5.2　地形图的基本应用 8.5.3　地形图在工程设计中的应用	案例、操作演示、课堂讨论、启发引导 **考核评价方式** 本部分内容采用过程评价和项目评价相结合的方法，注重学生自我评价、小组评价和教师评价的综合性 教师的评价占 50%，评价的手段包括研讨、选择、收集参考资料、运用网络资源等。评价的内容包括小组内成员合理分工，科学制定工作进程表，参考资料的准备、测量工具的选择、识读以及其他准备工作完成情况 学生的自评占 25%，包括遵守课堂纪律，积极参与教学活动，按时、独立完成任务情况 小组评价占 25%，包括乐于请教和帮助同学，小组活动协调和谐，积极参与小组活动，学习态度等

（续表）

教学材料	对学生能力知识的要求	对教师能力知识的要求
经纬仪、全站仪、塔尺、皮尺	基础知识： (1) 地形图的比例尺 (2) 地形图的分幅与编号 (3) 地形图的图外注记 (4) 地物符号和地貌符号 仪器操作： (1) 复习经纬仪视距测量方法 (2) 全站仪坐标测量方法 地形测绘： (1) 图纸准备 (2) 碎部点选取 (3) 一个测站的测绘工作 (4) 地物、地貌描绘 (5) 地形图拼接、检查与整饰 地形图的应用： (1) 基本应用。确定点的坐标、确定两点间的水平距离、确定直线的坐标方位角、确定点的高程、确定两点间的坡度 (2) 面积量算的方法。几何图形法、坐标计算法、膜方法、求积仪法 (3) 工程建设中地形图的其他应用：绘制地形断面图、按限制坡度线选择最短路线、确定汇水面积 土地整理及土石方估算： (1) 方法网法 (2) 断面法 (3) 等高线法	1. 有丰富的工程实践经验 2. 有扎实的理论知识功底 3. 有很强的语言组织能力和表达能力 4. 有新的教育理念
备　　注		

学习模块	模块 8　民用建筑施工测量		
学习情境	3. 测量方法的综合运用	学时数	14
学习目标	采用全站仪或经纬仪，以在实地测设建筑方格网为工作任务，使学生掌握施工测量的基本工作、测量前准备与方案设计、建筑基线与建筑方格网的计算、测量与检核的能力 采用经纬仪、钢卷尺，以一个具体的建筑物的定位与放线为工作任务，使学生掌握利用原建筑物、建筑基线或建筑方格网、建筑红线、测量控制点的四种定位常用方法，具有建筑物定位方案设计、数据计算、测量实施与精度检核方面的能力，掌握放样时轴线控制桩测设的能力		

（续表）

<table>
<tr><th>主要学习内容</th><th>教学方法建议</th></tr>
<tr><td rowspan="3">任务 9.1　民用建筑施工测量概述
任务 9.2　测设前准备工作
9.2.1　熟悉图纸
9.2.2　现场踏勘
9.2.3　平整和清理施工现场
9.2.4　编制施工测量方案
技能　熟悉施工平面图
任务 9.3　民用建筑的定位和放线
9.3.1　建筑物的定位
9.3.2　建筑物的放线
技能　建筑物定位放线(经纬仪)
任务 9.4　基础施工测量
9.4.1　基础开挖深度的控制
9.4.2　基础标高的控制
技能　开挖边线的测量
任务 9.5　墙体工程测量
9.5.1　墙体定位
9.5.2　墙体各部位标高控制
9.5.3　轴线投测
任务 9.6　高层建筑的施工测量
9.6.1　高层建筑施工测量的特点
9.6.2　高层建筑轴线投测
9.6.3　高层建筑高程传递
任务 9.7　竣工测量
9.7.1　竣工测量概述
9.7.2　竣工总平面图的编绘</td><td>案例、操作演示、课堂讨论、启发引导</td></tr>
<tr><td>考核评价方式</td></tr>
<tr><td>本部分内容采用过程评价和项目评价相结合的方法，注重学生自我评价、小组评价和教师评价的综合性
教师的评价占 50%，评价的手段包括研讨、选择、收集参考资料、运用网络资源等。评价的内容包括小组内成员合理分工，科学制定工作进程表，参考资料的准备，测量工具的选择、识读以及其他准备工作完成情况
学生的自评占 25%，包括遵守课堂纪律，积极参与教学活动，按时、独立完成任务情况
小组评价占 25%，包括乐于请教和帮助同学，小组活动协调和谐，积极参与小组活动，学习态度等</td></tr>
</table>

教学材料	对学生能力知识的要求	对教师能力知识的要求
经纬仪、全站仪、塔尺、皮尺	测设的基本工作： (1) 测设已知水平距离：钢尺量距法 (2) 测设已知水平角：一般测设方法、精确测设方法 (3) 测设已知高程 点的平面位置测设方法： (1) 直角坐标法 (2) 极坐标法 (3) 角度交会法 (4) 距离交会法 坐标系统及坐标换算： (1) 施工坐标系与测量坐标系 (2) 两种坐标系的换算 建筑基线： (1) 建筑基线的设计	1. 有丰富的工程实践经验 2. 有扎实的理论知识功底 3. 有很强的语言组织能力和表达能力 4. 有新的教育理念

（续表）

教学材料	对学生能力知识的要求	对教师能力知识的要求
经纬仪、全站仪、塔尺、皮尺	(2) 建筑基线的测设 建筑方格网： (1) 建筑方格网的设计 (2) 建筑方格网的测设 建筑物的定位： (1) 根据与原有建筑物的关系定位 (2) 根据建筑方格网定位 (3) 根据建筑道路红线定位 (4) 根据测量控制点坐标定位 建筑物的放线： (1) 设置轴线控制桩 (2) 设置龙门板	1. 有丰富的工程实践经验 2. 有扎实的理论知识功底 3. 有很强的语言组织能力和表达能力 4. 有新的教育理念
备　注		

学习模块	任务 9　GPS 应用		
学习情境	4. 测量方法的拓展	学时数	6
学习目标	(1) 了解全球定位系统(GPS)的发展概括 (2) 掌握 GPS 的测量原理、GPS 测量的设计与实施及 GPS 测量数据处理等重点内容 (3) 熟悉 GPS 及 RTK－GPS 测量技术在其他领域的应用		

主要学习内容	教学方法建议
(1) GPS 概述 (2) GPS 系统组成 (3) GPS 定位原理 (4) GPS 在测量中的应用	案例、操作演示、课堂讨论、启发引导 **考核评价方式** 本部分内容采用过程评价和项目评价相结合的方法，注重学生自我评价、小组评价和教师评价的综合性 教师的评价占 50%，评价的手段包括研讨、选择、收集参考资料、运用网络资源等。评价的内容包括小组内成员合理分工，科学制定工作进程表，参考资料的准备，测量工具的选择、识读以及其他准备工作完成情况 学生的自评占 25%，包括遵守课堂纪律，积极参与教学活动，按时、独立完成任务情况 小组评价占 25%，包括乐于请教和帮助同学，小组活动协调和谐，积极参与小组活动，学习态度等

教学材料	对学生能力知识的要求	对教师能力知识的要求
GPS	(1)了解全球定位系统(GPS)的发展概括 (2) 掌握 GPS 的测量原理、GPS 测量的设计与实施及 GPS 测量数据处理等重点内容 (3) 熟悉 GPS 及 RTK－GPS 测量技术在其他领域的应用	1. 有丰富的工程实践经验 2. 有扎实的理论知识功底 3. 有很强的语言组织能力和表达能力 4. 有新的教育理念
备　注		

1.8 考核标准及成绩评定办法

关键点：本着对知识、能力和素质目标进行全面考核的原则，本课程要针对教学和实训环节的教学目的和要求，将推出以形成性考核为主、体现职业综合技能的要求并与国家职业技术资格考核相呼应的考核方式。

建议：教师评价和学生互评相结合，过程评价和结果评价相结合，课内评价和课外评价相结合，理论评价、实践评价和职业精神评价相结合，校内评价和校外评价相结合，用尽可能清晰的行为动词来阐述本课程的知识、能力与素质考核标准、考核方法及该项目课程学习完成后应取得的资格证书名称和等级。

参考格式如下：

建筑工程测量课程考核方式

考核项目		考核方法	考核比例
形成性评价	遵章守纪、学习态度、职业精神	教师评价和学生互评相结合、课内评价和课外评价相结合	10%
	项目(综合)实训	能力/技能评价和职业精神评价相结合、校内评价和校外评价相结合	60%
终结性评价方案一	课程考核	如闭卷、开卷、笔试、实操、作品展示、成果汇报、口试和提交课程论文等	10%
	综合评价考核	教师与企业专业技术人员相结合	20%
终结性评价方案二	测量放线项目技能大赛	教师与企业专业技术人员相结合(详见每年的技能大赛方案)	30%
合　计			100%
备注：终结性评价每次开课根据实际情况选择方案一或方案二			

考核框架(与教学内容一致)

序　号	项目(任务)名称	分　值
1	能够正确使用水准仪	5%
2	测量一闭合导线的高程	5%
3	能够正确使用经纬仪	10%
4	测量一闭合五边形的内角	10%
5	竖直角的观测	10%
6	小区域控制测量	10%

（续表）

序　号	项目(任务)名称	分　　值
7	土方量的测量与计算	10%
8	建筑方格网的测设	10%
9	模拟一建筑物四角点的定位与放样	10%
10	学校某一区域竣工图测量	10%
11	RTK 放样一建筑物体四角点	10%
总　　分		100%

考核标准(与教学目标一致)

项目(综合)实训考核标准

考　　核　　点		考核比例	评　价　标　准			
			A	B	C	D
职业精神	实训出勤率、学习态度、敬业精神、团队协作精神、安全规定执行等方面的情况	30%	26～30	21～25	18～20	≤17
能力目标	课程标准规定的能力指标	50%	42～50	32～41	26～31	≤25
表达沟通	项目情况陈述清楚；回答问题正确；实训报告书规范、合理等	10%	9～10	6～8	4～5	≤3
创新表现加分	有独立分析、解决问题的能力；合理化建议被采纳；实训成果有创新等	10%	10	5		
合　　计						
综合评价		优秀 86～100 分；良好 70～85 分；合格 60～69 分；不合格<60 分				

1.9　教材选用标准及建议教材和参考用书(网站)

1.9.1　教材选用标准

教材选用针对高职高专院校专用教材，教材因材施教，注重实践能力的培养，重技能。理论以够用实用为准。实践重能力培养，更细化，针对每一项技能，每一个操作步骤，测量方法，与实践操作结合更密切。对行业先进仪器不仅是介绍，更注重使

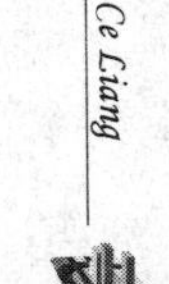

用和操作。

1.9.2 推荐教材

(1) 韩永光,周秋平. 实用建筑工程测量(第1版). 上海: 同济大学出版社,2012年

3. 参考书目

书　名	出 版 社	价　格
放线工手册	中国建筑工业出版社	35
土木工程施工测量手册	人民交通出版社	64
测量员	中国建筑工业出版社	7
测量放线工	中国建筑工业出版社	28
工程测量	中国建筑工业出版社	12

4. 参考网站

http://www.gisroad.com

1.10 课程实施说明

1.10.1 任课教师的资格条件

(1) 教师应具备本专业或相近专业大学本科及以上学历。从事实践教学的主讲教师应具备教师资格证书或工程师资格。

(2) 教师应依据工作任务中的典型任务为载体安排和组织教学活动。

(3) 教师应按照项目(模块)的学习目标来编制项目任务书或模块任务单。项目任务书或模块任务单应明确教师讲授(或演示)的内容;明确学习者预习的要求;提出该项目整体安排以及各模块训练的时间、内容。如以小组形式进行学习,对分组安排及小组讨论(或操作)的要求,也应作出明确规定。

(4) 教师应以学习者为主体来设计教学情景,营造民主、和谐的教学氛围,激发学习者参与教学活动的热情,提高学习者学习积极性,增强学习者学习的兴趣、信心与成就感。

(5) 教师应指导学习者完整地完成项目,并将有关知识、技能、职业精神和情感态度有机融合。

1.10.2 教学条件要求

实训室名称	测量实训室	基本面积要求	60 m^2	较高面积要求	
序　号	核心设备、工具与软件	基本数量要求	较高数量要求		
1	水准仪	25 台	40 台		
2	经纬仪	25 台	40 台		
3	全站仪	25 台	40 台		
4	GPS	2 台	10 台		
5	CASS7.1	25 套	40 套		

1.11　相关课程资源开发与利用

（1）利用现代信息技术来开发录像、光盘等多媒体课件，通过搭建多维、动态、活跃、自主的课程训练平台，使学生的主动性、积极性和创造性得以充分调动。

（2）搭建产学合作平台，充分利用本行业的企业资源，满足学生观摩、实训和半年以上顶岗实习的需要，并在合作中密切关注学生职业能力的发展，对教学内容加以调整。

（3）利用电子书籍、电子期刊、数字图书馆、校园网、各大网站等网络资源，使教学内容从单一化向多元化转变，通过职业指导教师的指导或辅导，使学生知识和能力的拓展和提高成为可能。

1.12　课 程 管 理

1.12.1 课程教学团队

课程负责人：周秋平

主讲教师：周秋平

1.12.2 责任

1. 建筑工程管理专业建设指导委员会

（1）根据我区经济发展的要求，指导学院建立以重点专业为龙头、相关专业为支撑的专业群，建设特色品牌专业。

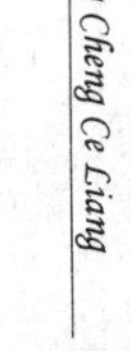

(2) 根据行业、企业职业岗位对人才的要求，确定专业人才培养目标、人才培养模式、专业调整的建议、意见和发展规划。

(3) 为制(修)定专业教学计划、编制专业主干课程教学大纲和实践教学大纲、调整课程结构提供指导性意见。

(4) 指导各专业通过校企合作开发课程，改革课程与教学内容，建立突出职业能力培养的课程标准，规范课程教学的基本要求。审定本专业理论和实践课程教学大纲；审定专业知识和技能考试、考核的标准及方法。

(5) 指导各专业开发紧密结合生产实际的实训教材。

(6) 指导各专业对现行的人才培养模式进行改革，推行工学结合模式。

(7) 指导校内、外实习、实训基地建设，逐步实现校企合作、产学结合；全面推进顶岗实习制度，提高学生的实际动手能力。

(8) 研究本专业人才培养中出现重大问题，并探讨解决问题的方法和措施。

(9) 指导、推荐毕业生就业。

(10) 完成学院委托的其他工作。

2. 课程负责人

(1) 负责所属课程的课程建设，协助系主任做好所属课程的师资队伍建设、教材建设，并按照教学计划做好所属课程的教学安排、落实和执行。

(2) 组织编写所属课程的教学大纲并确定教学实施细则，经系主任审定和主管教学的院领导批准后执行。

(3) 每学期对所属课程组织教学研讨会不少于 2 次，开展集体备课，研究教学内容、教学方法和教学手段，总结教学经验，提高教学质量。负责对所属课程进行期中教学检查，期中教学检查的主要内容包括教学进度、教案、作业、考勤、平时测验和教学效果等。坚持听课制度，每学期课程组长听课不少于 6 节。

(4) 负责落实所属课程的青年教师的教学指导工作，制定教学指导计划，落实和指定有经验的教师对首次任所属课程教学的青年教师进行指导。

(5) 组织任课教师对所属课程的期末考试的考试方式、命题范围、题型和要求等进行讨论，并指定专人命题，对于全校公共基础课采用教考分离的方式组织命题。命题内容必须覆盖教材各章的主要内容，做到既要面广，又要有重点，难易适中，形式多样。

(6) 组织所属课程的期末考试阅卷工作，凡两人以上开同一门课的课程，都应采取流水作业方式阅卷(对于非公共基础课程可采取任课教师之间交叉方式阅卷)，如发现阅卷有误，须经课程组长(或系主任)同意后才能对阅卷错误进行更改，同时，阅卷老师及课程组长(或系主任)需在更改处签名。

(7) 对于必修课程，阅卷工作结束后，课程组长应指定专人负责对所属课程的教学、命题和考试等情况进行分析，并写出书面试卷分析报告。

3. 教研室主任

(1) 审核本课程的发展规划、学期工作计划、课程标准等。

(2) 负责安排落实所承担本课程教学工作的任课教师。

(3) 负责对本课程教师的授课计划、教学周历、教案、教学实施情况及命题、阅卷、成绩评定、试卷分析、课程教学总结等进行审核、检查、指导。

(4) 负责对本课程教学效果等方面进行综合评价，并按院、系要求进行业务考核，提出考核意见。

4. 主讲教师

(1) 严格履行“认真教学、积极科研、参与管理”工作的基本职责，努力完成本课程的各项教学任务。

(2) 教学方向明确，钻研教学课程，严格执行教学计划、教学大纲、教学课时和教学周历表，教学资料齐全，治学规范、严谨。

(3) 服从教学安排，严守教学纪律和作息时间，不无故缺课，不迟到、不早退，严格调课和请销假制度，避免教学事故。

(4) 遵守试卷管理规定，做到试题规范，批改公平公正，交存试卷、分数、作业、等教学管理资料及时完整。

(5) 善于学习，深入实践，勇于创新，不断提高教学和科研能力，积极参与教研和科研工作，提高解决实际问题的能力。

(6) 参与开展教学方法和教学手段的改革，积极采用电化教学、多媒体教学等现代化手段和启发式、互动型等课堂教学模式。

……

1.13 其他必要说明

教学实施过程中，教师要做好过程记载。

参考文献：

1. 冯仲科. 测量学原理. 北京：中国林业出版社，2002

2. 周建郑. 建筑工程测量技术. 武汉：武汉理工大学出版社，2002

3. 潘正风，等. 数字测图原理与方法. 武汉：武汉大学出版社，2005

4. 魏二虎，黄劲松. GPS测量操作与数据处理. 武汉：武汉大学出版社，2004

5. 岳建平，陈伟清. 土木工程测量. 武汉：武汉理工大学出版社，2006

6. 工作过程导向的高职课程开发探索与实践编写组. 国家示范性高等职业院校建设课程开发案例汇编. 北京：高等教育出版社，2008

执笔人： 周秋平

审核人：(专业带头人/专业负责人签字)

审定人：(系主任签字) 制定时间： 年 月

模块二 建筑工程测量概述

任务 2.1 建筑工程测量的任务及作用

2.1.1 建筑工程测量的任务

建筑工程测量是建筑工程测量学的一个组成部分，它包括建筑工程在勘测设计、施工建设和运营管理阶段所进行的各种测量工作。它的主要任务是：

(1) 测绘大比例尺地形图——把工程建设区域内的地貌和各种物体的几何形状及其空间位置，依照规定的符号和比例尺绘成地形图，并把建筑工程所需的数据用数字表示出来，为规划设计提供图纸和资料。

(2) 施工放样和竣工测量——把图纸上规划设计好的建(构)筑物，按照设计要求在现场标定出来，作为施工的依据；配合建筑施工，进行各种测量工作，确保施工质量；开展竣工测量，为工程验收、日后扩建和维修管理提供资料。

(3) 建筑物变形观测——对于一些重要建(构)筑物，在施工和运营期间，定期进行变形观测，以了解建(构)筑物的变形规律，监视其安全施工和运营。

由此可见，测量工作贯穿于工程建设的全过程，其工作质量直接关系到工程建设的速度和质量，因此，建筑工程类的学生必须掌握必要的测量知识和技能。

2.1.2 建筑工程测量的作用

由上述可知，建筑测量是为建筑工程提供服务的，它服务于建筑工程建设的每一个阶段。在工程建设的各个阶段都离不开测量工作，都要以测量工作为先导。而且测量工作的精度和速度直接影响到整个工程的质量和进度。因此，工程测量人员必须掌握测量的基本理论、基本知识和基本技能，掌握常用的测量仪器和工具的使用方法，初步掌握小区域大比例尺地形图的测绘方法，具有正确应用地形图和有关测量资料的能力，以及具有进行一般建筑工程施工测量的能力。

任务 2.2　测量工作的基准面和基准线

2.2.1　地球的形状和大小

测量工作的主要研究对象是地球的自然表面,但地球表面形状十分复杂。通过长期的测绘工作和科学调查,了解到地球表面上海洋面积约占 71%,陆地面积约占 29%,世界第一高峰珠穆朗玛峰高出海平面 8 844.43 m,而在太平洋西部的马里亚纳海沟低于海水面达 11 022 m。尽管有如此大的高低起伏,但相对于地球半径6 371 km来说仍可忽略不计。因此,测量中把地球总体形状看成是由静止的海水面向陆地延伸所包围的球体。

2.2.2　铅垂线、水平线、水准面和水平面

由于地球的自转运动,地球上任意一点都要受到离心力和地球引力的双重作用,这两个力的合力称为重力,重力的方向线称为铅垂线。与所在点位的铅垂线相互垂直的线称为水平线。在建筑工程中,水平线主要是用来控制标高,常见的有 0.5 m 线和 1 m 线。处处与重力方向垂直的连续曲面称为水准面。任何自由静止的水面都是水准面。与水准面相切的平面称为水平面。水准面因其高度不同而有无数个,其中与平均海水面相重合并延伸向大陆且包围整个地球的闭合曲面称为大地水准面。由大地水准面包围的地球形体,称为大地体。

大地水准面和铅垂线是测量外业所依据的基准面和基准线。用大地体表示地球形状是恰当的,但由于地球内部质量分布不均匀,引起铅垂线的方向产生不规则的变化,致使大地水准面的一个复杂的曲面(图 2-1),无法在这个曲面上进行测量数据的处理。为了使用方便,通常用一个非常接近于大地水准面,并可用数学式表示几何形体(即地球椭球)来代替地球的形状(图 2-2)作为测量计算工作的基准面。

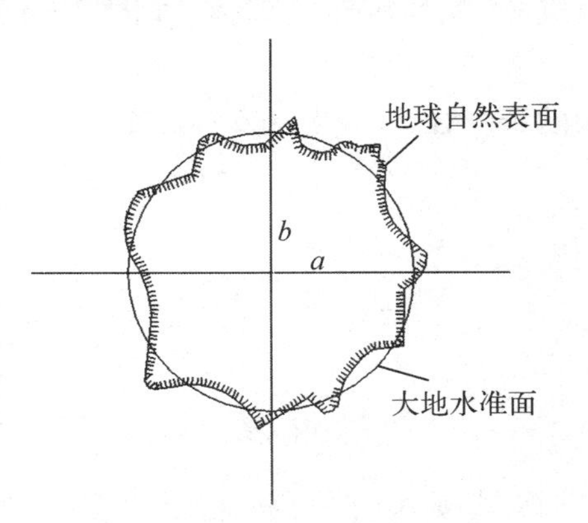

图 2-1　地球自然表面与大地水准面

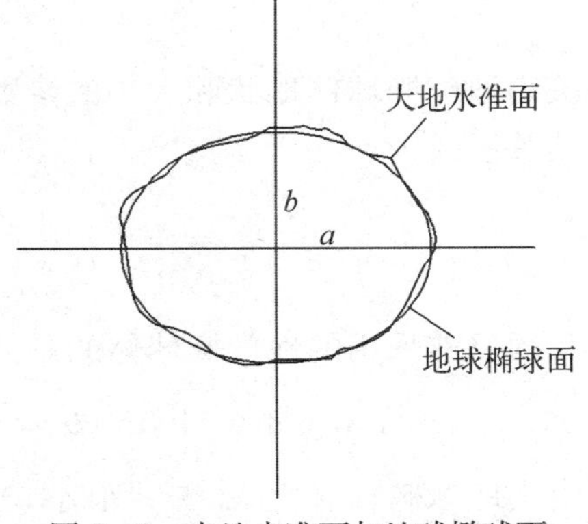

图 2-2　大地水准面与地球椭球面

我国1980年的国家大地坐标系采用了1975年国际椭球，该椭球的基本元素是：长半轴 $a=6\ 387.14$ km，短半轴 $b=6\ 356.76$ km，扁率 $\alpha=1/298.257$。

任务2.3　地面点位的确定

2.3.1　地面点平面位置的确定

1. 地球的形状和大小

(1) 水准面和水平面

人们设想以一个静止不动的海水面延伸穿越陆地，形成一个闭合的曲面包围了整个地球，这个闭合曲面称为水准面。

水准面的特点是水准面上任意一点的铅垂线都垂直于该点的曲面。

与水准面相切的平面，称为水平面。

(2) 大地水准面

水准面有无数个，其中与平均海水面相吻合的水准面称为大地水准面，它是测量工作的基准面。

由大地水准面所包围的形体，称为大地体。

(3) 铅垂线

重力的方向线称为铅垂线，它是测量工作的基准线。在测量工作中，取得铅垂线的方法如图2-3所示。

悬挂物的重量可以形成铅垂线。

图2-3　铅垂线

(4) 地球椭球体

由于地球内部质量分布不均匀，致使大地水准面成为一个有微小起伏的复杂曲面，如图2-4(a)所示。选用地球椭球体来代替地球总的形状。地球椭球体是由椭圆 $NWSE$ 绕其短轴 NS 旋转而成的，又称旋转椭球体，如图2-4(b)所示。

决定地球椭球体形状和大小的参数：椭圆的长半径 a，短半径 b 和扁率 α

其关系式为：

$$\alpha=\frac{a-b}{a} \tag{2-1}$$

我国目前采用的地球椭球体的参数值为：

$$a=6\ 378\ 140\ \text{m},\ b=6\ 356\ 755\ \text{m},\ \alpha=1:298.257$$

由于地球椭球体的扁率 α 很小，当测量的区域不大时，可将地球看作半径为6 371 km的圆球。

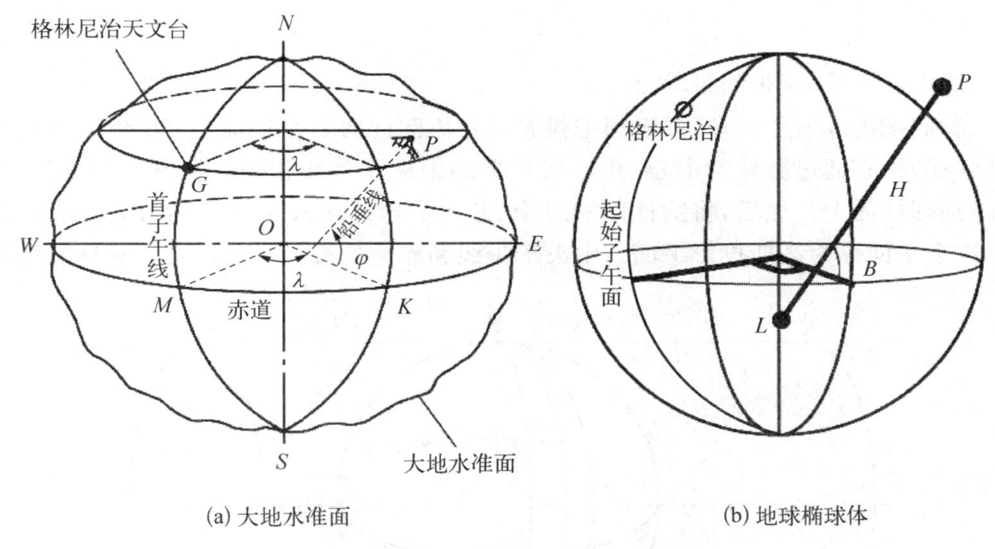

图 2-4　大地水准面与地球椭球体

在小范围内进行测量工作时，可以用水平面代替大地水准面。

2. 确定地面点位的方法

地面点的空间位置须由三个参数来确定，即该点在大地水准面上的投影位置（两个参数）和该点的高程。

（1）地面点在大地水准面上的投影位置

地面点在大地水准面上的投影位置，可用地理坐标和平面直角坐标表示。

1）地理坐标是用经度 λ 和纬度 φ 表示地面点在大地水准面上的投影位置，由于地理坐标是球面坐标，不便于直接进行各种计算。

2）高斯平面直角坐标　利用高斯投影法建立的平面直角坐标系，称为高斯平面直角坐标系。在广大区域内确定点的平面位置，一般采用高斯平面直角坐标。

高斯投影法是将地球划分成若干带，然后将每带投影到平面上。

如图 2-5 所示，投影带是从首子午线起，每隔经度 6°划分一带，称为 6°带，将整个地球划分成 60 个带。带号从首子午线起自西向东编，0°～6°为第 1 号带，6°～12°为第 2 号带……位于各带中央的子午线，称为中央子午线，第 1 号带中央子午线的经度为 3°，任意号带中央子午线的经度 λ_0，可按式(2-2)计算。

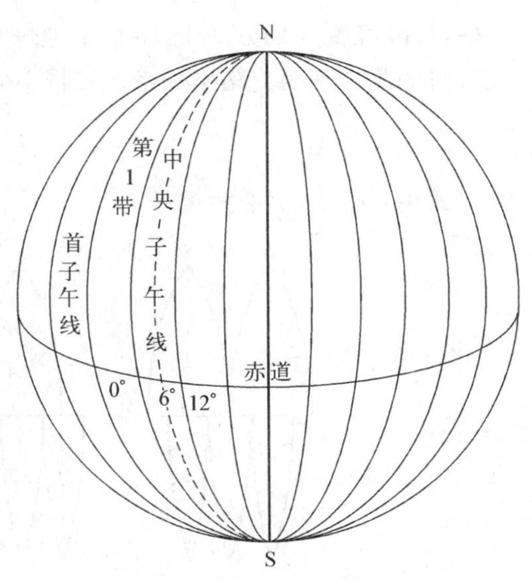

图 2-5　高斯平面直角坐标的分带

$$\lambda_0 = 6^\circ N - 3^\circ \tag{2-2}$$

式中：N——6°带的带号。

我们把地球看作圆球，并设想把投影面卷成圆柱面套在地球上，如图 2-6 所示，使圆柱的轴心通过圆球的中心，并与某 6°带的中央子午线相切。将该 6°带上的图形投影到圆柱面上。然后，将圆柱面沿过南、北极的母线 KK' 和 LL' 剪开，并展开成平面，这个平面称为高斯投影平面。中央子午线和赤道的投影是两条互相垂直的直线。

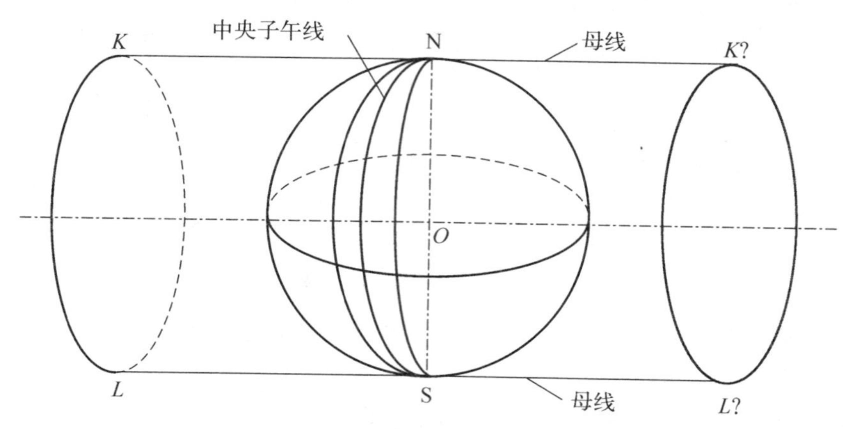

图 2-6　高斯平面直角坐标的投影

规定：中央子午线的投影为高斯平面直角坐标系的纵轴 x，向北为正；赤道的投影为高斯平面直角坐标系的横轴 y，向东为正；两坐标轴的交点为坐标原点 O。

在高斯投影中，离中央子午线近的部分变形小，离中央子午线越远变形越大，两侧对称。当要求投影变形更小时，可采用 3°带投影。如图 2-7 所示，3°带是从东经 1°30′开始，每隔经度 3°划分一带，将整个地球划分成 120 个带。每一带按前面所叙方法，建立各自的高斯平面直角坐标系。各带中央子午线的经度 λ_0'，可按式(2-3)计算。

$$\lambda_0' = 3^\circ n \tag{2-3}$$

式中：n——3°带的带号。

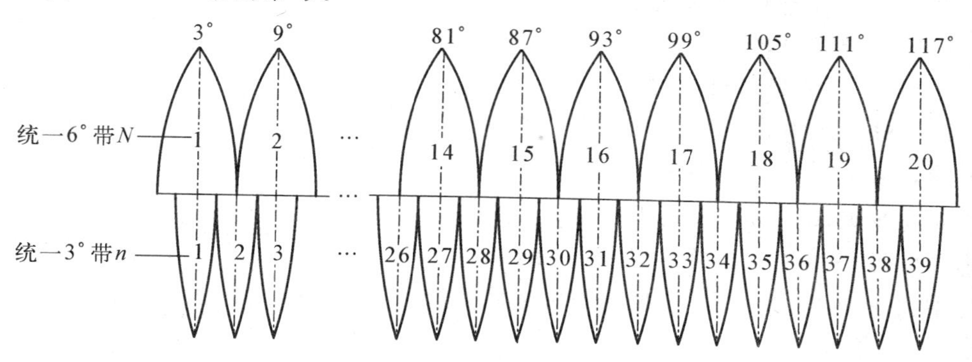

图 2-7　统一 6°带投影与统一 3°带投影的关系

(2) 独立平面直角坐标

当测区范围较小时，可以用测区中心点 a 的水平面来代替大地水准面，如图 2－8 所示。在这个平面上建立的测区平面直角坐标系，称为独立平面直角坐标系。在局部区域内确定点的平面位置，可以采用独立平面直角坐标。

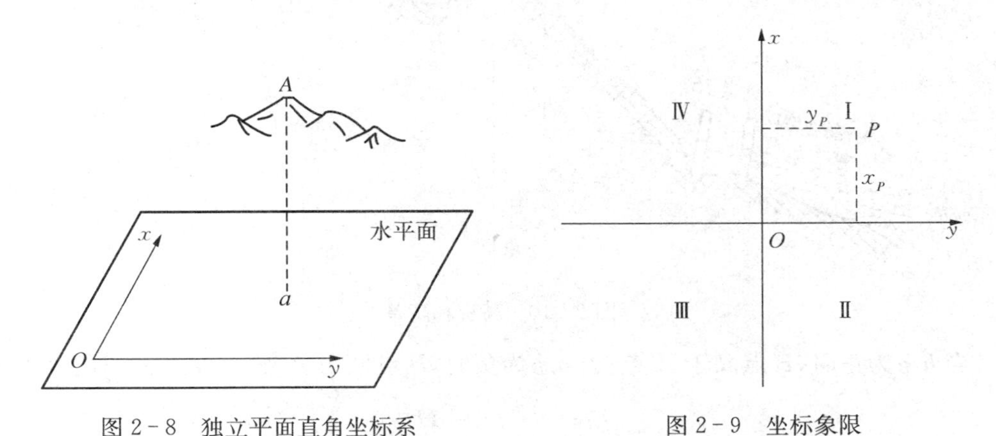

图 2－8　独立平面直角坐标系　　图 2－9　坐标象限

如图 2－8 所示，在独立平面直角坐标系中，规定南北方向为纵坐标轴，记作 x 轴，x 轴向北为正，向南为负；以东西方向为横坐标轴，记作 y 轴，y 轴向东为正，向西为负；坐标原点 O 一般选在测区的西南角，使测区内各点的 x，y 坐标均为正值；坐标象限按顺时针方向编号，如图 2－9 所示，其目的是便于将数学中的公式直接应用到测量计算中，而不需作任何变更。

2.3.2　地面点高程的确定

1. 地面点的高程

(1) 绝对高程

地面点到大地水准面的铅垂距离，称为该点的绝对高程，简称高程，用 H 表示。如图 2－10 所示，地面点 A，B 的高程分别为 H_A，H_B。

目前，我国采用的是“1985 年国家高程基准”，在青岛建立了国家水准原点，其高程为 72.260 m。

(2) 相对高程

地面点到假定水准面的铅垂距离，称为该点的相对高程或假定高程。如图 2－10 中，A，B 两点的相对高程为 H'_A，H'_B。

(3) 高差

地面两点间的高程之差，称为高差，用 h 表示。高差有方向和正负。A，B 两点的高差为：

$$h_{AB} = H_B - H_A \tag{2-4}$$

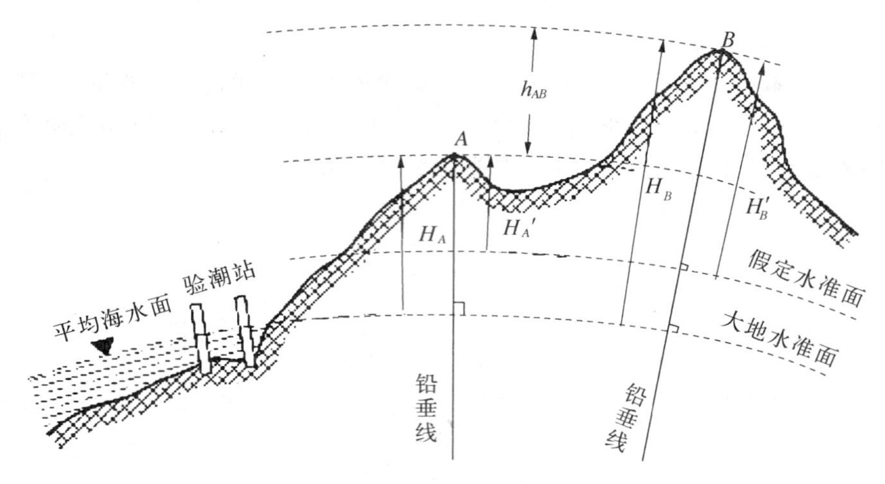

图 2-10　高程和高差

当 h_{AB} 为正时，B 点高于 A 点；当 h_{AB} 为负时，B 点低于 A 点。B，A 两点的高差为：

$$h_{BA} = H_A - H_B \tag{2-5}$$

A，B 两点的高差与 B，A 两点的高差，绝对值相等，符号相反，即：

$$h_{AB} = -h_{BA} \tag{2-6}$$

根据地面点的三个参数 x，y 和 H，地面点的空间位置就可以确定了。

2.3.3　用水平面代替水准面的限度

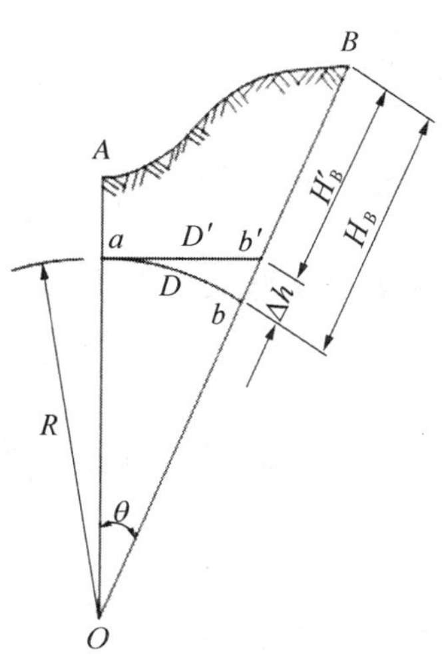

图 2-11　用水平面代替水准面对距离和高程的影响

当测区范围较小时，可以把水准面看作水平面。探讨用水平面代替水准面对距离、角度和高差的影响，以便给出限制水平面代替水准面的限度。

1. 对距离的影响

如图 2-11 所示，地面上 A，B 两点在大地水准面上的投影点是 a 和 b，用过 a 点的水平面代替大地水准面，则 B 点在水平面上的投影为 b'。

设 ab 的弧长为 D，ab' 的长度为 D'，球面半径为 R，D 所对圆心角为 θ，则以水平长度 D' 代替弧长 D 所产生的误差 ΔD 为：

$$\Delta D = D' - D = R\tan\theta - R\theta = R(\tan\theta - \theta) \tag{2-7}$$

将 $\tan\theta$ 用级数展开为：

$$\tan\theta = \theta + \frac{1}{3}\theta^3 + \frac{5}{12}\theta^5 + \cdots$$

因为 θ 角很小，所以只取前两项代入式(2-7)得：

$$\Delta D = R\left(\theta + \frac{1}{3}\theta^3 - \theta = \frac{1}{3}R\theta^3\right. \tag{2-8}$$

又因 $\theta = \frac{D}{R}$，则

$$\Delta D = \frac{D^3}{3R^2} \tag{2-9}$$

$$\frac{\Delta D}{D} = \frac{D^2}{3R^2} \tag{2-10}$$

取地球半径 R=6 371 km，并以不同的距离 D 值代入式(2-10)和式(2-11)，则可求出，如表 2-1 所示。

表 2-1　水平面代替水准面的距离误差和相对误差

距离 D/km	距离误差 ΔD/mm	相对误差 $\Delta D/D$
10	8	1∶1 220 000
20	128	1∶200 000
50	1 026	1∶49 000
100	8 212	1∶12 000

结论：在半径为 10 km 的范围内，进行距离测量时，可以用水平面代替水准面，而不必考虑地球曲率对距离的影响。

2. 对水平角的影响

从球面三角学可知，同一空间多边形在球面上投影的各内角和，比在平面上投影的各内角和大一个球面角超值 ε。

$$\varepsilon = p\frac{P}{R^2} \tag{2-11}$$

式中：ε——球面角超值($''$)；

P——球面多边形的面积(km^2)；

R——地球半径(km)；

ρ——一弧度的秒值，$\rho = 206\ 265''$。

以不同的面积 P 代入式(2-11)，可求出球面角超值，如表 2-2 所示。

表 2-2 水平面代替水准面的水平角误差

球面多边形面积 P/km^2	球面角超值 $\varepsilon/('')$
10	0.05
50	0.25
100	0.51
300	1.52

结论：当面积 P 为 100 km² 时，进行水平角测量时，可以用水平面代替水准面，而不必考虑地球曲率对距离的影响。

3. 对高程的影响

如图 2-10 所示，地面点 B 的绝对高程为 H_B，用水平面代替水准面后，B 点的高程为 H_B'，H_B 与 H_B' 的差值，即为水平面代替水准面产生的高程误差，用 Δh 表示，则

$$(R+\Delta h)^2 = R^2 + D'^2$$

$$\Delta h = \frac{D'^2}{2R+\Delta h}$$

上式中，可以用 D 代替 D'，相对于 $2R$ 很小，可略去不计，则

$$= \Delta h = \frac{D^2}{2R} \tag{2-12}$$

以不同的距离 D 值代入式(2-12)，可求出相应的高程误差 Δh，如表 2-3 所示。

表 2-3 水平面代替水准面的高程误差

距离 D/km	0.1	0.2	0.3	0.4	0.5	1	2	5	10
Δh/mm	0.8	3	7	13	20	78	314	1 962	7 848

结论：用水平面代替水准面，对高程的影响是很大的，因此，在进行高程测量时，即使距离很短，也应顾及地球曲率对高程的影响。

2.3.4 确定地面点的三个基本要素

地面点的空间位置是以投影平面上的坐标(x, y)和高程 H 决定的，而点的坐标一般是通过水平角测量和水平距离测量来确定的，点的高程是通过测定高差推算高程来确定的。

因此，高差测量、水平角测量以及水平距离测量是测量的三项基本工作。

任务 2.4　建筑工程测量的原则和程序

2.4.1　地物与地貌

地球表面错综复杂的各种形态称为地形，地形可以分为地形和地貌两大类。地面上固定性的自然和人工物体称为地物，地物一般可分为两大类：一类是自然地物，如河流、湖泊、森林、草地、独立岩石等；另一类是经过人工改造的人工地物，如房屋、高压输电线、公路、铁路、水渠、桥梁等。地面上高低起伏的形态称为地貌，如山岭、谷地、悬崖和陡壁等。

图 2－12 的中前部有两栋并排的房屋，其平面位置由房屋的轮廓线组成，如果能测定 1～8 个屋角点的平面位置，这两栋房屋的位置也就确定了。对于地貌，虽然地势起伏变化虽然复杂，仍可看成是由许多不同方向、不同坡度的平面相交而成的几何体，相邻平面的交线就是方向变化线和坡度变化线。只要测定这些方向变化线和坡度变化线的平面坐标，则地貌的形状和大小也就基本反映出来了。因此，

图 2－12　地形测量示意

不论地物和地貌，它们的形状和大小都是由一些特征点的位置所决定的，这些特征也叫碎部点。地形测图就是通过测定这些碎部点的平面坐标和高程来绘制地形图的。

2.4.2 测量工作的原则和程序

测量工作不可避免地会产生误差，为防止误差的传递和积累，保证测区内地面点位置的测量精度，测量工作必须按一定的原则和程序进行。如图 2－12 所示，下面以如何将地物与地貌测绘到图纸上为例，介绍测定工作的原则和程序。

测定碎部点的位置，其工作程序通常可以分为两步：第一步，做控制测量。在控区内选择若干个具有控制意义的点 A, B, C, D, E, F 作为控制点，用比较精确的方法测定其位置，这些控制点就可以控制误差传递的范围和大小。第二步，进行碎部测量。即在碎部点基础上，用稍低一些精度的测量方法（即碎部测量）测定地面各碎部点的位置（坐标及高层），如在控制点 A 上测定其周围的碎部点 1，2 等。最后根据这些碎部点的坐标与高程按一定的比例尺将整个测区缩小绘制成地形图。

从上述分析可知，测量工作必须遵循的原则是，布局上“由整体到局部”，精度上“先高级后低级”，程序上“先控制后碎部”。测量工作的这些重要原则，不但可以保证测量误差的积累，还可使测量工作在几个控制点上同时进行，从而加快测量工作的进度。另外，为防止和检查测量工作中出现的错误，提高测量工作效率，测量工作必须重视检核，防止发生错误，避免错误的结果对后续测量工作的影响。因此“前一步工作未做检核，不得进行下一步工作”，这是测量工作应遵循的又一个原则。

任务 2.5 建筑工程测量常用的测量仪器

现代测绘科学技术的快速发展促进了建筑工程测量技术的改革。十年前还在广泛使用的传统测量仪器、工具和测绘方法已逐渐被更先进的测量仪器、工具和测绘方法所代替。下面就几种常用测量仪器进行简单介绍。

2.5.1 水准仪

水准仪是建立水平视线测定地面两点间高差的仪器。一般由望远镜、管状水准器或补偿器、竖轴、基座等组成。

水准仪的种类包括：微倾水准仪、自动安平水准仪、激光水准仪、数字水准仪等（图 2－13）。

微倾水准仪

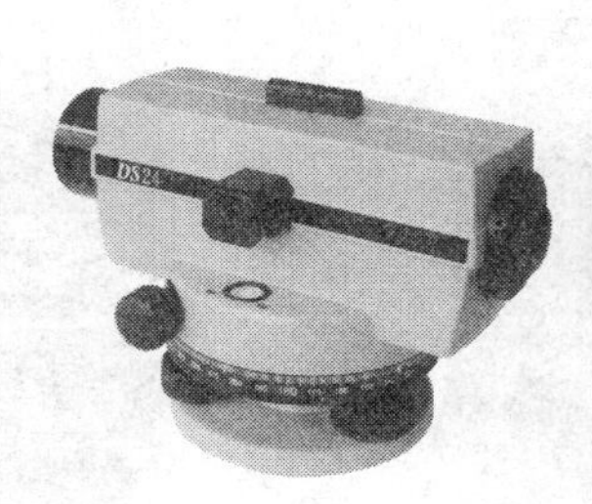

自动安平水准仪

数字水准仪

图 2－13　水准仪

2.5.2　经纬仪

经纬仪是测量水平角、垂直角以及为视距尺配合测量距离的仪器。

经纬仪的种类包括：光学经纬仪、电子经纬仪、激光经纬仪等(图 2－14)。

光学经纬仪

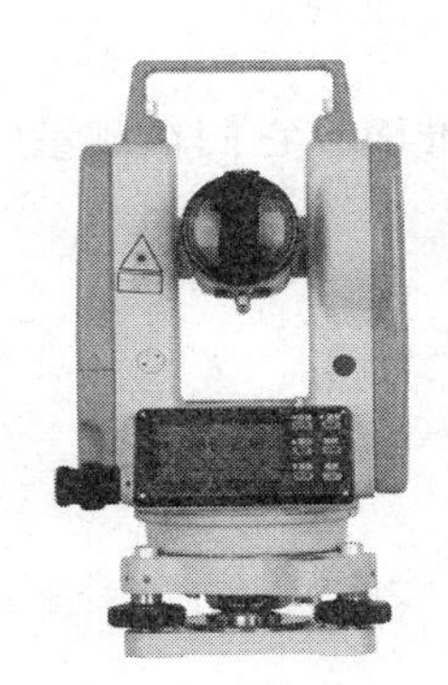

电子经纬仪

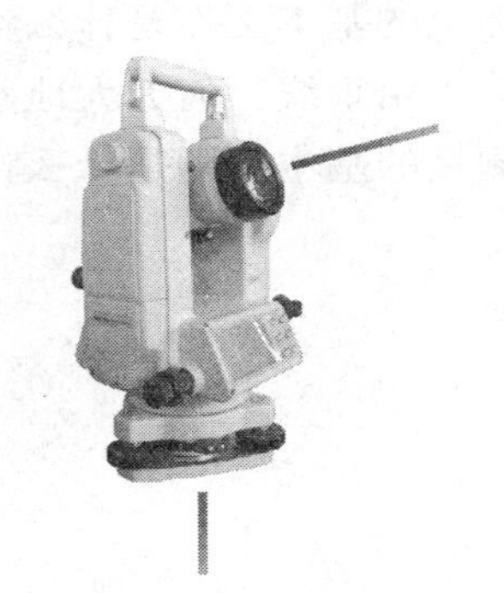

激光经纬仪

图 2－14　经纬仪

2.5.3　全站仪

全站仪是一种集光、机、电为一体的高技术测量仪器，是集水平角、垂直角、距离(斜距、平距)、高差测量功能于一体的测绘仪器系统。因其一次安置仪器就可完成该测站上全部测量工作，所以称之为全站仪。

全站仪的种类包括：经典型全站仪、机动型全站仪、智能型全站仪等(图 2－15)。

此外，建筑工程上还用到光电测距仪、GPS 接收机、激光垂线仪、手持测距仪等。关于各种仪器的具体使用及其功能在后续章节会详细介绍。

南方全站仪

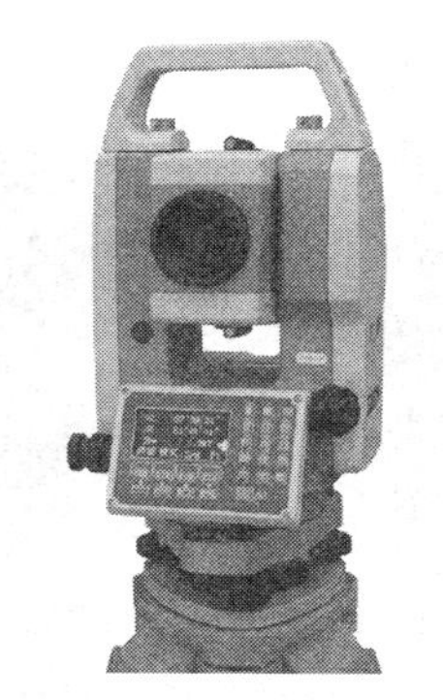

彩屏WINCE智能型全站仪

图 2 - 15　全站仪

思考与练习

1. 什么是测量学？测定与测设有何区别？
2. 建筑工程测量的任务是什么？
3. 测量的基本工作是什么？
4. 何为铅垂线？何为大地水准面？它们在测量中的作用是什么？
5. 测量的基本原则是什么？

模三块　水准测量

任务 3.1　水准仪的使用

3.1.1　水准测量原理

确定地面点高程的测量工作，称为高程测量。高程测量又是测量三项基本工作之一。根据使用仪器和施测方法的不同，高程测量可分为水准测量、三角高程测量和气压高程测量。用水准仪测量高程，称为水准测量，它是高程测量中最常用、最精密的方法。

水准测量的原理：水准测量是利用一条水平视线，并借助水准尺，来测定地面两点间的高差，这样就可由已知点的高程推算出未知点的高程。测定待测点高程的方法有高差法和仪高法两种。

1. 高差法

如图 3-1 所示，若已知 A 点的高程 H_A，欲测定 B 点的高程 H_B。在 A，B 两点上竖立两根尺子，并在 A，B 两点之间安置一架可以得到水平视线的仪器。假设水准仪的水平视线在尺子上的位置读数分别为 A 尺(后视)读数为 a，B 尺(前视)读数为 b，则 A，B 两点之间的高程差(简称高差 h_{AB})为 $h_{AB}=a-b$

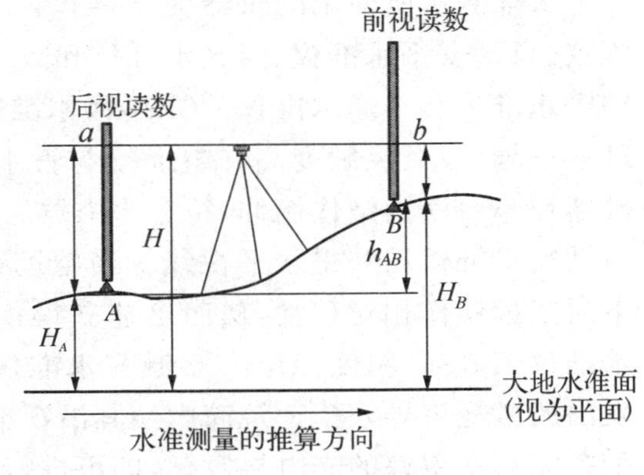

图 3-1　高差法图示

于是 B 点的高程 H_B 为：

$$H_B = H_A + h_{AB} \tag{3-1}$$

$$H_B = H_A + h_{AB} = H_A + a - b \tag{3-2}$$

这种利用高差计算待测点高程的方法，称高差法。这种尺子称为水准尺，所用的仪器称为水准仪。

2. 仪高法

由式(3-2)可以写为 $$H_B = (H_A + a) - b \tag{3-3}$$

如图 3-2 所示,即 $$H_B = H_i - b \tag{3-4}$$

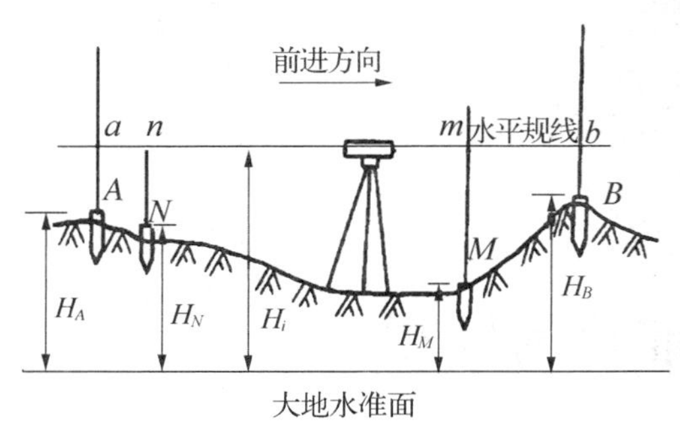

图 3-2 大地水准测量

式中:H_i 是仪器水平视线的高程,常称为仪器高程或视线高程。仪高法是,计算一次仪高,就可以测算出几个前视点的高程。即放置一次仪器,可以测出数个前视点的高程。

综上所述,高差法和仪高法都是利用水准仪提供的水平视线测定地面点高程。必须注意:

(1) 前视与后视的概念一定要清楚,不能误解为往前看或往后看所得的水准尺读数。

(2) 两点间高差 h_{AB} 是有正负的,计算高程时,高差应连其符号一并运算。在书写 h_{AB} 时,注意 h 的下标,h_{AB} 是表示 B 点相对于 A 点的高差;h_{BA} 则表示是 A 点相对于 B 点的高差。h_{AB} 与 h_{BA} 的绝对值相等,但符号相反。

3.1.2 水准测量的仪器及工具

水准测量所使用的仪器为水准仪,工具有水准尺和尺垫。按结构分为微倾水准仪、自动安平水准仪、激光水准仪和数字水准仪(又称电子水准仪)。按精度分为精密水准仪和普通水准仪。① 微倾水准仪。借助微倾螺旋获得水平视线。其管水准器分划值小、灵敏度高。望远镜与管水准器联结成一体。凭借微倾螺旋使管水准器在竖直面内微作俯仰,符合水准器居中,视线水平。② 自动安平水准仪。借助自动安平补偿器获得水平视线。当望远镜视线有微量倾斜时,补偿器在重力作用下对望远镜作相对移动,从而迅速获得视线水平时的标尺读数。这种仪器较微倾水准仪工效高、精度稳定。③ 激光水准仪。利用激光束代替人工读数。将激光器发出的激光束导入望远镜筒内使其沿视准轴方向射出水平激光束。在水准标尺上配备能自动跟踪的光电接收靶,即可进行水准测量;④ 数字水准仪。这是 20 世纪 90 年代新发展的水准仪,集光机电、计算机和图像处理等高新技术为一体,是现代科技最新发展的结晶。

水准仪是在 17～18 世纪发明了望远镜和水准器后出现的。20 世纪初,在制出内调焦望远镜和符合水准器的基础上生产出微倾水准仪。50 年代初出现了自动安平水准仪,60 年代研制出激光水准仪。90 年代研制出了数字水准仪。

水准仪主要部件有望远镜、管水准器(或补偿器)、垂直轴、基座、脚螺旋。微倾水准仪（如图 3-3）借助于微倾螺旋获得水平视线的一种常用水准仪。作业时先用圆水准器将仪器粗略整平，每次读数前再借助微倾螺旋，使符合水准器在竖直面内俯仰，直到符合水准气泡精确居中，使视线水平。微倾的精密水准仪同普通水准仪比较，前者管水准器的分划值小、灵敏度高，望远镜的放大倍率大，明亮度强，仪器结构坚固，特别是望远镜与管水准器之间的联结牢固，装有光学测微器，并配有精密水准标尺，以提高读数精度。中国生产的微倾式精密水准仪，其望远镜放大倍率为 40 倍，管水准器分划值为 10″/2 mm，光学测微器最小读数为 0.05 mm，望远镜照准部分、管水准器和光学测微器都共同安装在防热罩内。

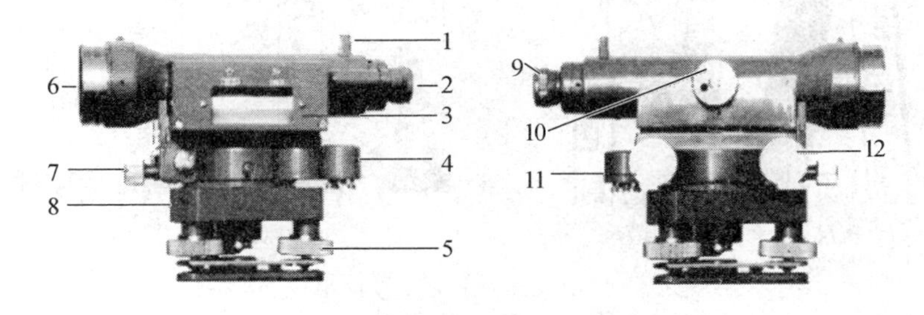

图 3-3　DS_3 微倾水准仪

1—粗瞄准器；2—目镜；3—管水准器；4—圆水准器；5—定平螺旋；6—物镜；7—平制动螺旋；8—基座；9—目镜对光螺旋；10—物镜对光螺旋；11—微倾螺旋；12—水平微动螺旋

水准仪是用于水准测量的仪器，目前我国水准仪是按仪器所能达到的每千米往返测高差中数的偶然中误差这一精度指标划分的，共分为 4 个等级。

水准仪型号都以 DS 开头，分别为“大地”和“水准仪”的汉语拼音第一个字母，通常书写省略字母 D。其精度可分为 DS05，DS1，DS3 和 DS10 等四个等级。其后“05”，“1”，“3”，“10”等数字表示该仪器的精度。S3 级和 S10 级水准仪又称为普通水准仪，用于我国国家三等、四等水准及普通水准测量，S05 级和 S1 级水准仪称为精密水准仪，用于国家一等、二等精密水准测量。

水准测量时还需配备水准尺和尺垫等（图 3-4）。水准尺是水准测量时使用的标尺，其质量好坏直接影响水准测量的精度。因此，水准尺需用不易变形且干燥的优质木材制成，要求尺长稳定，分划准确。常用的水准尺有塔尺和双面尺两种。塔尺多用于等外水准测量，其长度有 2 m 和 5 m 两种，用两节或三节套接在一起。尺的底部为零点，尺上黑白格相间，每格宽度为 1 cm，有的为 0.5 cm，每一米和分米处均有注记。双面水准尺多用于三等、四等水准测量。其长度有 2 m 和 3 m 两种，且两根尺为一对。尺的两面均有刻划，一面为红白相间称红面尺；另一面为黑白相间，称黑面尺（也称主尺），两面的刻划均为 1 cm，并在分米处注字。两根尺的黑面均由零开始；而红面，一根尺由 4.687 m 开始至 6.687 m 或 7.687 m；另一根由 4.787 m 开始至6.787 m 或7.787 m，见图 3-4。

尺垫是在转点处放置水准尺用的，它用生铁铸成，一般为三角形，中央有一突起

的半球体，下方有三个支脚。用时将支脚牢固地插入土中，以防下沉，上方突起的半球形顶点作为竖立水准尺和标志转点之用。

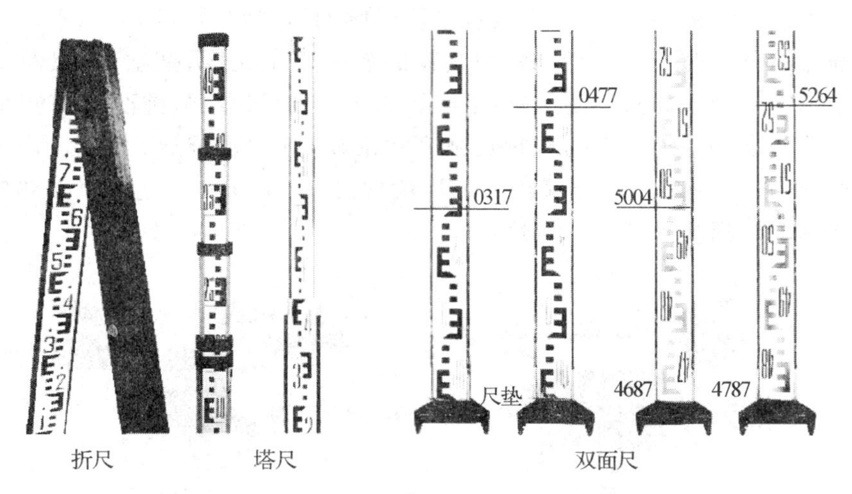

图 3－4　水准尺及尺垫

3.1.3　水准仪的操作步骤

以微倾水准仪为例，水准仪的基本操作程序包括安置仪器、粗略整平、瞄准水准尺、精平和读数等操作步骤。分述如下：

1. 安置水准仪

打开三脚架并使高度适中，目估使架头大致水平，检查脚架腿是否安置稳固，脚架伸缩螺旋是否拧紧，然后打开仪器箱取出水准仪，置于三脚架头上用连接螺旋将仪器牢固地固连在三脚架头上（图 3－5）。

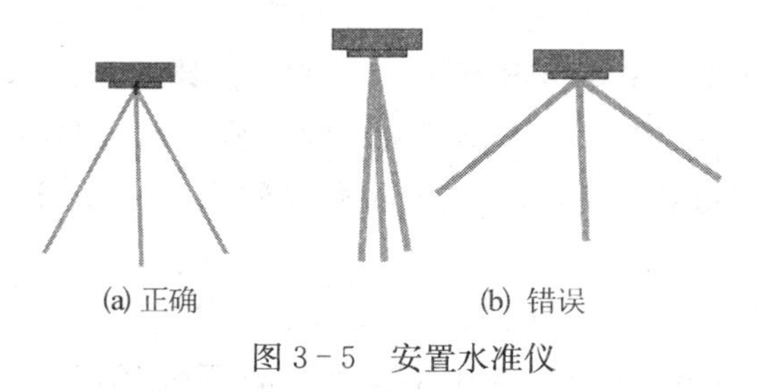

图 3－5　安置水准仪

2. 粗略整平

粗平是借助圆水准器的气泡居中，使仪器竖轴大致铅垂，从而视准轴粗略水平。在整平的过程中，气泡的移动方向与左手大拇指运动的方向一致。如图 3－6 所示。

3. 瞄准和调焦

将望远镜瞄准一个光高均匀的目标，旋转目镜直至能清晰地看到十字刻线为止。转动仪器，通过粗瞄器瞄准标尺。旋转调焦手轮，直到标尺无视差地成像于分划板上，调节水平微动手轮，使标尺影像成像于视场中央（图 3－7）。

4. 精平与读数

眼睛通过位于目镜左方的符合气泡观察窗看水准管气泡，右手转动微倾螺旋，使

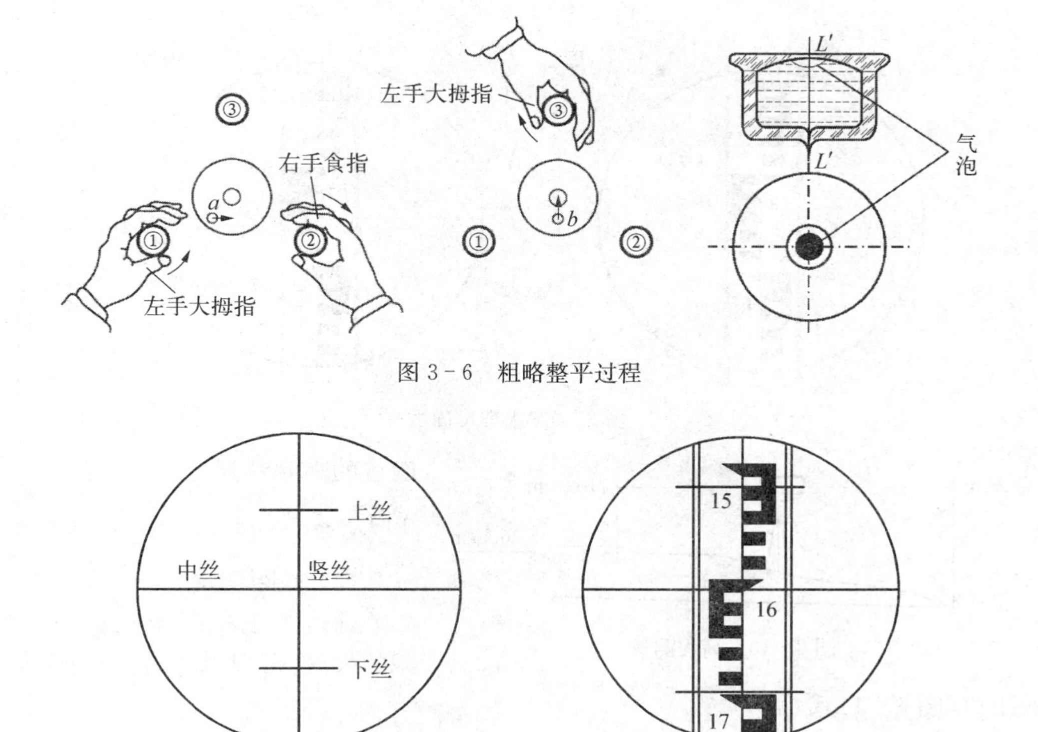

图 3－6　粗略整平过程

图 3－7　读数

气泡两端的像吻合，即表示水准仪的视准轴已精确水平(图 3－8)。这时，即可用十字丝的中丝在尺上读数。现在的水准仪多采用倒像望远镜，因此，读数时应从小往大，即从上往下读。先估读毫米数，然后报出全部读数(图 3－9)。

精平和读数虽是两项不同的操作步骤，但在水准测量的实施过程中，却把两项操作视为一个整体；即精平后再读数，读数后还要检查管水准气泡是否完全符合。只有这样，才能取得准确的读数。

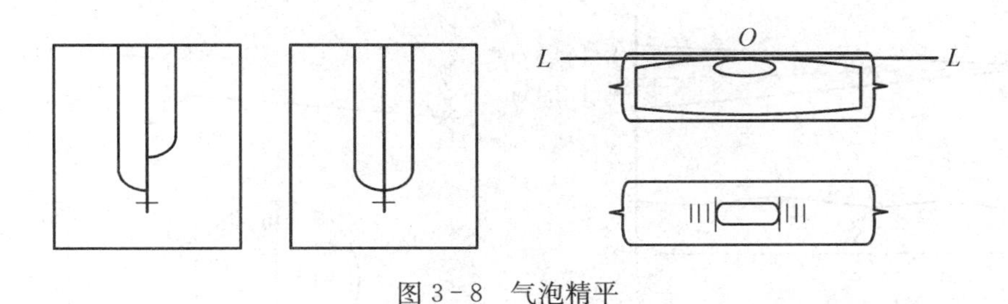

图 3－8　气泡精平

5. 测量

(1) 高程测量

仪器基本置于 A，B 两点之间，通过望远镜分别瞄准 A，B 两根标尺，读得刻线水平丝的读数假定 A 点读将数为 143.2 cm，B 点为 116.8 cm(图 3－10)，那么，它们

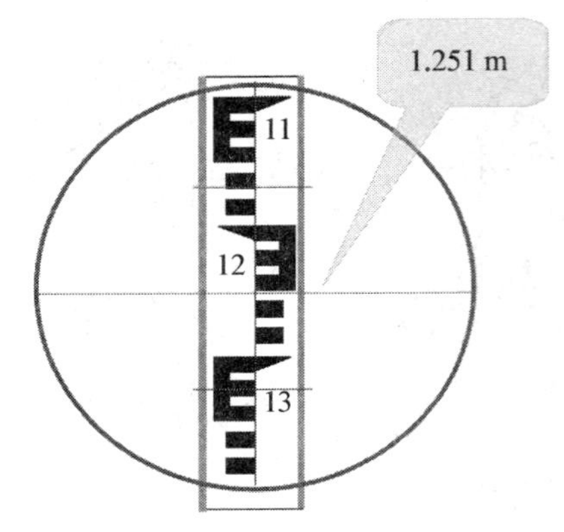

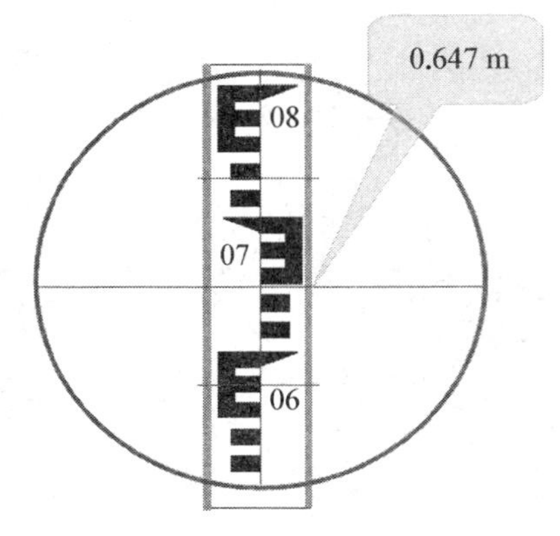

图 3-9　水准尺读数

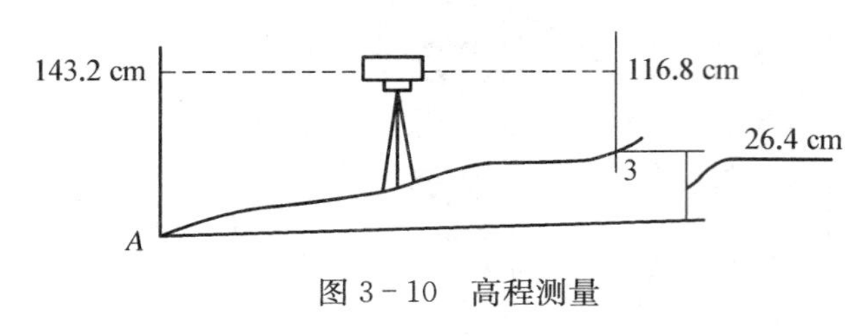

图 3-10　高程测量

两点的高差就是：

143.2 cm − 116.8 cm = 26.4 cm

(2) 视距测量

通过上下视距丝在标尺上所截的长度，可以求得标尺倒测站点的距离(图 3-11)。

$$S = (A_1 - A_2) \times 100 \tag{3-5}$$

假定上丝读数为 164.3 cm，下丝读数为 112.4 cm，那么标尺到测站的距离 S 为：$S = (164.3\ \text{cm} - 112.4\ \text{cm}) \times 100 = 51.9$ m。

(3) 水平角的测量

首先将望远镜瞄准目标 A，转动度盘使指标线压在"0"上，再转动望远镜瞄准目标 B，此时度盘读数 a 就是 A 和 B 之间的水平角(图 3-12)。

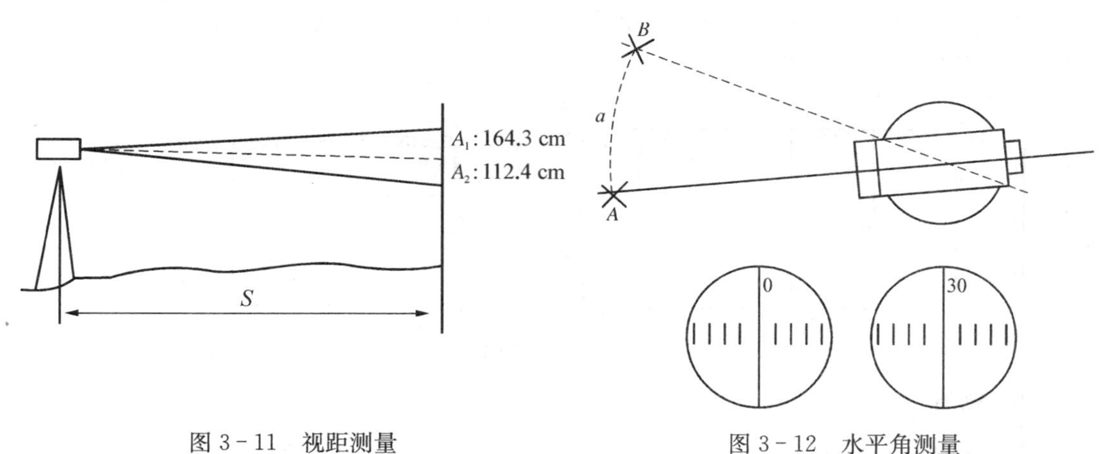

图 3-11　视距测量　　　　图 3-12　水平角测量

(4) 装箱

将仪器从三脚架上取下，三个脚螺旋调至最低位置，放入仪器箱内。此时仪器内补偿器应被锁定，摇动仪器箱，仪器内无“当，当”声。若有，应检查装箱位置是否正确，检查如无异常状态，即可合上箱盖。

6. 仪器的维护和保养

本仪器属精密光学产品，结构比较复杂，尽管出厂前都经严格检验，使用中仍须倍加小心爱护。避免碰撞及外界环境的突然变化，以免影响仪器测量精度，长途运输和贮存应将仪器装入有泡沫塑料衬垫的包装箱内。仪器应避免在强烈的阳光下曝晒，雨天作业应打伞防雨淋。雨天使用后，要认真擦干。望远物镜或目镜上有灰尘或其他污迹时，可用干净的软布轻轻地擦拭干净。经常检查仪器各部件工作是否正常，必要时按说明书调校。

3.1.4 其他水准仪介绍

自动安平水准仪(图 3-13)是借助于自动安平补偿器获得水平视线的一种水准仪。它的特点主要是当望远镜视线有微量倾斜时，补偿器在重力作用下对望远镜作相对移动，从而能自动而迅速地获得视线水平时的标尺读数。补偿的基本原理是：当望远镜视线水平时，与物镜主点同高的水准标尺上物点 P 构成的像点 $Z0$ 应落在十字丝交点 Z 上。当望远镜对水平线倾斜一小角后，十字丝交点 Z 向上移动，但像点 $Z0$ 仍在原处，这样即产生一读数差 $Z0Z$。这时可在光路中 K 点装一补偿器，使光线产生屈折角，像 $Z0$ 就落在 Z 点上；或使十字丝自动对仪器作反方向摆动，十字丝交点 Z 落在 $Z0$ 点上。如光路中不采用光线屈折而采用平移时，只要平移量等于 $Z0Z$，则十字丝交点 Z 落在像点 $Z0$ 上，也同样能达到 $Z0$ 和 Z 重合的目的。自动安平补偿器按结构可分为活动物镜、活动十字丝和悬挂棱镜等多种。补偿装置都有一个“摆”，当望远镜视线略有倾斜时，补偿元件将产生摆动，为使“摆”的摆动能尽快地得到稳定，必须装一空气阻尼器或磁力阻尼器。这种仪器较微倾水准仪工效高、精度稳定，尤其在多风和气温变化大的地区作业其优越性更为显著。

图 3-13　自动安平水准

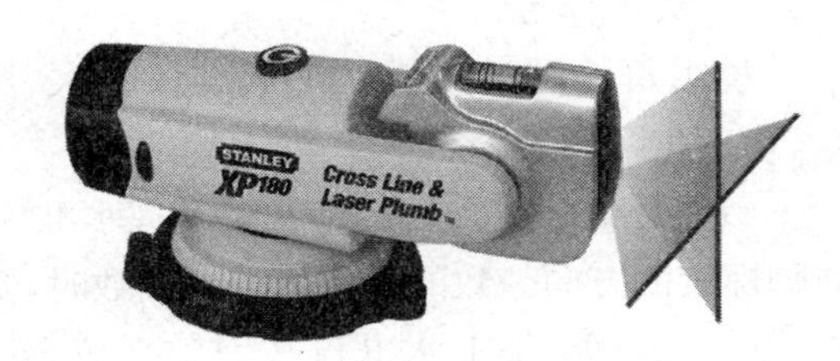

图 3-14　激光水准仪

激光水准仪图(3-14)是利用激光束代替人工读数的一种水准仪。将激光器发出的激光束导入望远镜筒内，使其沿视准轴方向射出水平激光束。利用激光的单色性和相干性，可在望远镜物镜前装配一块具有一定遮光图案的玻璃片或金属片，即波带板，使之所生衍射干涉。经过望远镜调焦，在波带板的调焦范围内，获得一明亮而

精细的十字型或圆形的激光光斑，从而更精确地照准目标。如在前、后水准标尺上配备能自动跟踪的光电接收靶，即可进行水准测量。在施工测量和大型构件装配中，常用激光水准仪建立水平面或水平线。

数字水准仪(3-15)是目前最先进的水准仪，配合专门的条码水准尺，通过仪器中内置的数字成像系统，自动获取水准尺的条码读数，不再需要人工读数。这种仪器可大大降低测绘作业劳动强度，避免人为的主观读数误差，提高测量精度和效率。

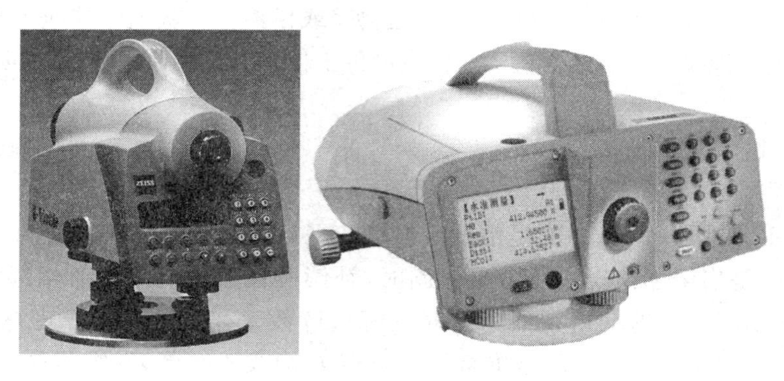

图 3-15　数字水准仪

技能训练 3.1　水准仪认识与使用

1. 实习目的

(1) 了解水准仪的原理、构造。

(2) 掌握水准仪的使用方法。

2. 仪器设备

每组 S3 水准仪 1 台、水准尺 1 对、记录板 1 个。

3. 实习任务

每组每位同学完成整平水准仪 4 次、读水准尺读数 4 次。

4. 实习要点及流程

(1) 要点：水准仪安置时，要掌握水准仪圆水准气泡的移动方向始终与操作者左手旋转脚螺旋的方向一致的这条规律。读数时，要记住水准尺的分划值是 1 cm，要估读至 mm。

(2) 流程：架上水准仪——整平仪器——读取水准尺上读数——记录

5. 实习记录

(1) 水准仪由________、____________、____________组成。

(2) 水准仪粗略整平的步骤是：

____

____

(3) 水准仪照准水准尺的步骤是：

(4) 水准尺读数步骤是：

(5) A 点处的水准尺读数是：________，B 点处的水准尺读数是：________

C 点处的水准尺读数是：________，D 点处的水准尺读数是：________

(6) 消除视差的方法是：

评 价 单

系：　　　　　　　　班级：　　　　　　　　　　　　　　　年　月　日

任务责任人			总评分		
任务名称	水准仪认识与使用				
评价内容		分值	自评(20%)	组评(30%)	教师评价(50%)
决　策	测量工具选用正确	10			
计　划	实施步骤合理	10			
实　施	图纸识读正确	10			
	仪器操作正确	20			
	数据计算正确	10			
	成果测绘正确	20			
	过程记录正确	10			
检　查	检查单填写正确	10			
合　计		100			
小 组 长					
组　员					

任务 3.2　水准测量基本方法

3.2.1　水准点与水准路线

1. 水准点

为了统一全国的高程系统和满足各种测量的需要，测绘部门在全国各地埋设并测定了很多高程点，这些点称为水准点(Bench Mark)，简记为 BM，用“⊗”符号表示。水准测量通常是从水准点引测其他点的高程。水准点有永久性和临时性两种。国家等级水准点一般用石料或钢筋混凝土制成，深埋到地面冻结线以下。在标石的顶面设有用不锈钢或其他不易锈蚀材料制成的半球状标志(图 3－16)。有些水准点也可设置在稳定的墙脚上，称为墙上水准点(图 3－17)。

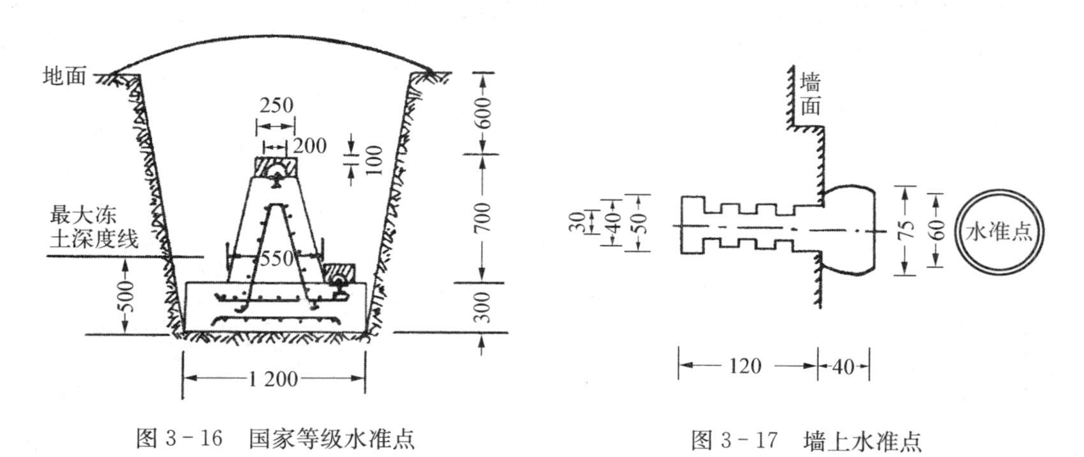

图 3－16　国家等级水准点　　图 3－17　墙上水准点

建筑工地上的永久性水准点一般用混凝土或钢筋混凝土制成，临时性的水准点可用地面上突出的坚硬岩石或用大木桩打入地下，校顶钉以半球形铁钉(图 3－17)。

埋设水准点后，应绘出水准点与附近固定建筑物或其他地物的关系图，在图上还要写明水准点的编号和高程，称为点之记，以便于日后寻找水准点位置之用。水准点编号前通常加 BM 字样，作为水准点的代号。

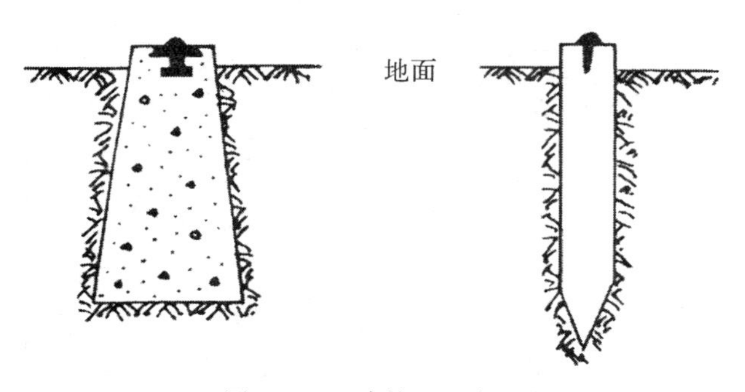

图 3－18　建筑工程水准点

2. 水准测量路线形式

水准路线依据工程的性质和测区的情况，可布设成以下几种形式。

(1) 闭合水准路线

如图 3-19(a)所示，是从一已知水准点 BM_A 出发，经过测量各测段的高差，求得沿线其他各点高程，最后又闭合到 BM_A 的环形路线。

(2) 附合水准路线

如图 3-19(b)所示，是从一已知水准点 BM_A 出发，经过测量各测段的高差，求得沿线其他各点高程，最后附合到另一已知水准点 BM_B 的路线。

(3) 支水准路线

如图 3-19(c)所示，是从一已知水准点 BM_1 出发，沿线往测其他各点高程到终点 2，又从 2 点返测到 BM_1，其路线既不闭合又不附合，但必须是往返施测的路线。

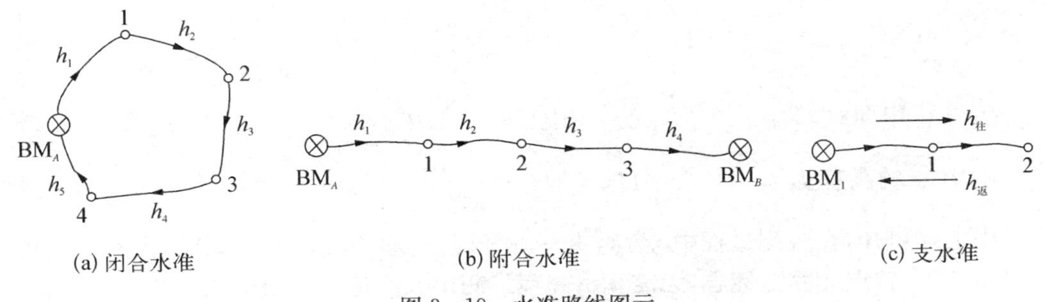

图 3-19　水准路线图示

3.2.2　水准测量方法与记录

1. 水准测量方法

当欲测的高程点距水准点较远或高差很大时，就需要连续多次安置仪器以测出两点的高差。如图 3-20，水准点 A 的高程为 19.153 m，现拟测量 B 点的高程，其观测步骤如下：

在离 A 点约 100 mm 处选定转点 1，在 A，1 两点上分别立水准尺。在距点 A 和点 1 等距离的测站①处，安置水准仪。用圆水准器将仪器粗略整平后，后视 A 点上的水准尺，精平后读数得 1 623，记入表 3-1 观测点 A 的后视读数栏内。旋转望远镜，

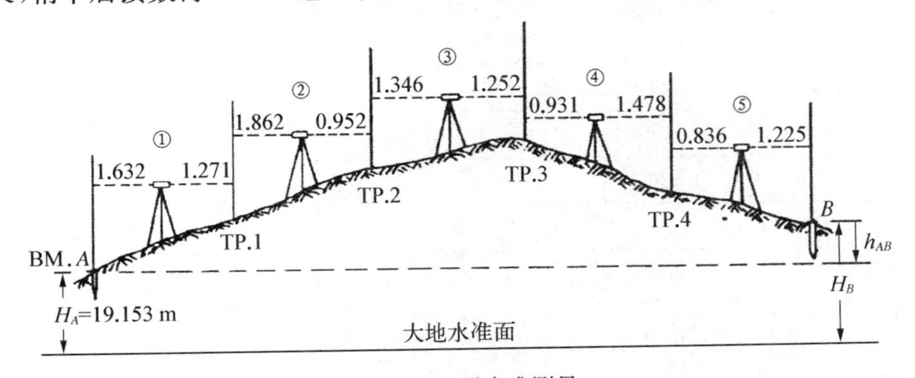

图 3-20　通水准测量

前视点 1 上的水准尺，同法读取读数为 1 271，记入点 1 的前视读数栏内。此为一个测站上的工作。

点 1 上的水准尺不动，把 A 点上的水准尺移到点 2，仪器安置在点 1 和点 2 之间，同法进行观测和计算，依次测到 B 点。

显然，每安置一次仪器，便可测得一个高差，即

$$h_1 = a_1 - b_1$$

$$h_2 = a_2 - b_2$$

$$\cdots\cdots\cdots\cdots$$

$$h_5 = a_5 - b_5$$

将各式相加，得 $$\sum h = \sum a - \sum b$$

则 B 点的高程为 $$H_B = H_A + \sum h \tag{3-6}$$

由上述可知，在观测过程中，点 1，2…，4 仅起传递高程的作用，这些点称为转点，简写为 TP。转点无固定标志，无需算出高程。测得数据记入测量记录手薄(表 3-1)。

表 3-1 普通水准测量记录手簿

测区　凤凰糊工业园区　　　仪器型号　S3　　　观测者　谭兴斌
时间　2011 年 3 月 6 日　　　天　　气　晴　　　记录者　任　洁

测站	点　号	水准尺读数/m		高　差/m		高程/m	备注
		后　视	前　视	+	−		
1	BM. A	1.632		0.361		19.514	已知
	TP. 1		1.271			19.514	
2	TP. 1	1.862		0.910			
	TP. 2		0.952			20.424	
3	TP. 2	1.346		0.094			
	TP. 3		1.252			20.158	
4	TP. 3	0.931			0.547		
	TP. 4		1.478			19.971	
5	TP. 4	0.836			0.389		
	B		1.225			19.582	
计算检核		6.607	6.178	1.365	0.936		
	$\sum a - \sum b = +0.429$			$\sum h = +0.429$		$H_B - H_A = +0.429$	

2. 水准测量的检核

(1) 计算检核

由式(3-26)看出,B 点对 A 点的高差等于各转点之间高差的代数和,也等于后视读数之和减去前视读数之和,因此,此式可用来作为计算的检核。如表 3-2 中

$$\sum h = +0.429$$

$$\sum a - \sum b = 6.607 - 6.178 = +0.429 \text{ m}$$

这说明高差计算是正确的。

终点 B 的高程 H_B 减去 A 点的高程 H_A,就应等 $\sum h$,即

$$H_B = H_A + \sum h$$

在表 3-2 中为 19.582—19.153=+0.429 m,这说明高程计算出是正确的。

计算检核只能检查计算是否正确,并不能检核观测和记录时是否产生的错误。

(2) 测站检核

如上所述,B 点的高程是根据 A 点的已知高程和转点之间的高差计算出来的。若其中测错任何一个高差,B 点高程就不会正确。因此,对每一站的高差,都必须采取措施进行检核测量。这种检核称为测站检核。测站检核通常采用变动仪器高法或双面尺法。

1) 变动仪器高法:是在同一个测站上用两次不同的仪器高度,测得两次高差以相互比较进行检核。即测得第一次高差后,改变仪器高度(应大于 10 cm)重新安置,再测一次高差。两次所测高差之差不超过容许值(例如等外水准容许值为 5 mm),则认为符合要求,取其平均值作为最后结果(记录、计算列于表 3-1 中),否则必须重测。

2) 双面尺法:是仪器的高度不变,而立在前视点和后视点上的水准尺分别用黑面和红面各进行一次读数,测得两次高差,相互进行检核。若同一水准尺红面与黑面读数(加常数后)之差,不超过 3 mm,且两次高差之差,又未超过 5 mm,则取其平均值作为该测站测高差。否则,需要检查原因,重新观测。

(3) 成果检核

测站检核只能检核一个测站上是否存在错误或误差超限。对于一条水准路线来说,还不足以说明所求水准点的高程精度符合要求。由于温度、风力、大气折光、尺垫下沉和仪器下沉等外界条件引起的误差,尺子倾斜和估读的误差,以及水准仪本身的误差等,虽然在一个测站上反映不很明显,但随着测站数的增多使误差积累,有时也会超过规定的限差。因此,还必须进行整个水准路线的成果检核,以保证测量资料满足使用要求。其检核方法有如下几种:

1) 附合水准路线

如图 3-21(c),从一已知高程水准点 BM_A 出发,沿各个待定高程的点 1, 2, 3 进

行水准测量，最后附合到另一个水准点 BM_B 上，这种水准路线称为符合水准路线。

路线中各待定高程点间高差的代数和，应等于两个水准点间已知高差。如果不相等，两者之差称为高差闭合差，其值不应超过容许范围，否则，就不符合要求，须进行重测。

2）闭合水准路线

如图 3－21(b)，由一已知高程的水准点 BM_A 出发，沿环线待定高程点 1，2，3 进行水准测量，最后回到原水准点 BM_A 上，称为闭合水准路线。显然，路线上各点之间高差的代数和应等于零，便产生高差闭合差，其大小不应超过容许值。

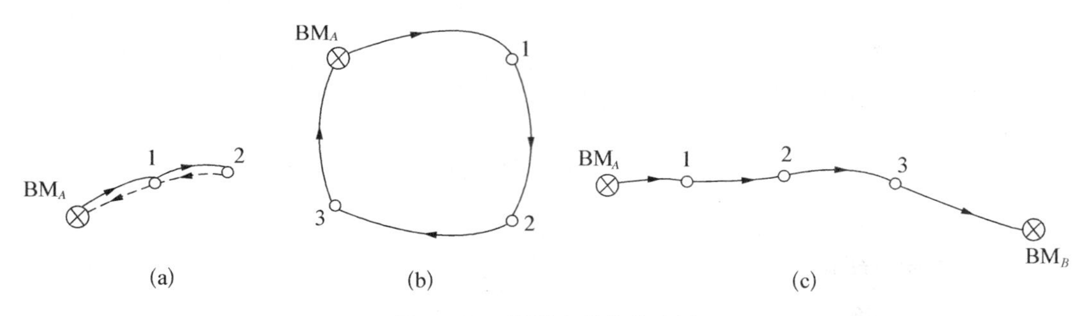

图 3－21　测量水准路线略图

3）支水准路线

如图 3－21(a)，由一个已知高程的水准点 BM_A 出发，沿待定点 1 和 2 进行水准测量，既不附合到另外已知高程的水准点上，也不回到原来的水准点上，称为支水准路线。支水准路线应进行往返观测，往测高差与返测高差应绝对值相等、符号相反。

3.2.3　水准测量的误差及注意事项

1. 水准测量的误差分析

（1）仪器误差

1）仪器校正后的残余误差

例如水准管轴与视准轴不平行，虽经校正仍然残存少量误差等。这种误差的影响与距离成正比，只要观测时注意使前、后视距离相等，便可消除或减弱此项误差的影响。

2）水准尺误差

由于水准尺刻划不正确，尺长变化、弯曲等影响，会影响水准测量的精度，因此，水准尺须经过检验才能使用。至于尺的零点差，可在一水准测段中使测站为偶数的方法予以消除。

（2）观测误差

1）水准管气泡居中误差

设水准管分划值为 τ''，居中误差一般为 $\pm 0.15\tau''$，采用符合式水准器时，气泡居中精度可提高一倍，故居中误差为

$$m = \pm \frac{0.15\tau''}{2 \cdot \rho''} \cdot D \tag{3-7}$$

2）读数误差

在水准尺上估读毫米数的误差，与人眼的分辨能力、望远镜的放大倍率以及视线长度有关，通常按下式计算

$$m_v = \frac{60''}{V} \cdot \frac{D}{\rho''} \tag{3-8}$$

3）视差影响

当视差存在时，十字丝平面与水准尺影像不重合，若眼睛观察的位置不同，便读出不同的读数，因而也会产生读数误差。

4）水准尺倾斜影响

水准尺倾斜将尺上读数增大，如水准尺倾斜，在水准尺上 1 m 处读数时，将会产生 2 mm 的误差；若读数大于 1 m，误差将超过 2 mm。

（3）外界条件的影响

1）仪器下沉

由于仪器下沉，使视线降低，从而引起高差误差。采用“后、前、前、后”的观测程序，可减弱其影响。

2）尺垫下沉

如果在转点发生尺垫下沉，将使下一站后视读数增大。采用往返观测，取平均值的方法可以减弱其影响。

3）地球曲率及大气折光影响

用水平视线代替大地水准面地尺上读数产生的误差，由于大气折光，视线并非是水平，而是一条曲线，曲线的曲率半径为地球半径的 7 倍，其折光量的大小对水准读数产生的影响，折光影响与地球曲率影响之和为：

$$f = 0.43 \times \frac{D^2}{R} \tag{3-9}$$

如果前视水准尺和后视水准尺到测站的距离相等，则在前视读数和后视读数中含有相同的。这样在高差中就没有这误差的影响了。因此，放测站时要争取“前后视相等”。接近地面的空气温度不均匀，所以空气的密度也不均匀。光线在密度不匀的介质中沿曲线传布。这称为“大气折光”。总体上说，白天近地面的空气温度高，密度低，弯曲的光线凹面向上；晚上近地面的空气温度低，密度高，弯曲的光线凹面向下。接近地面的温度梯度大大气折光的曲率大，由于空气的温度不同时刻不同的地方一直处于变动之中。所以，很难描述折光的规律。对策是避免用接近地面的视线工作，

尽量抬高视线，用前后视等距的方法进行水准测量。

除了规律性的大气折光以外，还有不规律的部分：白天近地面的空气受热膨胀而上升，较冷的空气下降补充。因此，这里的空气处于频繁的运动之中，形成不规则的湍流。湍流会使视线抖动，从而增加读数误差。对策是夏天中午一般不做水准测量。在沙地，水泥地……湍流强的地区，一般只在上午10点之前作水准测量。高精度的水准测量也只在上午10点之前进行。

4）温度对仪器的影响

温度会引起仪器的部件涨缩，从而可能引起视准轴的构件（物镜，十字丝和调焦镜）相对位置的变化，或者引起视准轴相对与水准管轴位置的变化。由于光学测量仪器是精密仪器，不大的位移量可能使轴线产生几秒偏差，从而使测量结果的误差增大。

不均匀的温度对仪器的性能影响尤其大。例如从前方或后方日光照射水准管，就能使气泡"趋向太阳"——水准管轴的零位置改变了。

温度的变化不仅引起大气折光的变化，而且当烈日照射水准管时，由于水准管本身和管内液体温度升高，气泡向着温度高的方向移动，影响仪器水平，产生气泡居中误差，观测时应注意撑伞遮阳。

2. 注意事项

（1）水准测量过程中应尽量用目估或步测保持前、后视距基本相等来消除或减弱水准管轴不平行于视准轴所产生的误差，同时选择适当观测时间，限制视线长度和高度来减少折光的影响。

（2）仪器脚架要踩牢，观测速度要快，以减少仪器下沉。

（3）估数要准确，读数时要仔细对光，消除视差，必须使水准管气泡居中，读完以后，再检查气泡是否居中。

（4）检查塔尺相接处是否严密，消除尺底泥土。扶尺者要身体站正，双手扶尺，保证扶尺竖直。

（5）记录要原始，当场填写清楚，在记错或算错时，应在错字上划一斜线，将正确数字写在错数上方。

（6）读数时，记录员要复诵，以便核对，并应按记录格式填写，字迹要整齐、清楚，端正。所有计算成果必须经校核后才能使用。

（7）测量者要严格执行操作规程，工作要细心，加强校核，防止错误。观测时如果阳光较强要撑伞，给仪器遮太阳。

3.2.4 水准测量成果计算

水准测量外业工作结束后，要检查手薄，再计算各点产的高差。经检核无误后，才能进行计算和调整高差闭合差。最后计算各点的高程。以上工作，称为水准测量的内业。

1. 附合水准路线闭合差的计算和调整

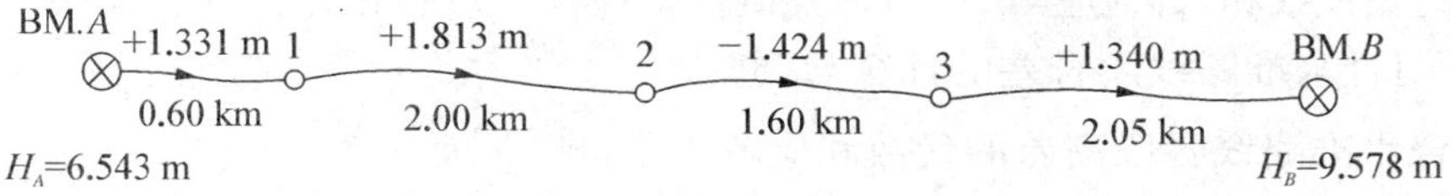

BM.A　+1.331 m　1　+1.813 m　2　−1.424 m　3　+1.340 m　BM.B

0.60 km　2.00 km　1.60 km　2.05 km

H_A=6.543 m　H_B=9.578 m

图 3－22　附和水准路线略图

如图 3－22，A，B 为两个水准点。A 点高程为 6.543 m，B 点高程为 9.578 m。各测段的高差，分别为 h_1，h_2，h_3和 h_4。

显然，各测段高差之和应等于 A，B 两点高程之差，即

$$\sum h = H_A - H_B \tag{3-10}$$

实际上，由于测量工作中存在着误差，使式(3－10)不相等，其差值即为高差闭合差，以符号 f_h表示，即

$$f_h = \sum h - (H_B - H_A) \tag{3-11}$$

高差闭合差可用来衡量测量成果的精度，等外水准测量的高差闭合差容许值，规定为

$$\text{平地}\qquad f_{h容} = \pm 40\sqrt{L}\ \text{mm} \tag{3-12}$$

$$\text{山地}\qquad f_{h容} = \pm 12\sqrt{n}\ \text{mm} \tag{3-13}$$

式中：L——水准路线长度，以公里计；

n——测站数。

若高差闭合差不超过容许值，说明观测精度符合要求，可进行闭合差的调整。现以图 3－22 中观测数据为例，记入表 3－2 中进行计算说明。

(1) 高差闭合差的计算

$$f_h = \sum h - (H_B - H_A) = 3.060 - (9.578 - 6.543) = +0.025\ \text{m}$$

设为平地，故 $f_{h容} \pm 40\sqrt{L} = \pm 40\sqrt{6.25} = \pm 100$ mm

$|f_h| < |f_{h容}|$，其精度符合要求。

(2) 闭合差的调整

在同一条水准路线上，假设观测条件是相同的，可认为每千米(或各站)产生的误差机会是相同的，故闭合差的调整按距离(或测站数)成正比例反符号分配的原则进行。本例中，距离＝6.25 km，故每千米的高差改正数为

$$V_i = -\frac{f_h}{n} = -(+25/6.25) = -4\ \text{mm/km}$$

各测段的改正数，按测站数计算，分别列入表 3－2 中。改正数总和的绝对值应与

闭合差的绝对值相等。各实测高差分别加改正数后，便得到改正后的高差。最后求改正后的高差代数和，其值应与 A、B 两点的高差（H_B-H_A）相等，否则，说明计算有误。

2. 闭合水准路线闭合差的计算与调整

闭合水准路线各段高差的代数和应等于零，即 $\sum h=0$

由于存在着测量误差，必然产生高差闭合差

$$f_h=\sum h \tag{3-14}$$

闭合水准路线高差闭合差的调整方法，容许值的计算，均与附合水准路线相同。

表 3－2　水准路线测量成果计算表

点 号	路线长度 L/km	观测高差 h_I/m	高差改正数 vh_i/m	改正后高差 h_I/m	高　程 H/m	备　注
BM. A					6.543	已知
	0.60	+1.331	−0.002	+1.329		
1					7.872	
	2.00	+1.813	−0.008	+1.805		
2					9.677	
	1.60	−1.424	−0.007	−1.431		
3					8.246	
	2.05	+1.340	−0.008	+1.332		
BM. A					9.578	已知
$\sum$	6.25	+3.060	−0.025	+3.035		

$f_h=\sum h_{测}-(H_B-H_A)=+25\text{ mm}$　　$f_{h容}=\pm 40\sqrt{L}=\pm 100\text{ mm}$

$v_{1\text{km}}=-\frac{f_h}{L}=-\frac{+25}{6.25}=-4\text{ mm/km}$　　$\sum v_{hi}=-25\text{ mm}=-f_h$

技能训练 3.2　等外闭合水准路线测量

1. 实习目的

(1) 学会在实地如何选择测站和转点，完成一个闭合水准路线的布设。

(2) 掌握等外水准测量的外业观测方法。

2. 仪器设备

每组自动安平水准仪 1 台、水准尺 1 对、记录板 1 个。

3. 实习任务

每组完成一条闭合水准路线的观测任务。

4. 实习要点及流程：

(1) 要点：水准仪要安置在离前、后视点距离大致相等处，用中丝读取水准尺上的读数至毫米。

(2) 流程：如下图已知 $H_{BM}=50.000\,m$，要求按等外水准精度要求施测，求点 1，点 2 两点高程。

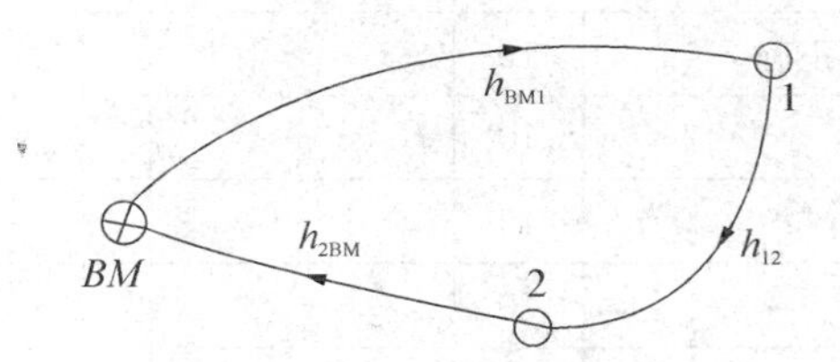

5. 实习记录

日期：______年____月____日 天气：____ 仪器型号：________ 组号：______
观测者：__________ 记录者：__________ 立尺者：____________

测　点	水准尺读数(m)		高差 h(m)		高程(m)	备　注
	后视 a(m)	前视 b(m)	+	−		
						起点高程设为 50.000 m
$\sum$						
计算校核	$\sum a-\sum b=$			$\sum h=$		

评 价 单

系： 班级： 年 月 日

任务责任人			总评分	
任务名称	等外闭合水准路线测量			
评价内容		分值	自评(20%)	组评(30%)	教师评价(50%)
决 策	测量工具选用正确	10			
计 划	实施步骤合理	10			
实 施	图纸识读正确	10			
	仪器操作正确	20			
	数据计算正确	10			
	成果测绘正确	20			
	过程记录正确	10			
检 查	检查单填写正确	10			
合 计		100			
小 组 长					
组 员					

任务 3.3 水准仪的检验与校正

3.3.1 水准仪应满足的几何条件

根据水准测量原理，水准仪必须提供一条水平视线，才能正确地测出两点间高差。为此，水准仪应满足的几何条件如图 3-23 所示：

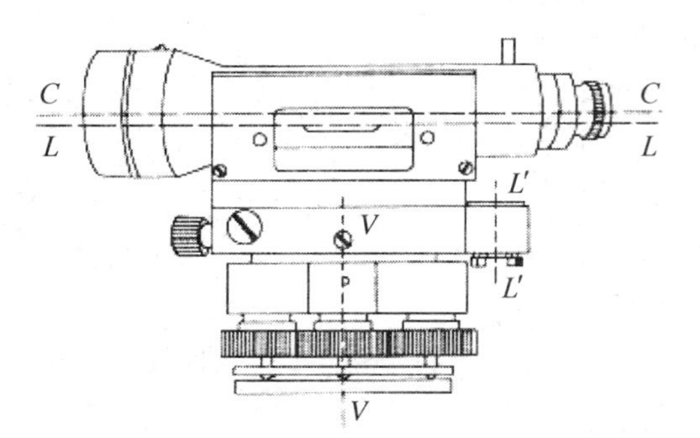

(1) 圆水准器轴 $L'L'$ 应平行于仪器的竖轴 VV；

(2) 十字丝的中丝(横丝)应垂直于仪器的竖轴；

(3) 水准管轴 LL 平行于视准轴 CC。

图 3-23 水准仪的主要轴线

3.3.2 水准仪的检验与校正

1. 圆水准轴平行于仪器竖轴的检验与校正

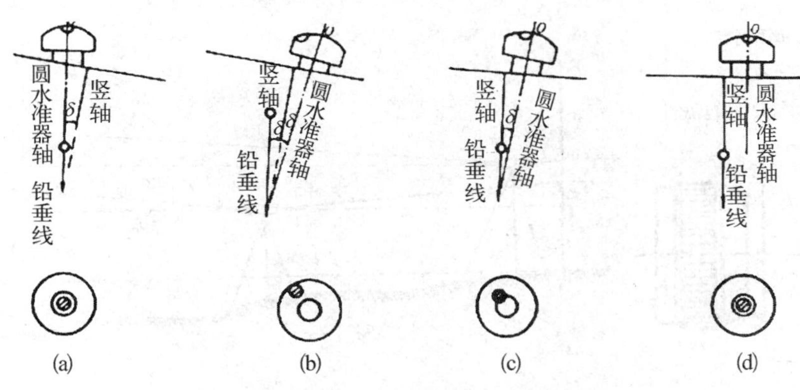

图 3-24 圆水准器检验校正原理

检验：用脚螺旋使圆水准器气泡居中，将仪器绕竖轴旋转 180 度，如果气泡不居中，表明圆水准轴不平行于竖轴，而离开零点弧长所对应的圆心角为两倍的 α(图 3-24)。

校正：调整圆水准三个校正螺丝，使气泡向居中位置移动偏离量的一半。校正工作一般都难于一次完成，需反复进行直至仪器旋转到任何位置圆水准器气泡皆居中时为止(图 3-25)。

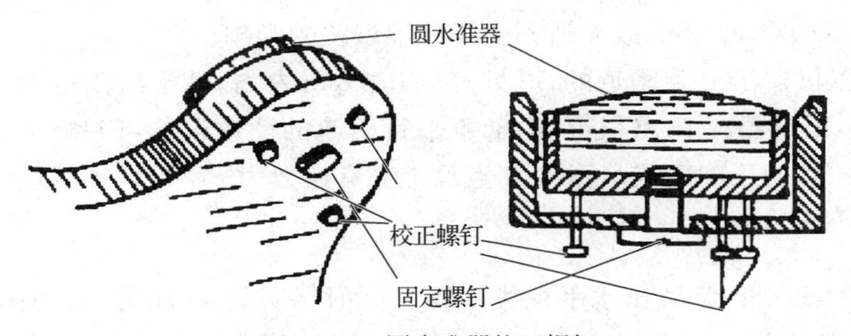

图 3-25 圆水准器校正螺钉

2. 十字丝横丝应垂直于仪器竖轴的检验与校正

检验：安置仪器后，先将横丝一端对准一个明显的点状目标 M，固定制动螺

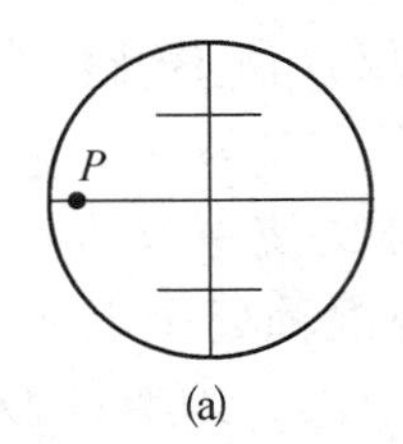

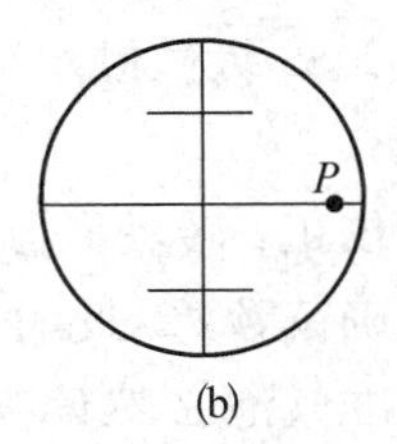

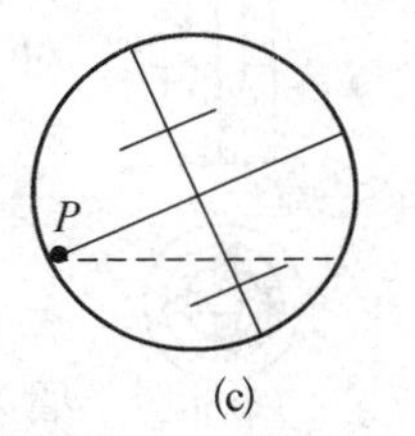

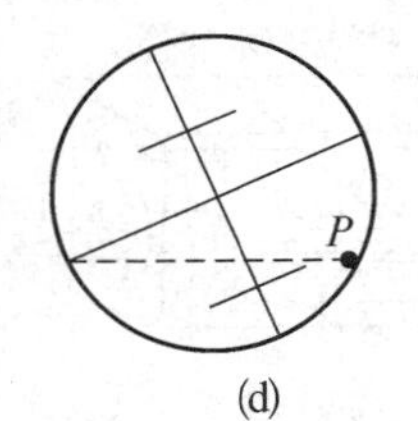

图 3-26 十字丝的检验

旋，转动微动螺旋，如果标志点 M 不离开横丝，说明横丝垂直于竖轴，否则需要校正(图 3-26)。

校正：用螺丝刀松开分划板座固定螺丝，转动分划板座，改正偏离量的一半(图 3-27)。

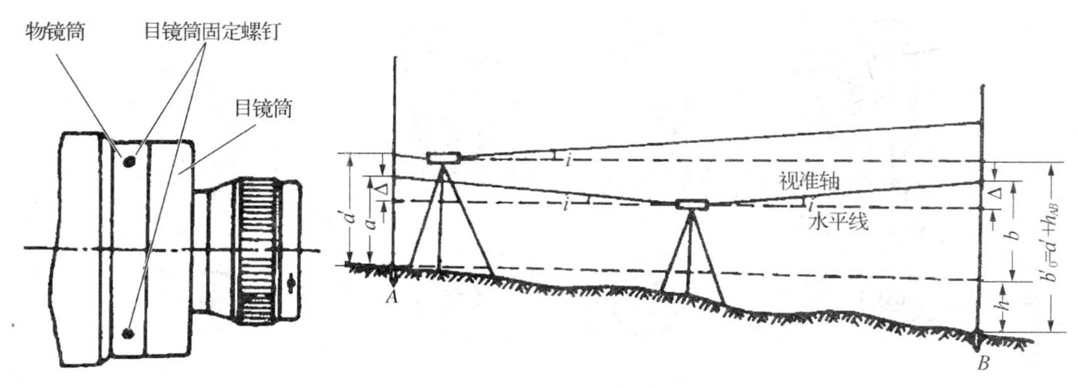

图 3-27　十字丝的校正　　　图 3-28　水准管轴平行视准轴的检验

3. 视准轴平行于水准管轴的检验校正

检验：在 S1 处安置水准仪，从仪器向两侧各量 40 m，定出等距离的 A 和 B 两点，打木桩或放置尺垫标志之。

(1) 在 S1 处用变动仪高法，测出 A，B 两点的高差。若两次测得的高差之差不超过 3 mm，则取其平均值 h_{AB} 作为最后结果。由于距离相等，两轴不平行的误差 Δh 可在高差计算中自动消除，故 h 值不受视准轴误差的影响。

(2) 安置仪器于 B 点附近的 S2 处，离 B 点 3 m 左右，精平后读得 B 点水准尺上的读数为 b_2，因仪器离 B 点很近，两轴不平行引起的读数误差可忽略不计。故根据 b_2 和 A，B 两点的正确高差 h 算出 A 点尺上应有读数为

$$a_2 = b_2 + h_{AB} \tag{3-15}$$

然后，瞄准 A 点水准尺，读出水平视线读数 a_2'，如果 a_2' 与 a_2 相等，说明两轴平行，否则存在 i 角，其值为

$$i^n = \left(\frac{\Delta h}{D_{AB}}\right)\cdot \rho^n \tag{3-16}$$

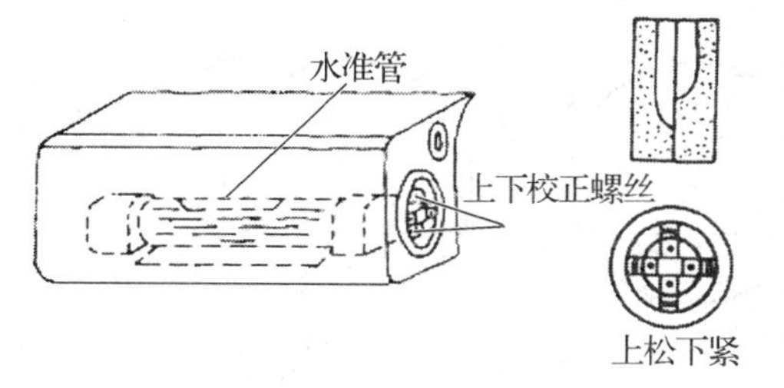

图 3-29　水准管的校正

对于 DS3 级微倾水准仪，i 值不得大于 20″(图 3-28)。

校正：转动微倾螺旋使中丝对准 A 点尺上正确读数 $c2$，此时视准轴处于水平位置，但管水准气泡必然偏离中心。用拨针拨动水准管一端的上、下两个校正螺丝，使气泡的两个

半象符合(图 3-29)。

技能训练 3.3　水准仪检验与校正

1. 实习目的

(1) 了解水准仪的构造和原理。

(2) 掌握水准仪的主要轴线及它们之间应满足的条件。

(3) 掌握水准仪的检验和校正方法。

2. 仪器设备

每组自动安平水准仪 1 台、水准尺 1 对、皮尺 1 把、记录板 1 个。

3. 实习任务

每组完成水准仪的圆水准器、十字丝横丝、水准管平行于视准轴(i 角)三项基本检验。

4. 实习要点及流程

(1) 要点：进行 i 角检验时，要仔细测量，保证精度，才能把仪器误差与观测误差区分开来。

(2) 流程：圆水准器检校—十字丝横丝检校—水准管平行于视准轴(i 角)检校。

5. 实习记录

(1) 圆水准器的检验

圆水准器气泡居中后，将望远镜旋转 180°后，气泡________(填“居中”或“不居中”)。

(2) 十字丝横丝检验

在墙上找一点，使其恰好位于水准仪望远镜十字丝左端的横丝上，旋转水平微动螺旋，用望远镜右端对准该点，观察该点________(填“是”或“否”)仍位于十字丝右端的横丝上。

(3) 水准管平行于视准轴(i 角)的检验

	立尺点		水准尺读数	高差	平均高差	是否要校正
仪器在 A，B 点中间位置	A					
	B					
	变更仪器高后	A				
		B				
仪器在离 B 点较近的位置	A					
	B					
	变更仪器高后	A				
		B				

评 价 单

系：　　　　　　　　　　班级：　　　　　　　　　　　　　　　　　　　年　月　日

任务责任人			总评分		
任务名称	水准仪检验与校正				
评价内容		分值	自评(20%)	组评(30%)	教师评价(50%)
决　策	测量工具选用正确	10			
计　划	实施步骤合理	10			
实　施	图纸识读正确	10			
	仪器操作正确	20			
	数据计算正确	10			
	成果测绘正确	20			
	过程记录正确	10			
检　查	检查单填写正确	10			
合　计		100			
小组长					
组　员					

任务 3.4　知识拓展与认知

3.4.1　建筑标高与绝对高程

标高表示建筑物各部分的高度。标高分绝对标高和相对标高。

绝对标高是我国是把黄海平均海平面定为绝对标高的零点，其他各地标高以此为基准，常用在总图上。

我国在青岛设立验潮站，长期观测和记录黄海海水面的高低变化，取其平均值作为绝对高程的基准面。目前，我国采用的“1985 年国家高程基准”，是以 1953 年至 1979 年青岛验潮站观测资料确定的黄海平均海水面，作为绝对高程基准面。并在青岛建立了国家水准原点，其高程为 72.260 米。个别地区采用绝对高程有困难时，也可以假定一个水准面作为高程起算基准面，这个水准面称为假定水准面。相对高程指地面点到假定水准面的铅垂距离。

相对标高是把室内首层地面高度定为相对标高的零点，用于建筑物施工图的标高标注。

房屋各部位的标高还有建筑标高和结构标高的区别：

建筑标高。在相对标高中，凡是包括装饰层厚度的标高，称为建筑标高，注写在构件的装饰层面上。

结构标高。在相对标高中，凡是不包括装饰层厚度的标高，称为结构标高，注写在构件的底部，是构件的安装或施工高度。

建筑物图样上的标高以细实线绘制的三角形加引出线表示；总图上的标高以涂黑的三角形表示。标高符号的尖端指至被注高度，箭头可向上、向下。标高数字以 m 为单位，精确到小数点后第三位但都不标注在图符上。

3.4.2 施工场地水准点位置的确定

1. 施工场地高程控制网的建立

建筑施工场地的高程控制测量一般采用水准测量方法，应根据施工场地附近的国家或城市已知水准点，测定施工场地水准点的高程，以便纳入统一的高程系统。

在施工场地上，水准点的密度，应尽可能满足安置一次仪器即可测设出所需的高程。而测图时敷设的水准点往往是不够的，因此，还需增设一些水准点。在一般情况下，建筑基线点、建筑方格网点以及导线点也可兼作高程控制点。只要在平面控制点桩面上中心点旁边，设置一个突出的半球状标志即可。

为了便于检核和提高测量精度，施工场地高程控制网应布设成闭合或附合路线。高程控制网可分为首级网和加密网，相应的水准点称为基本水准点和施工水准点。

根据施工中的不同精度要求，高程控制有：

(1) 为了满足工业安装和若干施工部位中高程测量的需要，其精度要求在 1～3 mm以内，则按建筑物的分布设置三等水准点，采用三等水准测量，这种水准点一般设置范围不大，只要在局部有 2～3 点就满足要求。

(2) 为了满足一般建筑施工高程控制的要求，保证其测量精度在 3～5 mm 以内，则可在三等水准点以下建立四等水准点，或单独建立的四等水准点。

(3) 由于设计建筑物常以底层室内地坪标高(即±0 标高)为高程起算面，为了施工引测方便，常在建筑场地内每隔一段距离(如 40 m)放样出±0 标高。必须注意，设计中各建、构筑物的±0 的高程不一定相等。

2. 基本水准点

水准点应布设在土质坚实、不受震动影响、便于长期使用的地点，并埋设永久标志。水准点亦可在建筑基线或建筑方格网点的控制桩面上，并在桩设置一个突出的半球状标志。场地水准点的间距应小于 1 km，水准点距离建筑物、构筑物不宜小于 25 m，距离回填土边线不宜小于 15 m。水准点的密度应满足测量放线要求，尽量做到设一个测站即可测设出待测的水准点。水准网应布设成闭合水准路线、附合水准路线或结点网形，中小型建筑场地一般可按四等水准测量方法测定水准点的高程；对

连接性生产的车间，则需要用三等水准测量方法测定水准点高程；当场地面积较大时，高程控制网可分为首级网和加密网两级布设。

3. 施工水准点

施工水准点是用来直接测设建筑物高程的。为了测设方便和减少误差，施工水准点应靠近建筑物。此外，由于设计建筑物常以底层室内地坪高±0标高为高程起算面，为了施工引测设方便，常在建筑物内部或附近测设±0水准点。±0水准点的位置，一般选在稳定的建筑物墙、柱的侧面，用红漆绘成顶为水平线的“▼”形，其顶端表示±0位置。

四等水准点可利用平面控制点作水准点；三等水准点一般应单独埋设，点间距离通常以600 m为宜，可在400～800 m变动；三等水准点距厂房或高大建筑物一般应不小于25 m，在振动影响范围以外不小于5 m，距回填土边线不小于15 m。

3.4.3 三等、四等水准测量

三等、四等水准测量常用于小区高程测量，应尽量与国家一等、二等水准网(点)连测并且统一采用黄海高程系统。如果三等、四等水准测量的起算点与国家一等、二等水准点相距较远，不宜连测，也可建立首级高程控制网，自拟假定的高程起算点。其测站技术要求见表3-3。

三等、四等水准测量一般采用双面尺法观测。即仪高保持不变，用两面分别为黑色和红色刻度的双面尺，读两次数，取平均值作为结果。

表3-3 三等、四等水准测量测站技术要求

等级	视线长度	前、后视距离差/m	前、后视距离累积差/m	红、黑面读数差/mm	红、黑面高差之差/mm
三等	≤65	≤3	≤6	≤2	≤3
四等	≤80	≤5	≤10	≤3	≤5

表3-4 四等水准测量主要技术要求

等级	每公里高差中误差/mm	附合路线长度/km	水准仪级别	往返测高差不符值/mm	附合路线或环线闭合差/mm
三等	±6	45	S1或S3	$\pm 12\sqrt{R}$	$\pm 12\sqrt{L}$或$4\sqrt{n}$
四等	±10	15	S1或S3	$\pm 20\sqrt{R}$	$\pm 20\sqrt{L}$或$6\sqrt{n}$

注：R为测段的长度；L为附合路线的长度，均以km为单位。

三等、四等水准测量观测应在通视良好、望远镜成像清晰及稳定的情况下进行。一般采用一对双面尺。四等测量的主要技术要求见表3-4。

1. 三等水准一个测站的观测步骤。

一般步骤是后-前-前-后；黑-黑-红-红。

(1) 照准后视尺黑面，精平，分别读取上、下、中三丝读数，并记为(1)，(2)，(3)。

(2) 照准前视尺黑面，精平，分别读取上、下、中三丝读数，并记为(4)，(5)，(6)。

(3) 照准前视尺红面，精平，读取中丝读数，记为(7)。

(4) 照准后视尺红面，精平，读取中丝读数，记为(8)。

这四步观测，简称为“后-前-前-后(黑-黑-红-红)”，这样的观测步骤可消除或减弱仪器或尺垫下沉误差的影响。对于四等水准测量，规范允许采用“后-后-前-前(黑-红-黑-红)”的观测步骤。

2. 一个测站的计算与检核

(1) 视距的计算与检核

后视距(9) = [(1) − (2)] × 100 m

前视距(10) = [(4) − (5)] × 100 m 三等 ≤ 75 m，四等 ≤ 100 m

前、后视距差(11) = (9) − (10) 三等 ≤ 3 m，四等 ≤ 5 m

前、后视距差累积(12) = 本站(11) + 上站(12) 三等 ≤ 6 m，四等 ≤ 10 m

(2) 水准尺读数的检核

同一根水准尺黑面与红面中丝读数之差：

前尺黑面与红面中丝读数之差(13) = (6) + K − (7)

后尺黑面与红面中丝读数之差(14) = (3) + K − (8) 三等 ≤ 2 mm，四等 ≤ 3 mm(上式中的 K 为红面尺的起点数，为 4.687 m 或 4.787 m)

(3) 高差的计算与检核

黑面测得的高差(15) = (3) − (6)

红面测得的高差(16) = (8) − (7)

校核：黑、红面高差之差(17) = (15) − [(16) ± 0.100] 或(17) = (14) − (13) 三等 ≤ 3 mm，四等 ≤ 5 mm

高差的平均值(18) = [(15) + (16) ± 0.100]/2

在测站上，当后尺红面起点为 4.687 m，前尺红面起点为 4.787 m 时，取 +0.100，反之，取 −0.100。

3. 每页计算校核

(1) 高差部分

在每页上，后视红、黑面读数总和与前视红、黑面读数总和之差，应等于红、黑面高差之和。

对于测站数为偶数的页：$2[(3)+(8)]-2[(6)+(7)]=\sum[(15)+(16)]=2\sum(18)$

对于测站数为奇数的页：$\sum[(3)+(8)]-2[(6)+(7)]=\sum[(15)+(16)]=2\sum(18)\pm 0.100$

(2) 视距部分

在每页上，后视距总和与前视距总和之差应等于本页末站视距差累积值与上页末站视距差累积值之差。校核无误后，可计算水准路线的总长度。

$$\sum(9)-\sum(10)=\text{本页末站之}(12)-\text{上页末站之}(12)\text{，水准路线总长度}$$
$$=\sum(9)+\sum(10)\text{。}$$

4. 成果整理

在对三等、四等水准测量的闭合路线或附合路线的成果整理之前，要检验高差闭合差是否满足表 3-5 的要求。然后，对高差闭合差进行调整，最后将调整后的高差计算各水准点的高程。

表 3-5 三等、四等水准测量记录

测站编号	点号	后尺 上丝 下丝 后视距 视距差/m	前尺 上丝 下丝 前视距 累积差 $\sum d$/m	方向及尺号	水准尺读数 黑面	水准尺读数 红面	$K+$黑一红	平均高差
		(1) (2) (9) (11)	(4) (5) (10) (12)	后尺 前尺 后-前	(3) (6) (15)	(8) (7) (16)	(14) (13) (17)	(18)
1	BM_2 | TP1	1426 0995 43.1 +0.1	0801 0371 43.0 +0.1	后 106 前 107 后-前	1211 0586 +0.625	5998 5273 +0.725	0 0 0	+0.625 0
2	TP1 | TP2	1812 1296 51.6 0.2	0570 0052 51.8 −0.1	后 107 前 106 后-前	1554 0311 +1.243	6241 5097 +1.144	0 +1 −1	+1.243 5
3	TP2 | TP3	0889 0507 38.2 −0.2	1713 1333 38.0 +0.1	后 106 前 107 后-前	0698 1523 −0.825	5486 6210 −0.724	−1 0 −1	−0.824 5
4	TP3 | BM_1	1891 1525 36.6 −0.2	0758 0390 36.8 −0.1	后 107 前 106 后-前	1708 0574 +1.134	6395 5361 +1.034	0 0 0	+1.134 0
检核计算	$\sum(9)=169.5$ $\sum(10)=169.6$ $\sum(9)-\sum(10)=-0.1$ $\sum(9)+\sum(10)=339.1$			$\sum(3)=5.171$ $\sum(6)=2.994$ $\sum(15)=+2.177$ $\sum(15)+\sum(16)=+4.356$			$\sum(8)=24.120$ $\sum(7)=21.941$ $\sum(16)=+2.179$ $\sum(18)=+4.356$	

在进行四等水准测量时，也可以采用单面尺的方法来测即变动仪高法，但要使用变动仪高法。两次仪高的变动幅度要在 10 cm 以上，且两次高差的差不能超过5 mm，如表 3-6 所示。

表 3-6　变动仪高法三等、四等水准测量记录

日期： 仪器号：				时间： 天气：		观测者： 记录：		
测站编号	点号	后尺 上丝 / 下丝 后视距 视距差 d	前尺 上丝 / 下丝 前视距 $\sum d$	水准尺读数 后视	水准尺读数 前视	高差	平均高差	高程
1	BM$_5$ —TP1	1.681 1.307 37.4 −0.2	0.849 0.473 37.6 −0.2	1.494 1.372	0.661 0.541	+0.833 +0.831	+0.832	34.684 35.516
2	TP1 —TP2	1.142 0.658 48.4 +2.0	1.656 1.192 46.2 +1.8	0.901 0.763	1.424 1.284	−1.523 −0.519	−0.521	34.995

3.4.4　施工中的标高测量

测设已知高程就是根据已知点的高程，通过引测，把设计高程标定在固定的位置上。

如图 3-30 所示，已知 A 点高程为 H_A，需要在 B 点标定出已知高程为 H_B 的位置。方法是：在 A 点和 B 点中间安置水准仪，精平后读取 A 点的标尺读数为 a，则仪器的视线高程为 $H_i = H_A + a$，由图可知测设已知高程为 H_B 的 B 点标尺读数应为 $b = H_i - H_B$，将水准尺紧靠 B 点木桩的侧面上下移动，直到尺上读数为 b 时，沿尺底画一横线，此线即为设计高程 H_B 的位置。测设时应始终保持水准管气泡居中。

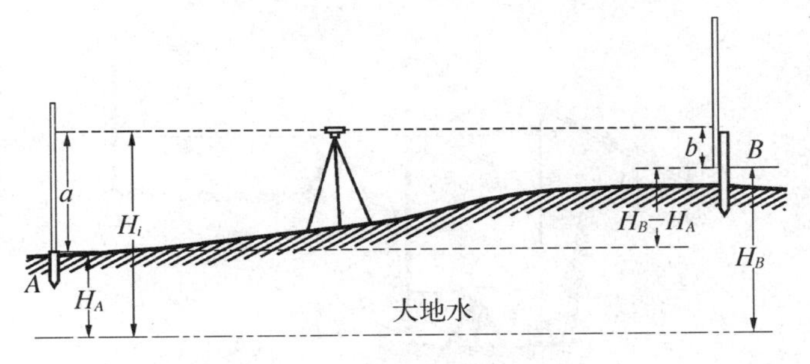

图 3-30　已知高程测设

在建筑设计和施工中，为了计算方便，通常把建筑物的室内设计地坪高程用±0.000标高表示，建筑物的基础、门窗等高程都是以±0.000为依据进行测设。因此，首先要在施工现场利用测设已知高程的方法测设出室内地坪高程的位置。

在地下坑道施工中，高程点位通常设置在坑道顶部。通常规定当高程点位于坑道顶部时，在进行水准测量时水准尺均应倒立在高程点上。

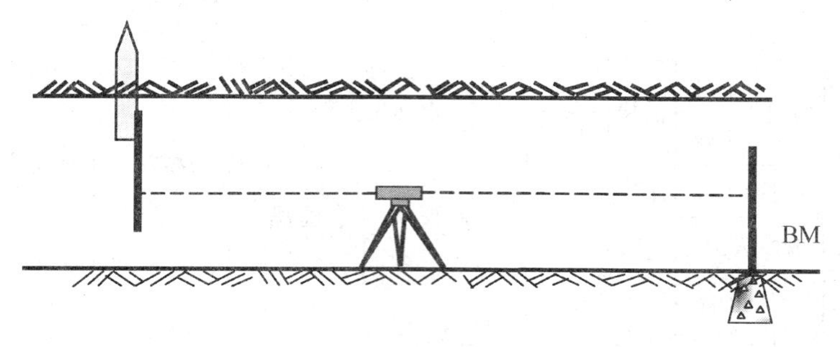

图 3－31　高程点在顶部的测设

如图 3－31 所示，A 为已知高程 H_A 的水准点，B 为待测设高程为 H_B 的位置，由于 $H_B = H_A + a + b$，则在 B 点应有的标尺读数 $b = H_B - (H_A + a)$。因此，将水准尺倒立并紧靠 B 点木桩上下移动，直到尺上读数为 b 时，在尺底画出设计高程 H_B 的位置。

同样，对于多个测站的情况，也可以采用类似分析和解决方法。

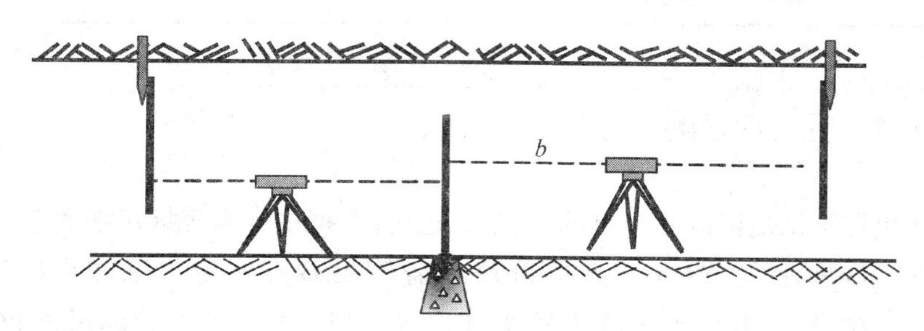

图 3－32　多个测站高程点测设

如图 3－32 所示，A 为已知高程 H_A 的水准点，C 为待测设高程为 H_C 的点位，由于 $H_C = H_A - a - b_1 + b_2 + c$，则在 C 点应有的标尺读数 $c = H_C - (H_A - a - b_1 + b_2)$。

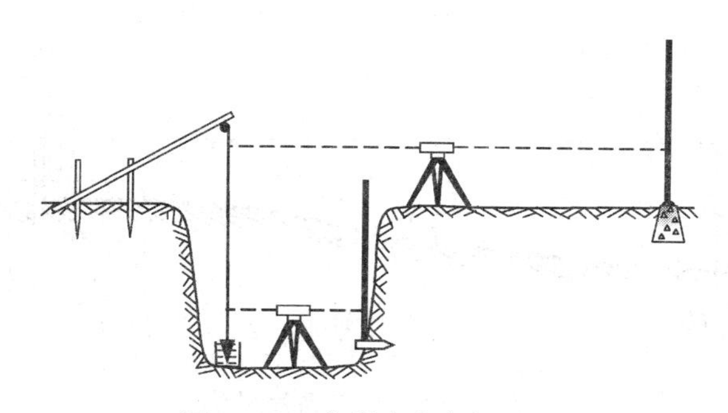

图 3－33　高程点在底部测设

当待测设点与已知水准点的高差较大时，则可以采用悬挂钢尺的方法进行测设。

如图所示，钢尺悬挂在支架上，零端向下并挂一重物，A 为已知高程为 H_A 的水准点，B 为待测设高程为 H_B 的点位。在地面和待测设点位附近安置水准仪，分别在标尺和钢尺上读数 a_1，b_1 和 a_2。由于 $H_B = H_A + a - (b_1 - a_2) - b_2$，则可以计算出 B 点处标尺的读数 $b_2 = H_A + a - (b_1 - a_2) - H_B$。同样，如下图所示情形也可以采用类似方法进行测设，即计算出前视读数 $b_2 = H_A + a + (a_2 - b_1) - H_B$，再划出已知高程位 H_B 的标志线。

3.4.5 坡度的测设

在道路建设、敷设上下水管道及排水沟等工程中，经常要测设指定的坡度线。

所谓坡度 i 是指直线两端的高差 h 与水平距离 D 之比：$i = \frac{h}{D}$。

已知坡度线的测设是根据现场附近水准点的高程、设计坡度和坡度端点的设计高程，用水准测量的方法将坡度线上各点的设计高程标定在地面上。测设的方法通常有水平视线法和倾斜视线法。坡度桩测设记录见表 3－7

表 3－7　坡度桩测设记录表

工程名称：××大厦下水道　　日期：2010.7.31　　观测：唐×
仪器型号：S3－870477　　天气：晴　　记录：王××

观点（桩号）	后视读数 /m	视线高 /m	前视读数 /m	标　高 /m	设计标高 /m	应读前视 /m	备　注
BM_7	0.812	37.579		36.767			坡度 i=1.5%
0+000					35.140	2.439	
0+010					34.990	2.589	
0+020					34.840	2.739	
0+030					34.690	2.889	
0+040					34.540	3.039	
0+050					34.390	3.189	
转点 1			1.274	36.305			

1. 水平视线法

如图 2－22 所示，A，B 为设计坡度线的两端，已知 A 点的高程 H_A，设计坡度为 i，则 B 点的设计高程为：$H_B = H_A + iD_{AB}$

坡度测设步骤如下：

（1）沿 AB 方向，根据施工需要，按一定的间隔在地面上标定出中间点 1，2，3，4

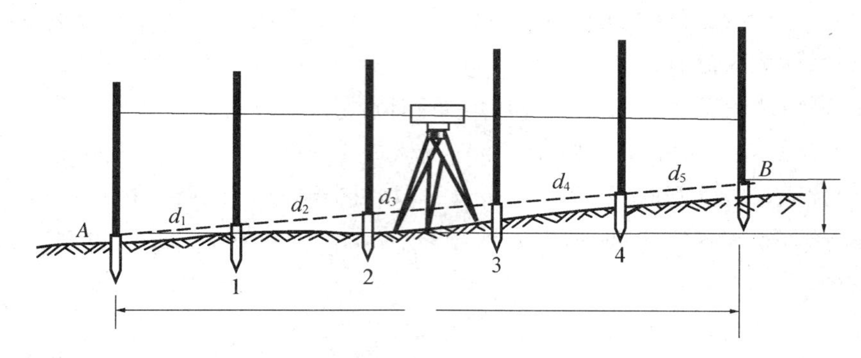

图 3-34　水平法测坡度线

的位置，测定每相邻两桩间的距离分别为 d_1，d_2，d_3，d_4，d_5。

(2) 根据坡度定义和水准测量高差法，推算每一个桩点的设计高程 H_1，H_2，H_3，H_4和 H_B，$h=i \cdot d$

$$H_{设} = H_{后} + h \tag{3-17}$$

(3) 安置水准仪，读取已知高程点 A 上的水准尺后视读数 a，则视线高程 $H_{视}$：

$$H_{视} = H_A + a \tag{3-18}$$

(4) 按测设高程的方法，利用水准测量仪高法，算出每一个桩点水准尺的应读数 $b_{应}$：

$$b_{应} = H_{视} - H_{设} \tag{3-19}$$

(5) 指挥打桩人员，仔细打桩，使水准仪的水平视线在各桩顶水准尺读数刚好等于各桩点的应读数 $b_{应}$，则桩顶连线即为设计坡度线。若木桩无法往下打时，可将水准尺靠在木桩一侧，上下移动，当水准尺读数恰好为应有读数时，在木桩侧面沿水准尺底边画一条水平线，此线即在 AB 坡度线上。

2. 倾斜视线法

倾斜视线法根据视线与设计坡度线平行时，其两线之间的铅垂距离处处相等的原理，以确定设计坡度上的各点高程位置。此法适用于坡度较大，且地面自然坡度与设计坡度较一致的场合。

如图 3-35 所示，A，B 为坡度线的两端点，其水平距离为 D，设 A 点为已知高程 H_A，要沿 AB 方向测设一条设计坡度为 i_{AB} 的坡度线。测设方法如下：

1. 根据 A 点的高程、坡度 i_{AB} 和 A、B 两点间的水平距离 D，计算出 B 点的设计高程：$H_B = H_A + i_{AB}D$。

2. 按测设已知高程的方法，在 B 点处将设计高程 H_B测设于 B 桩顶上，此时，AB 直线即构成坡度为 i_{AB} 的坡度线。

3. 将水准仪安置在 A 点上，使基座上的一个脚螺旋在 AB 方向线上，其余两个

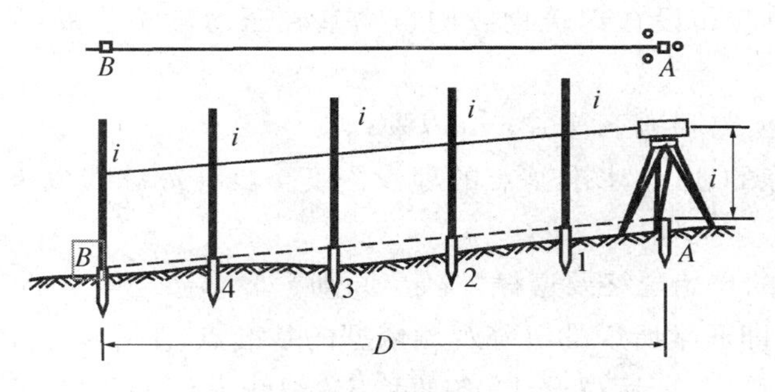

图 3－35　倾斜法测坡度

脚螺旋的连线与 AB 方向垂直。量取仪器高度 i，用望远镜瞄准 B 点的水准尺，转动在 AB 方向上的脚螺旋或微倾螺旋，使十字丝中丝对准 B 点水准尺上等于仪器高 i 的读数，此时，仪器的视线与设计坡度线平行。

4. 在 AB 方向线上测设中间点，分别在 1，2，3…处打下木桩，使各木桩上水准尺的读数均为仪器高 i，这样各桩顶的连线就是欲测设的坡度线。

由于水准仪望远镜纵向移动有限，若设计坡度较大，超出水准仪脚螺旋所能调节的范围，则可用经纬仪测设，其测设方法相同。

3.4.6　沉降观测

沉降观测就是对被观测物体的高程变化所进行的测量。

随着工业与民用建筑业的发展，各种复杂而大型的工程建筑物日益增多，工程建筑物的兴建，改变了地面原有的状态，并且对于建筑物的地基施加了一定的压力，这就必然会引起地基及周围地层的变形。为了保证建(构)筑物的正常使用寿命和建(构)筑物的安全性，并为以后的勘察设计施工提供可靠的资料及相应的沉降参数，建(构)筑物沉降观测的必要性和重要性愈加明显。现行规范也规定，高层建筑物、高耸构筑物、重要古建筑物及连续生产设施基础、动力设备基础、滑坡监测等均要进行沉降观测。特别在高层建筑物施工过程中，应用沉降观测加强过程监控，指导合理的施工工序，预防在施工过程中出现不均匀沉降，及时反馈信息，为勘察设计施工部门提供详尽的一手资料，避免因沉降原因造成建筑物主体结构的破坏或产生影响结构使用功能的裂缝，造成巨大的经济损失。

1. 建筑物沉降观测点的布设

为了能够反映出建构筑物的准确沉降情况，沉降观测点要埋设在最能反映沉降特征且便于观测的位置。一般要求建筑物上设置的沉降观测点纵横向要对称，且相邻点之间间距以 15～30 m 为宜，均匀地分布在建筑物的周围。并应考虑如下因素：

(1) 水准基点与观测点的距离不应大于 100 m，应尽量接近观测点，以保证沉降观测的精度；

(2) 水准基点应布设在建筑物或构筑物基础压力影响范围以外，及受震动范围以外的安全地点；

(3) 距铁路、公路和地下管道 5 m 以外；

(4) 在有冰冻的地区，水准基点的埋设深度至少在冰冻线以下 0.5 m，以保证水准基点稳定。

2. 沉降观测的自始至终要遵循“五定”原则

所谓“五定”，即通常所说的沉降观测依据的基准点、工作基点和被观测物上的沉降观测点，点位要稳定；所用仪器、设备要稳定；观测人员要稳定；观测时的环境条件基本一致；观测路线、镜位、程序和方法要固定。以上措施在客观上尽量减少观测误差的不定性，使所测的结果具有统一的趋向性，保证各次复测结果与首次观测的结果可比性更一致，使所观测的沉降量更真实。

3. 沉降观测精度的要求

根据建筑物的特性和建设、设计单位的要求选择沉降观测精度的等级。在没有特别要求的情况下，在一般性的高层建构筑物施工过程中，采用二等水准测量的观测方法就能满足沉降观测的要求。各项观测指标要求如下：

(1) 往返较差、附和或环线闭合差：$\Delta h = \sum a - \sum b \leqslant 1.0\sqrt{n}$，$n$ 表示测站数；

$\Delta h = \sum a - \sum b \leqslant 1.0\sqrt{L}$，$L$ 表示千米数；

(2) 前后视距≤30 m；

(3) 前后视距差≤1.0 m；

(4) 前后视距累积差≤3.0 m；

(5) 沉降观测点相对于后视点的高差容差≤1.0 mm。

4. 沉降观测

沉降观测点平面布置示例如图 3－36。根据编制的工程施测方案及确定的观测周期，首次观测应在观测点安稳固后及时进行。一层柱结构施工时在结构的转角处设置永久性观测点，共设置 13 个，分别在 $3\times B$，$5\times B$，$10\times B$，$12\times B$ 轴，$1\times D$，$16\times D$ 轴，$1\times E$ 轴，$16\times F$ 轴，$3\times H$，$5\times H$，$10\times H$，$12\times H$ 轴，$J\times 8$ 轴。首次观测的沉降观测点高程值是以后各次观测用以比较的基础，其精度要求非常高，施测时一般用 N2 或 N3 级精密水准仪。并且要求每个观测点首次高程应在同期观测两次后决定。随着结构每升高一层，临时观测点移上一层并进行观测直到＋0.000 再按规定埋设永久观测点(为便于观测可将永久观测点设于＋500 mm)。然后每施工一层就复测一次，直至竣工。

5. 沉降观测中注意事项

沉降观测应采用附合线路或闭合线路，做到定机、定人、定路线。测施前仪器必须经过检验，符合要求后方可使用。沉降观测的前后视距应尽可能相等，仪器到水准尺的距离不得大于 30 m。测施中，前后视必须采用同一根水准尺。观测时，水准尺应

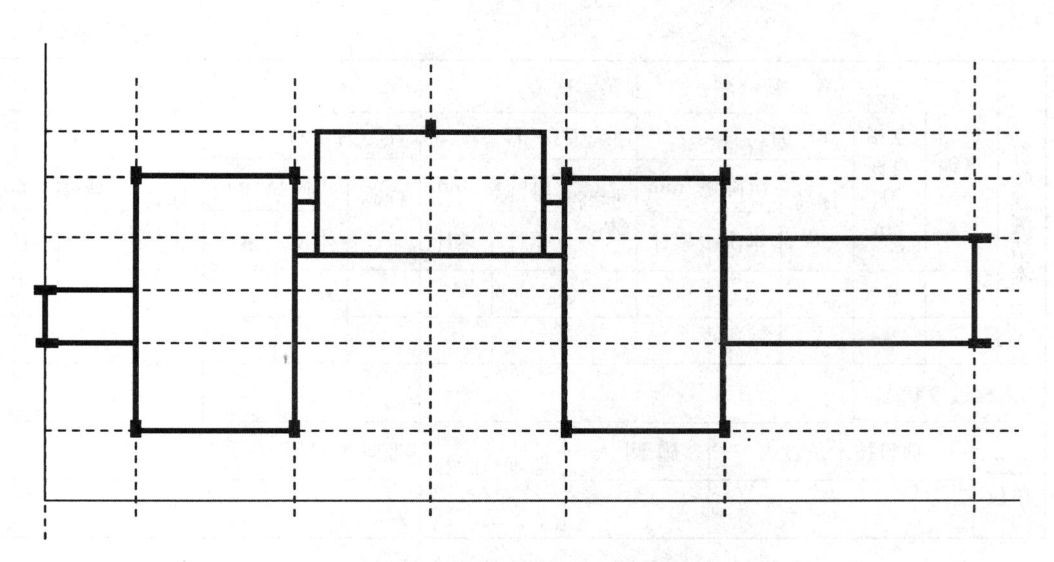

图 3-36　上部结构永久性沉降观测点

和地面垂直，不得歪斜。

在同一测站上观测各观测点时，当读完所有观测点的读数后应回测后视点，两次同一后视点的读数差不得超过±1 mm。沉降观测的次数与频率应根据上部结构的作用荷载和作用时间，一般在施工阶段每上一层结构，观测一次，一直到结构封顶。装饰施工完毕观测一次，移交业主前观测一次。

观测的结果应及时整理成果资料，及时通报业主或现场监理工程师，工程竣工后，应将成果资料整理归档。

6. 沉降观测的成果整理

(1) 整理计算

每次沉降观测之后，首先检查记录数据与各项计算是否正确，精度是否符合要求，然后调整闭合差，计算各观测点的高程，最后计算各观测点的本次沉降量及累计沉降量，同时记录观测时间和荷载情况，沉降观测记录见表 3-8。其中：

$$\text{本次沉降量} = \text{本次观测高程} - \text{上次观测高程}$$

$$\text{累计沉降量} = \text{本次沉降量} + \text{上次累计沉降量}$$

表 3-8　沉降观测记录表

工程名称		水准点编号	
水准点所在位置		水准点高程	
观测起止日期		观测性质	
工程地点			
测量仪器	仪器名称：	检定证书编号：	

（续表）

沉降观测结果	观测点编号	观测点相对标高/m	第　次			第　次			第　次			第　次		
			年　月　日			年　月　日			年　月　日			年　月　日		
			标高/m	沉降量/mm		标高/m	沉降量/mm		标高/m	沉降量/mm		标高/m	沉降量/mm	
				本次	累计		累计	累计		本次	累计		本次	累计
工程进度状态														
施工单位	项目技术负责人			施测人		监理（建设）单位	监理工程师							

（2）沉降曲线的绘制

沉降观测曲线是另一种观测成果的整理形式，比记录表更加形象，用横轴表示时间，纵轴表示沉降值，根据每次观测值画出各点，连接各点可得时间与荷载之间的关系曲线。

技能训练 3.4　四等水准测量

1. 实习目的

（1）熟悉水准仪的使用。

（2）掌握四等水准测量的外业观测方法。

2. 仪器设备

每组自动安平水准仪 1 台、双面水准尺 1 对、记录板 1 个。

3. 实习任务

按四等水准测量要求，每组完成一个闭合水准环的观测任务。

4. 实习要点及流程

（1）要点：① 四等水准测量按“后前前后”（黑黑红红）顺序观测；

② 记录要规范，各项限差要随时检查，无误后方可搬站。

（2）流程：由 BM 点—点 1—点 2—BM 点

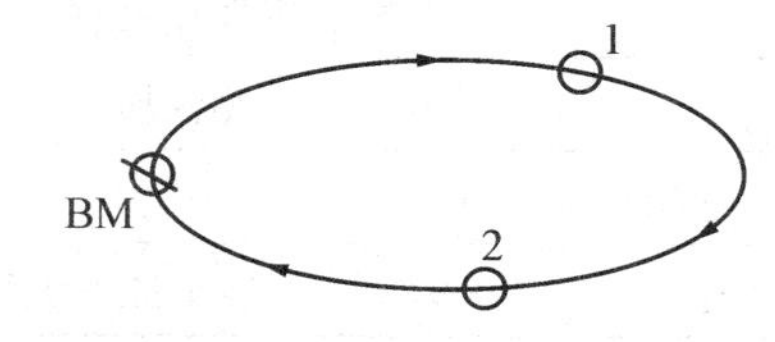

5. 实习记录

四等水准测量外业记录表

日期：______年____月____日　天气：____　仪器型号：________　组号：______

观测者：____________　记录者：____________　司尺者：________________

测点编号	前尺 上丝 / 下丝 / 前距 / 累加差	方向及尺号	标尺读数		K+黑减红 /mm	高差中数 /m	备注
			黑面 /m	红面 /m			
|	(4)	后尺 1#	(3)	(8)	(14)	(18)	已知水准点的高程=______m。
	(5)	前尺 2#	(6)	(7)	(13)		
	(10)	后-前	(15)	(16)	(17)		
	(12)						
|							尺1#的K=
|							尺2#的K=

评　价　单

系：　　　　　　　班级：　　　　　　　　　　　　　　年　月　日

任务责任人			总评分	
任务名称	四等水准测量			
评价内容		分值	自评(20%)	组评(30%)	教师评价(50%)
决　策	测量工具选用正确	10			
计　划	实施步骤合理	10			
实　施	图纸识读正确	10			
	仪器操作正确	20			
	数据计算正确	10			
	成果测绘正确	20			
	过程记录正确	10			
检　查	检查单填写正确	10			
合　计		100			
小组长					
组　员					

思考与练习

1. 何为1985国家高程基准？水准测量分哪些等级？

2. 进行水准测量时，为何要求前、后视距离大致相等？

3. 进行水准测量时，设A为后视点，B为前视点，后视水准尺读数$a=1\ 124$，前视水准尺读数$b=1\ 428$，则A，B两点的高差$h_{AB}=$？设已知A点的高程$H_A=20.016$ m，则B点的高程$H_B=$？

4. 水准仪由哪些主要部分构成？各起什么作用？

5. 用测量望远镜瞄准目标时，为什么会产生视差？如何消除视差？

6. 试述使用水准仪时的操作步骤。

7. 何为水准路线？何为高差闭合差？如何计算容许的高差闭合差？

8. 图3-37所示为某一附合水准路线的略图，BM_A和BM_B为已知高程的水准点，BM.1～BM.4为高程待定的水准点。已知点的高程、各点间的路线长度及高差观测值注明于图中。试计算高差闭合差和允许高差闭合差，进行高差改正，最后计算各待定水准点的高程。

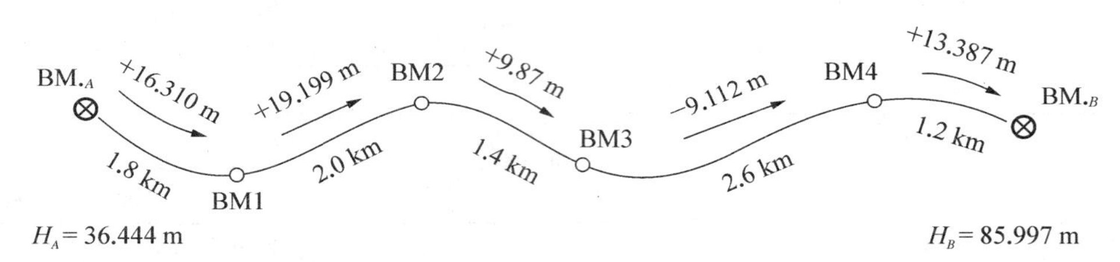

图3-37 附合水准路线略图

9. 水准仪有哪些轴线？轴线之间应满足哪些条件？如何进行检验和校正？

10. 设进行水准仪的水准管轴平行于视准轴的检验和校正，仪器先放在相距80 m的A，B两桩中间，用两次仪器高法测得A，B两点的高差$h_1=+0.204$ m，然后将仪器移至B点近傍，测得A尺读数$a_2=1.695$ m和B尺读数$b_2=1.466$ m。试问：(1)根据检验结果，是否需要校正？(2)如何进行校正？

11. 水准测量有哪些误差来源？如何防止？

模块四 角度测量

任务 4.1 经纬仪的使用

4.1.1 角度测量原理

1. 水平角测量原理

地面上两条直线之间的夹角在水平面上的投影称为水平角。如图 4-1，A，B，O 为地面上的任意点，过 OA 和 OB 直线各作一垂直面，并把 OA 和 OB 分别投影到水平投影面上，其投影线 Oa' 和 Ob' 的夹角 $\angle a'Ob'$，就是 $\angle AOB$ 的水平角 β。

如果在角顶 O 上安置一个带有水平刻度盘的测角仪器，其度盘中心 O' 在通过测站 O 点的铅垂线上，设 OA 和 OB 两条方向线在水平刻度盘上的投影读数为 a 和 b，则水平角 β 为：

$$\beta = b - a \tag{4-1}$$

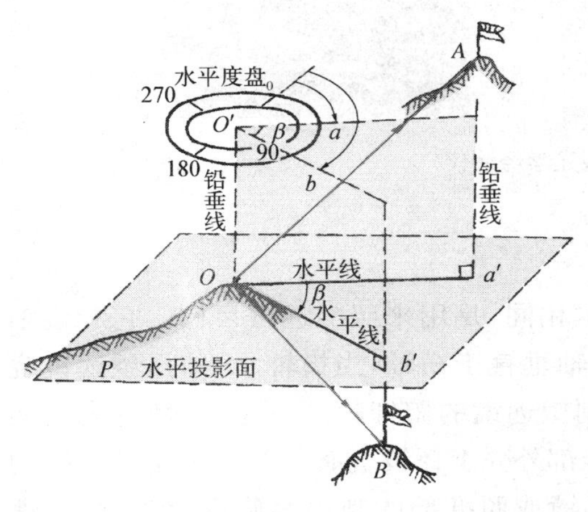

图 4-1　水平角测量原

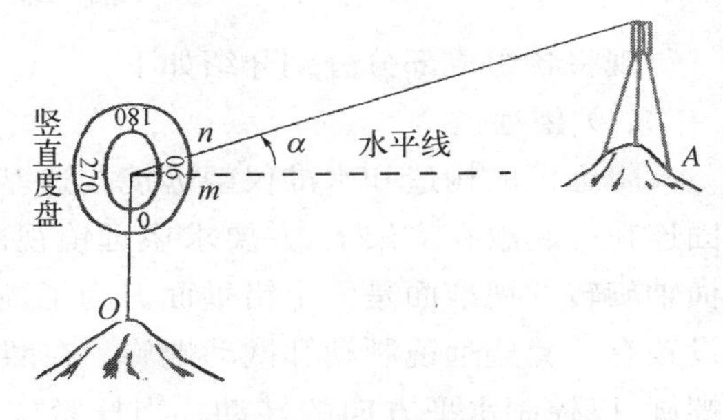

图 4-2　竖直角测量原

2. 竖直角测量原理

在同一竖直面内视线和水平线之间的夹角称为竖直角或称垂直角。如图 4-2 所

示，视线在水平线之上称为仰角，符号为正；视线在水平线之下称为俯角，符号为负。

如果在测站点 O 上安置一个带有竖直刻度盘的测角仪器，其竖盘中心通过水平视线，设照准目标点 A 时视线的读数为 n，水平视线的读数为 m，则竖直角 α 为：

$$\alpha = n - m \tag{4-2}$$

4.1.2 角度测量的仪器及工具

1. DJ_6 级光学经纬仪的构造

各种型号 DJ_6 型（简称 J_6 型）光学经纬仪的基本构造是大致相同的，图 4-3 为国产 J_6 型光学经纬仪外貌图，其外部结构件名称如图上所注，它主要由照准部（包括望远镜、竖直度盘、水准器、读数设备）、水平度盘、基座三部分组成。

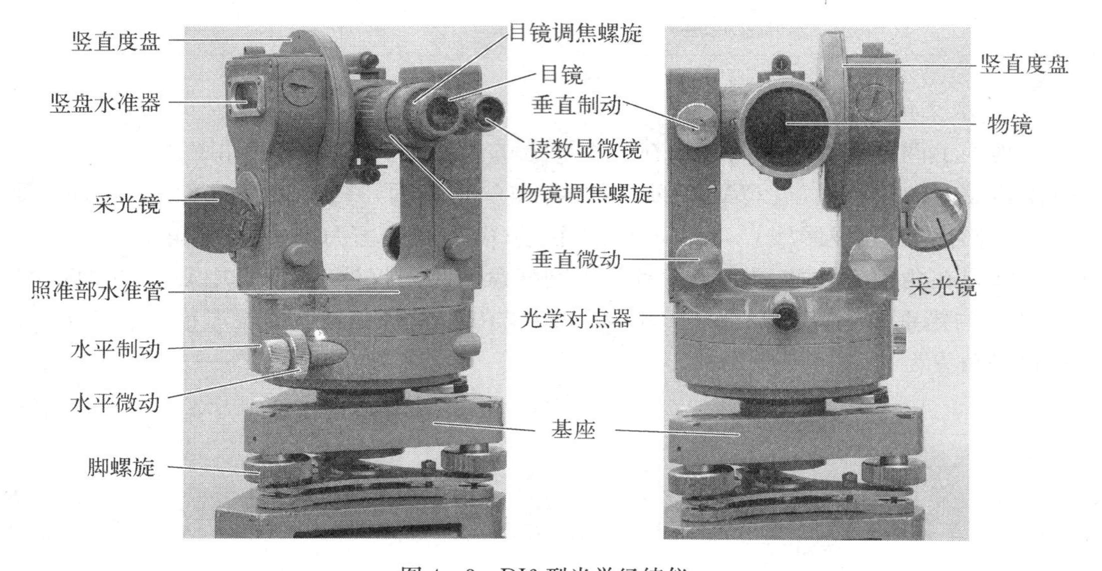

图 4-3　DJ6 型光学经纬仪

现将各组成部分分别介绍如下：

（1）望远镜

望远镜的构造和水准仪望远镜构造基本相同，是用来照准远方目标。它和横轴固连在一起放在支架上，并要求望远镜视准轴垂直于横轴，当横轴水平时，望远镜绕横轴旋转的视准面是一个铅垂面。为了控制望远镜的俯仰程度，在照准部外壳上还设置有一套望远镜制动和微动螺旋。在照准部外壳上还设置有一套水平制动和微动螺旋，以控制水平方向的转动。当拧紧望远镜或照准部的制动螺旋后，转动微动螺旋，望远镜或照准部才能作微小的转动。

（2）水平度盘

水平度盘是用光学玻璃制成圆盘，在盘上按顺时针方向从 0°到 360°刻有等角度的分划线。相邻两刻划线的格值有1°或30′两种。度盘固定在轴套上，轴套套在轴座上。水平度盘和照准部两者之间的转动关系，由离合器扳手或度盘变换手轮控制。

(3) 读数设备

我国制造的DJ_6型光学经纬仪采用分微尺读数设备，它把度盘和分微尺的影像，通过一系列透镜的放大和棱镜的折射，反映到读数显微镜内进行读数。在读数显微镜内就能看到水平度盘和分微尺影像。度盘上两分划线所对的圆心角，称为度盘分划值。

在读数显微镜内所见到的长刻划线和大号数字是度盘分划线及其注记，短刻划线和小号数字是分微尺的分划线及其注记。分微尺的长度等于度盘1°的分划长度，分微尺分成6大格，每大格又分成10，每小格格值为1′，可估读到0.1′。分微尺的0°分划线是其指标线，它所指度盘上的位置与度盘分划线所截的分微尺长度就是分微尺读数值。为了直接读出小数值，使分微尺注数增大方向与度盘注数方向相反。读数时，以在分微尺上的度盘分划线为准读取度数，而后读取该度盘分划线与分微尺指标线之间的分微尺读数的分数，并估读到0.1′，即得整个读数值。

(4) 竖直度盘

竖直度盘固定在横轴的一端，当望远镜转动时，竖盘也随之转动，用以观测竖直角。另外在竖直度盘的构造中还设有竖盘指标水准管，它由竖盘水准管的微动螺旋控制。每次读数前，都必须首先使竖盘水准管气泡居中，以使竖盘指标处于正确位置。目前光学经纬仪普遍采用竖盘自动归零装置来代替竖盘指标水准管。既提高了观测速度又提高了观测精度。

(5) 水准器

照准部上的管水准器用于精确整平仪器，圆水准器用于粗略整平仪器。

(6) 基座部分

基座是支撑仪器的底座。基座上有三个脚螺旋，转动脚螺旋可使照准部水准管气泡居中，从而使水平度盘水平。基座和三脚架头用中心螺旋连接，可将仪器固定在三脚架上，中心螺旋下有一小钩可挂垂球，测角时用于仪器对中。光学经纬仪还装有直角棱镜光学对中器。光学对中器比垂球对中具有精确度高和不受风吹摇动干扰的优点。

2. DJ_2级光学经纬仪

DJ_2级光学经纬仪的构造，除轴系和读数设备外基本上和DJ_6级光学经纬仪相同。下面着重介绍它和DJ_6级光学经纬仪的不同之处。

(1) 水平度盘变换手轮

水平度盘变换手轮的作用是变换水平度盘的初始位置。水平角观测中，根据测角需要，对起始方向观测时，可先拨开手轮的护盖，再转动该手轮，把水平度盘的读数值配置为所规定的读数。

(2) 换像手轮

在读数显微镜内一次只能看到水平度盘或竖直度盘的影像，若要读取水平度盘读数时，要转动换像手轮，使轮上指标红线成水平状态，并打开水平度盘反光镜，此时

显微镜呈水平度盘的影像。若打开竖直度盘反光镜，转动换像手轮，使轮上指标线竖直时，则可看到竖盘影像。

（3）测微手轮

测微手轮是 DJ_2 级光学经纬仪的读数装置。对于 DJ_2 级经纬仪，其水平度盘（或竖直度盘）的刻划形式是把每度分划线间又等分刻成三格，格值等于 20′。通过光学系统，将度盘直径两端分划的影像同时反映到同一平面上，并被一横线分成正、倒像，一般正字注记为正像，倒字注记为倒像。图 4－4 为读数窗示意图，测微尺上刻有 600 格，其部分分划影像见图中小窗。当转动测微手轮使分微尺由零分划移动到 600 分划时，度盘正、倒对径分划影像等量相对移动一格，故测微尺上 600 格相应的角值为 10′，一格的格值等于 1″。因此，用测微尺可以直接测定 1″的读数，从而起到了测微作用。

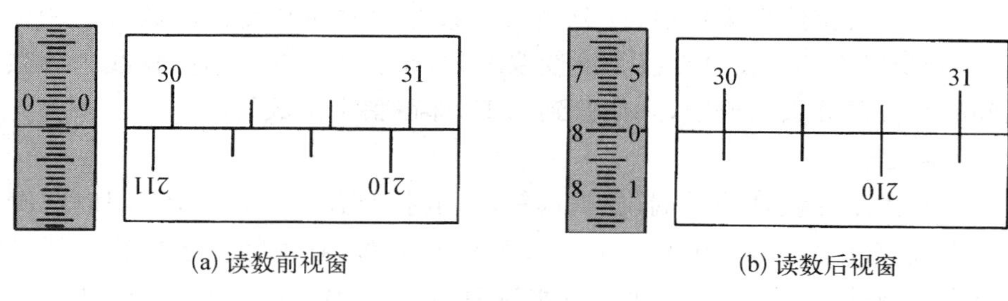

(a) 读数前视窗　　(b) 读数后视窗

图 4－4　DJ_2 级光学经纬仪读数窗

具体读数方法如下：

1）转动测微手轮，使度盘正、倒像分划线精密重合。

2）由靠近视场中央读出上排正像左边分划线的度数，即 30°。

3）数出上排的正像 30°与下排倒像 210°之间的格数再乘以 10′，就是整十分的数值，即 20′。

4）在旁边小窗中读出小于 10′的分、秒数。测微尺分划影像左侧的注记数字是分数，右侧的注记数字 1，2，3，4，5 是秒的十位数，即分别为 10″，20″，30″，40″，50″。将以上数值相加就得到整个读数。故其读数为：

度盘上的度数	30°
度盘上整十分数	20′
测微尺上分、秒数	8′00″
全部读数为	30°28′00″

（4）半数字化读数方法

我国生产的新型 TDJ_2 级光学经纬仪采用了半数字化的读数方法，使读数更为方便，不易出错。中间窗口为度盘对径分划影像，没有注记，上面窗口为度和整 10′的注记，用小方框“Ⅱ”标记欲读的整 10′数，下面窗口的上边大字为分，下边小字为“10 秒”。读数时，转动测微手轮使中间窗口的分划线上下重合。

4.1.3 经纬仪的操作步骤

经纬仪的技术操作包括：对中—整平—瞄准—读数。

1. 对中

对中的目的是使仪器的中心与测站的标志中心位于同一铅垂线上。

2. 整平

整平的目的是使仪器的竖轴铅垂，水平度盘水平。进行整平时，首先使水准管平行于两脚螺旋的连线。操作时，两手同时向内(或向外)旋转两个脚螺旋使气泡居中。气泡移动方向和左手大拇指转动的方向相同；然后将仪器绕竖轴旋转 90°，旋转另一个脚螺旋使气泡居中。按上述方法反复进行，直至仪器旋转到任何位置时，水准管气泡都居中为止。

上述两步技术操作称为经纬仪的安置。目前生产的光学经纬仪均装置有光学对中器，若采用光学对中器进行对中，应与整平仪器结合进行，其操作步骤如下：

(1) 将仪器置于测站点上，三个脚螺旋调至中间位置，架头大致水平。使光学对中器大致位于测站上，将三脚架踩牢。

(2) 旋转光学对中器的目镜，看清分划板上的圆圈，拉或推动目镜使测站点影像清晰。

(3) 旋转脚螺旋使光学对中器对准测站点。

(4) 伸缩三脚架腿，使圆水准气泡居中。

(5) 用脚螺旋精确整平管水准管转动照准部 90°，水准管气泡均居中。

(6) 如果光学对中器分划圈不在测站点上，应松开连接螺旋，在架头上平移仪器，使分划圈对准测站点。

(7) 重新再整平仪器，依此反复进行直至仪器整平后，光学对中器分划圈对准测站点为止。

3. 瞄准

经纬仪安置好后。用望远镜瞄准目标，首先将望远镜照准远处，调节对光螺旋使十字丝清晰；然后旋松望远镜和照准部制动螺旋，用望远镜的光学瞄准器照准目标。转动物镜对光螺旋使目标影像清晰；而后旋紧望远镜和照准部的制动螺旋，通过旋转望远镜和照准部的微动螺旋，使十字丝交点对准目标，并观察有无视差，如有视差，应重新对光，予以消除。

4. 读数

打开读数反光镜，调节视场亮度，转动读数显微镜对光螺旋，使读数窗影像清晰可见。读数时，除分微尺型直接读数外，凡在支架上装有测微轮的，均需先转动测微轮，使双指标线或对径分划线重合后方能读数，最后将度盘读数加分微尺读数或测微尺读数，才是整个读数值。

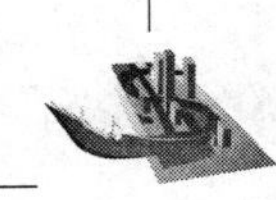

4.1.4 其他经纬仪介绍

1. 电子经纬仪

电子经纬仪是在光学经纬仪的基础上发展起来的一种新型测量仪器[图 4－5(a)]，这种仪器采用的电子测角方法，能自动显示并记录角度值，从而大大地减轻了测量工作的劳动强度，提高了工作效率。电子经纬仪的电子测角仍然是采用度盘来进行。与光学测角不同的是，电子测角是从特殊格式的度盘上取得电信号，根据电信号再转换成角度，并且自动地以数字形式输出，显示在电子显示屏上，并记录在储存器中。电子测角度盘根据取得电信号的方式不同，可分为光栅度盘测角、编码度盘测角和电栅度盘测角等。

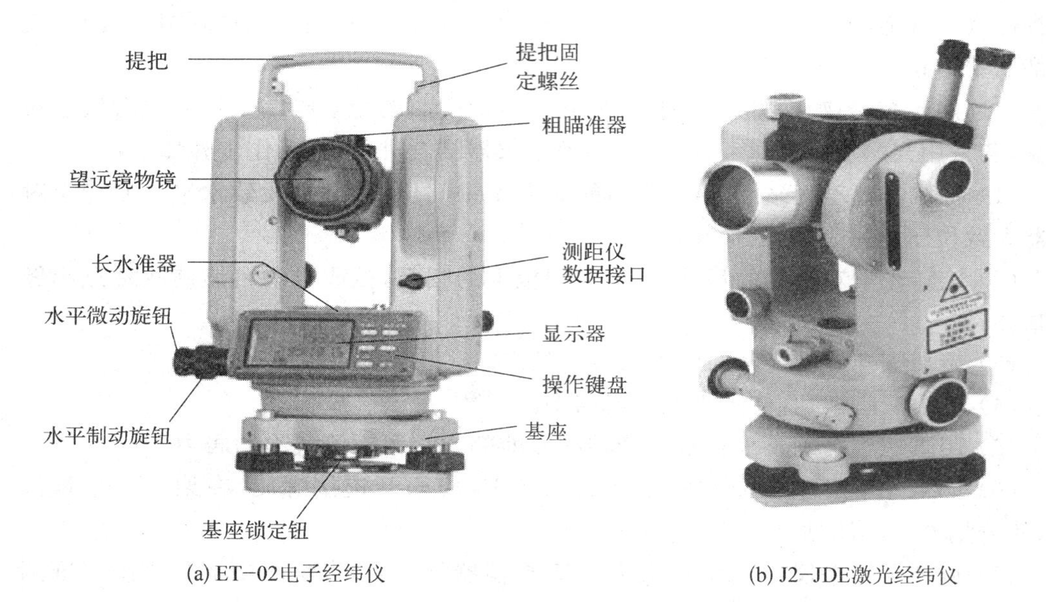

图 4－5 电子经纬仪(a)与激光经纬仪(b)

电子经纬仪采用光栅度盘测角，水平、垂直角度显示读数分辨率为 1″，测角精度达 2″。DJD2 装有倾斜传感器，当仪器竖轴倾斜时，仪器会自动测出并显示其数值，同时显示对水平角和垂直角的自动校正。仪器的自动补偿范围为±3′。

电子经纬仪与光学经纬仪的根本区别在于它用微机控制的电子测角系统代替光学读数系统。其主要特点是：

(1) 使用电子测角系统，能将测量结果自动显示出来，实现了读数的自动化和数字化。

(2) 采用积木式结构，可和光电测距仪组合成全站型电子速测仪，配合适当的接口可将电子手簿记录的数据输入计算机，以进行数据处理和绘图。

其使用方法如下：

安置仪器：把仪器安置在测站点上，进行对中、整平。

瞄准后视：用望远镜瞄准后视点。

度盘设置：设置后视点方向的起始角值并做记录。

瞄准前视：转动望远镜至前视点，读记前视角值。

电子经纬仪的使用方法与光学经纬仪的基本相同，但不需读数，只需从显示窗中读取角度值。

2. 激光经纬仪

图 4 - 5(b)是 J2 - JDE 激光经纬仪外形。

激光是一种方向性极强、能量十分集中的光辐射，这对于实现测量过程的高精度、方便性及自动化是十分有益的。LT200 系列激光电子经纬仪是苏光仪器公司在 DT200 系列电子经纬仪的基础上，增加激光（激光部分采用 635 nm 半导体激光发射器）发射系统改制而成。激光通过望远镜发射出来，与望远镜照准轴保持同轴、同焦。激光束在多云白天条件下，工作范围达 400 m，在管道、地下等黑暗环境下，工作范围更远。激光束可以在聚焦模式和平行模式下切换。激光光斑非常逼近圆型。判断光斑中心非常简单精确。激光经纬仪除具有电子经纬仪的所有功能外，还提供一条可见的激光束，十分利于工程施工。同时望远镜可绕过支架作盘左盘右测量。保持激光经纬仪的测角精度。也可向天顶方向垂直发射激光束，作一台激光垂准仪。若配置弯管读数目镜，则可根据竖盘读数对垂直角进行测量。当望远镜照准轴精细调成水平后，又可作激光水准仪及激光扫平仪用。

技能训练 4.1　经纬仪认识与使用

1. 实习目的

(1) 了解经纬仪的构造和原理。

(2) 掌握经纬仪整平、对中、读数的方法。

2. 仪器设备

每组 J_2 光学经纬仪 1 台、测钎 2 个、记录板 1 个。

3. 实习任务

每组每位同学完成经纬仪的整平、对中、瞄准、读数工作各一次。

4. 实习要点及流程

(1) 要点

1) 气泡的移动方向与操作者左手旋转脚螺旋的方向一致。

2) 经纬仪安置操作时，要注意首先要大致对中，脚架要大致水平，这样整平对中反复的次数会明显减少。

(2) 流程

整平对中经纬仪—瞄准测钎—读水平度盘。

5. 实习记录

（1）经纬仪由________、__________、__________组成。

（2）经纬仪对中整平的操作步骤是：

____

____

____

____

（3）经纬仪照准目标的步骤是：

____

____

____

（4）经纬仪瞄准 A 点时的水平度盘读数是：____________，竖直度盘读数是：____________

经纬仪瞄准 B 点时的水平度盘读数是：____________，竖直度盘读数是：____________

评　价　单

系：　　　　　　　　　班级：　　　　　　　　　　　　　　　　　　　年　月　日

任务责任人			总评分		
任务名称	经纬仪认识与使用				
评价内容		分值	自评(20%)	组评(30%)	教师评价(50%)
决　策	测量工具选用正确	10			
计　划	实施步骤合理	10			
实　施	图纸识读正确	10			
	仪器操作正确	20			
	数据计算正确	10			
	成果测绘正确	20			
	过程记录正确	10			
检　查	检查单填写正确	10			
合　计		100			
小组长					
组　员					

任务 4.2 角度测量

4.2.1 水平角的观测

在水平角观测中，为发现错误并提高测角精度，一般要用盘左和盘右两个位置进行观测。当观测者对着望远镜的目镜。竖盘在望远镜的左边时称为盘左位置，又称正镜；若竖盘在望远镜的右边时称为盘右位置，又称倒镜。水平角观测方法，一般有测回法和方向观测法两种。

1. 测回法

设 O 为测站点，A，B 为观测目标，$\angle AOB$ 为观测角，见图 4-6。先在 O 点安置仪器，进行整平、对中，然后按以下步骤进行观测：

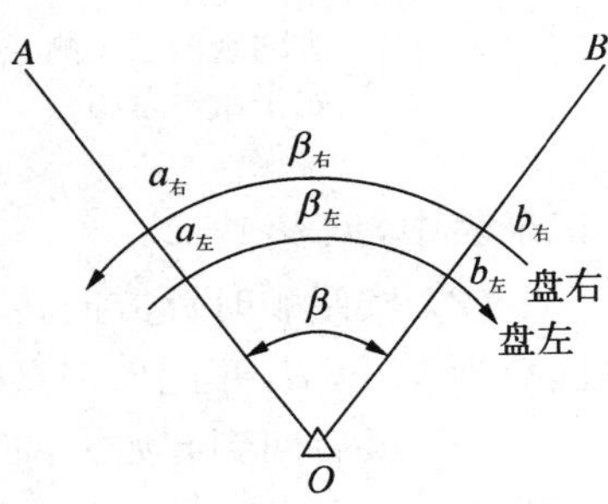

图 4-6 测回法观测水平角示意

(1) 盘左位置：先照准左方目标，即后视点 A，读取水平度盘读数为 $a_左$，并记入测回法测角记录表中，见表 4-1。然后顺时针转动照准部照准右方目标，即前视点 B，读取水平度盘读数为 $b_左$，并记入记录表中。以上称为上半测回，其观测角值为：$\beta_左 = b_左 - a_左$

表 4-1 测回法测角记录表

测站	盘位	目标	水平度盘读数	水平角		备注
				半测回角	测回角	
0	左	A	0°01′24″	60°49′06″	60°49′03″	A 60°49′03″ B
		B	60°50′30″			
	右	C	180°01′30″	60°49′00″		
		D	240°50′30″			

(2) 盘右位置：先照准右方目标，即前视点 B，读取水平度盘读数为 $b_右$，并记入记录表中，再逆时针转动照准部照准左方目标，即后视点 A，读取水平度盘读数为 $a_右$，并记入记录表中，则得下半测回角值为：$\beta_右 = b_右 - a_右$

(3) 上、下半测回合起来称为一测回。一般规定，用 J_6 级光学经纬仪进行观测，上、下半测回角值之差不超过 40″时，可取其平均值作为一测回的角值，即：

$$\beta = \frac{1}{2}(\beta_左 + \beta_右) \tag{4-3}$$

2. 方向观测法

上面介绍的测回法是对两个方向的单角观测。如要观测三个以上的方向，则采用方向观测法（又称为全圆测回法）进行观测。

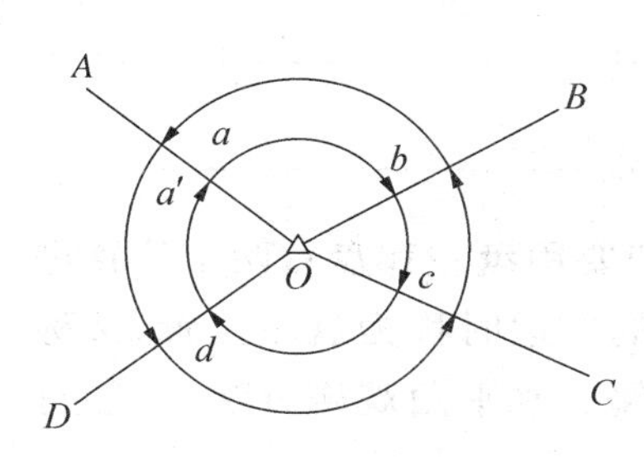

图 4-7　方向观测法观测水平角示意图

方向观测法应首先选择一起始方向作为零方向。如图 4-7 所示，设 A 方向为零方向。要求零方向应选择距离适中、通视良好、呈像清晰稳定、俯仰角和折光影响较小的方向。

将经纬仪安置于 O 站，对中整平后按下列步骤进行观测：

（1）盘左位置，瞄准起始方向 A，转动度盘变换纽把水平度盘读数配置为 $0°00'$，而后再松开制动，重新照准 A 方向，读取水平度盘读数 a，并记入方向观测法记录表中，见表 4-2。

（2）按照顺时针方向转动照准部，依次瞄准 B，C，D 目标，并分别读取水平度盘读数为 b，c，d，并记入记录表中。

（3）最后回到起始方向 A，再读取水平度盘读数为 a'。这一步称为“归零”。a 与 a' 之差称为“归零差”，其目的是为了检查水平度盘在观测过程中是否发生变动。“归零差”不能超过允许限值（J_2 级经纬仪为 12″，J_6 级经纬仪为 18″）。

表 4-2　观测记录及计算

测站	测回	目标	水平度盘读数		2c=左-(右±180)	平均读数=[左+(右±180)]/2	归零后的方向值	各测回归零方向值平均值	简图与角值
			盘左(L)	盘右(R)					
			° ′ ″	° ′ ″	″	° ′ ″	° ′ ″	° ′ ″	
1	2	3	4	5	6	7	8	9	10
O	1	A	0 00 06	180 00 06	0	0 00 09	0 00 00	0 00 00	A B 31°45′04″ O 60°40′58″ C 52°51′30″ D 读数估读至 0.1′，记录时可写作秒数
		B	31 45 18	211 45 06	+12	31 45 12	31 45 03	31 45 04	
		C	92 26 12	272 26 06	+6	92 26 09	92 26 00	92 26 02	
		D	145 17 39	325 17 36	+6	145 17 39	145 17 33	145 17 32	
		A	0 00 18	180 00 06	+12	0 00 12			
	2	A	90 02 30	270 02 24	+6	90 02 24	0 00 00		
		B	121 47 36	301 47 24	+12	121 47 30	31 45 06		
		C	182 28 24	2 28 18	+6	182 28 21	92 26 03		
		D	235 20 00	55 19 48	+6	235 19 54	145 17 30		
		A	90 02 24	270 02 18	+6	90 02 21			

以上操作称为上半测回观测。

（4）盘右位置，按逆时针方向旋转照准部，依次瞄准 A，D，C，B，A 目标，分别读取水平度盘读数，记入记录表中，并算出盘右的“归零差”，称为下半测回。上、下两个半测回合称为一测回。观测记录及计算如表 4－2 所

（5）限差，当在同一测站上观测几个测回时，为了减少度盘分划误差的影响，每测回起始方向的水平度盘读数值应配置在（$180°/n+60'/n$）的倍数（n 为测回数）。在同一测回中各方向 $2c$ 误差（也就是盘左、盘右两次照准误差）的差值，即 $2c$ 误差不能超过限差要求（J_2级经纬仪为 18″）。表 4－2 中的数据是用 J_6级经纬仪观测的，故对 $2c$ 误差不作要求。同一方向各测回归零方向值之差，即测回差，也不能超过限值要求（J_2级经纬仪为 12″，J_6级经纬仪为 24″）。

4.2.2 竖直角的观测

1. 竖直度盘的构造

竖直度盘垂直固定在望远镜旋转轴的一端，随望远镜的转动而转动。竖直度盘的刻划与水平度盘基本相同，但其注字随仪器构造的不同分为顺时针和逆时针两种形式

在竖盘中心的铅垂方向装有光学读数指示线，为了判断读数前竖盘指标线位置是否正确，在竖盘指标线（一个棱镜或棱镜组）上设置了管水准器，用来控制指标位置，如图 4－8 所示。当竖盘指标水准管气泡居中时，竖盘指标就处于正确位置。对于 J_6级光学经纬仪竖盘与指标及指标水准管之间应满足下列关系：当视准轴水平，指标水准管气泡居中时，指标所指的竖盘读数值盘左为 90°，盘右为 270°。

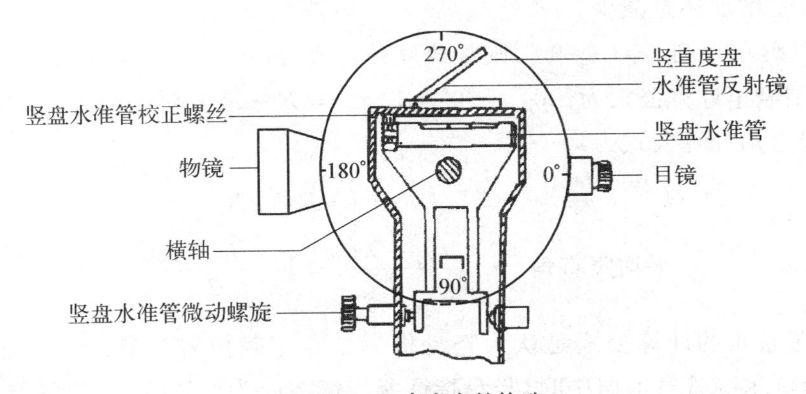

图 4－8　竖直度盘的构造

2. 竖直度盘自动归零装置

目前光学经纬仪普遍采用竖盘自动归零补偿装置来代替竖盘指标水准管，使用时，将自动归零补偿器锁紧手轮逆时针旋转，使手轮上红点对准照准部支架上黑点，再用手轻轻敲动仪器，如听到竖盘自动归零补偿器有了“当、当”响声，表示补偿器处于正常工作状态，如听不到响声表明补偿器有故障。可再次转动锁紧手轮，直到用手轻敲有响声

为止。竖直角观测完毕，一定要顺时针旋转手轮，以锁紧补偿机构，防止震坏吊丝。

3. 竖直角的计算公式

当经纬仪在测站上安置好后，首先应依据竖盘的注记形式，推导出测定竖直角的计算公式，其具体做法如下：

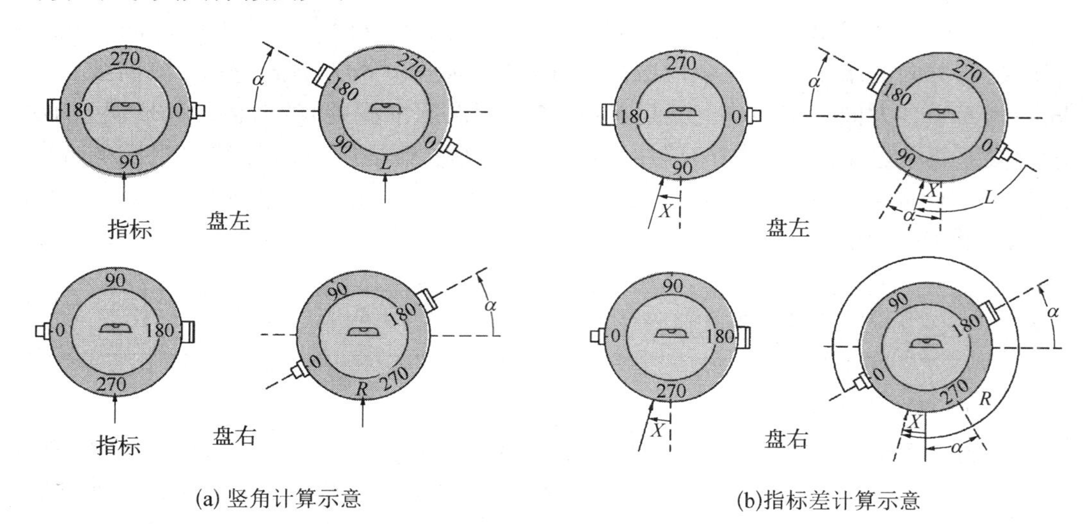

图 4-9　竖直角及指标差计算示意

（1）盘左位置把望远镜大致置水平位置，这时竖盘读数值约为 90°（若置盘右位置约为 270°），这个读数称为始读数。

（2）慢慢仰起望远镜物镜，观测竖盘读数（盘左时记作 L，盘右时记作 R），并与始读数相比，是增加还是减少。

（3）以盘左为例，若 $L>90°$，则竖角计算公式为：$\alpha_{左}=L-90°$，$\alpha_{右}=270°-R$ 若 $L<90°$，则竖角计算公式为：$\alpha_{左}=90°-L$，$\alpha_{右}=R-270°$ 对于图 4-9a 的竖盘注记形式，其竖直角计算公式为：

$$\alpha_{左}=90°-L;\ \alpha_{右}=R-270° \tag{4-4}$$

$$\text{平均竖直角：}\alpha=\frac{\alpha_{左}+\alpha_{右}}{2}=\frac{R-L-180°}{2} \tag{4-5}$$

上述竖直角的计算公式是认为竖盘指标处在正确位置时导出的。即当视线水平，竖盘指标水准管气泡居中时，竖盘指标所指读数应为始读数。但当指标偏离正确位置时，这个指标线所指的读数就比始读数增大或减少一个角值 X，此值称为竖盘指标差，也就是竖盘指标位置不正确所引起的读数误差。

在有指标差时，如图 4-9b 所示，以盘左位置瞄准目标，转动竖盘指标水准管微动螺旋使水准管气泡居中，测得竖盘读数为 L，它与正确的竖直角 α 的关系是：

$$\alpha=90°-(L-X)=\alpha_{左}+X \tag{4-6}$$

以盘右位置按同法测得竖盘读数为 R，它与正确的竖角 α 的关系是：

$$\alpha=(R-X)-270^{\circ}=\alpha_{右}-X \tag{4-7}$$

将(4－6)式加(4－7)式得：

$$\alpha=\frac{\alpha_{左}+\alpha_{右}}{2}=\frac{R-L-180^{\circ}}{2} \tag{4-8}$$

由此可知，在测量竖角时，用盘左、盘右两个位置观测取其平均值作为最后结果，可以消除竖盘指标差的影响。

若将(4－6)式减(4－7)式即得指标差计算公式：

$$X=\frac{\alpha_{左}-\alpha_{右}}{2}=\frac{R+L-360^{\circ}}{2} \tag{4-9}$$

一般指标差变动范围不得超过 ±30″，如果超限，须对仪器进行检校。此公式适用于竖盘顺时针刻划的注记形式，若竖盘为逆时针刻划的注记形式，按上式求得指标差应改变符号。

4. 竖直角观测方法

在测站上安置仪器，用下述方法测定竖直角。

(1) 盘左位置：瞄准目标后，用十字丝横丝卡准目标的固定位置，旋转竖盘指标水准管微动螺旋，使水准管气泡居中或使气泡影像符合，读取竖盘读数 L，并记入竖直角观测记录表中，见表 4－3。用上述推导的竖角计算公式，计算出盘左时的竖直角，上述观测称为上半测回观测。

(2) 盘右位置：仍照准原目标，调节竖盘指标水准管微动螺旋，使水准管气泡居中，读取竖盘读数值 R，并记入记录表中。用上述推导的竖角计算公式，计算出盘右时的竖角，称为下半测回观测。

上、下半测回合称一测回。

表 4－3　竖直角观测记录表

测站	目标	盘位	竖盘读数	半测回竖直角	指标差	一测回竖直角	备　注
0	M	左	59°29′48″	+30°30′12″	−12″	+30°30′00″	盘左 270 180 0 90
		右	300°29′48″	+30°39′48″			
	N	左	93°18′40″	−3°18′40″	−13″	−3°18′53″	盘右 90 180 0 270
		右	266°40′54″	−3°19′06″			

(3) 计算测回竖直角 α：$\alpha=\dfrac{\alpha_{左}+\alpha_{右}}{2}$ 或 $\alpha=\dfrac{R-L-180^{\circ}}{2}$

(4) 计算竖盘指标差 X：$X=\dfrac{\alpha_{左}+\alpha_{右}}{2}$ 或 $X=\dfrac{R+L-360^{\circ}}{2}$

4.2.3 角度观测误差及注意事项

1. 仪器误差

(1) 视准轴误差

望远镜视准轴不垂直于横轴时，其偏离垂直位置的角值 C 称视准差或照准差。

(2) 横轴误差

当竖轴铅垂时，横轴不水平，而有一偏离值 I，称横轴误差或支架差。

(3) 竖轴误差

观测水平角时，仪器竖轴不处于铅垂方向，而偏离一个 δ 角度，称竖轴误差。

2. 对中误差与目标偏心

观测水平角时，对中不准确，使得仪器中心与测站点的标志中心不在同一铅垂线上即是对中误差，也称测站偏心。

当照准的目标与其他地面标志中心不在一条铅垂线上时，两点位置的差异称目标偏心或照准点偏心。其影响类似对中误差，边长越短，偏心距越大，影响也越大。

3. 观测误差

(1) 瞄准误差

人眼分辩两个的最小视角约为 60″，瞄准误差为：$m_v=\pm\dfrac{60''}{V}$

(2) 读数误差

用分微尺测微器读数，可估读到最小格值 1/10。以此作为读数误差。

4. 外界条件的影响

观测在一定的条件下进行，外界条件对观测质量有直接影响，如松软的土壤和大风影响仪器的稳定；日晒和温度变化影响水准管气泡的运动；大气层受地面热辐射的影响会引起目标影像的跳动等等，这此都会给观测水平角带来误差。因此，要选择目标成像清晰稳定的有利时间观测，设法克服或避开不利条件的影响，以提高观测成果的质量。

技能训练 4.2 水平角度测量

1. 实习目的

(1) 掌握水平角观测原理，经纬仪的构造及度盘读数。

(2) 掌握测回法测水平角的方法。

2. 仪器设备

每组 J_2 光学经纬仪 1 台、测钎 2 个、记录板 1 个。

3. 实习任务

每组用测回法完成五边形五个个水平角的观测任务。

4. 实习要点及流程

(1) 要点

1) 测回法测角时的限差要求若超限,则应立即重测。

2) 注意测回法测量的记录格式。

(2) 流程:

在 A 或 B 点整平对中经纬仪——盘左顺时针测——盘右逆时针测。

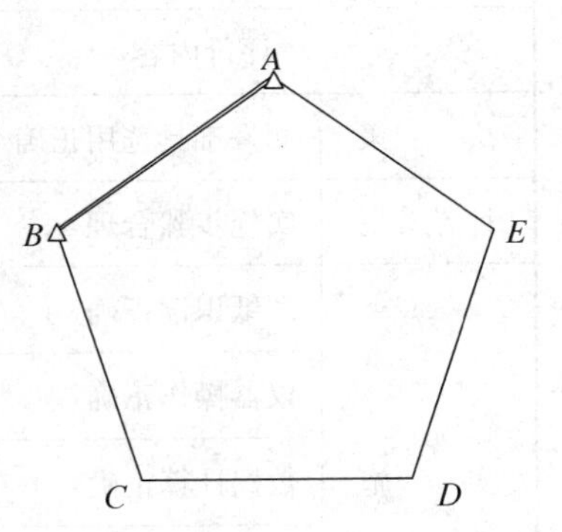

5. 实习记录

日期:______年____月____日 天气:____ 仪器型号:________ 组号:______
观测者:____________ 记录者:____________ 立测杆者:____________

<table>
<tr><th rowspan="2">测点</th><th rowspan="2">盘位</th><th rowspan="2">目标</th><th rowspan="2">水平度盘读数
° ′ ″</th><th colspan="2">水 平 角</th><th rowspan="2">示意图</th></tr>
<tr><th>半测回值
° ′ ″</th><th>一测回值
° ′ ″</th></tr>
<tr><td rowspan="4"></td><td rowspan="2"></td><td></td><td></td><td rowspan="2"></td><td rowspan="4"></td><td rowspan="4"></td></tr>
<tr><td></td><td></td></tr>
<tr><td rowspan="2"></td><td></td><td></td><td rowspan="2"></td></tr>
<tr><td></td><td></td></tr>
<tr><td rowspan="4"></td><td rowspan="2"></td><td></td><td></td><td rowspan="2"></td><td rowspan="4"></td><td rowspan="4"></td></tr>
<tr><td></td><td></td></tr>
<tr><td rowspan="2"></td><td></td><td></td><td rowspan="2"></td></tr>
<tr><td></td><td></td></tr>
<tr><td rowspan="4"></td><td rowspan="2"></td><td></td><td></td><td rowspan="2"></td><td rowspan="4"></td><td rowspan="4"></td></tr>
<tr><td></td><td></td></tr>
<tr><td rowspan="2"></td><td></td><td></td><td rowspan="2"></td></tr>
<tr><td></td><td></td></tr>
<tr><td rowspan="4"></td><td rowspan="2"></td><td></td><td></td><td rowspan="2"></td><td rowspan="4"></td><td rowspan="4"></td></tr>
<tr><td></td><td></td></tr>
<tr><td rowspan="2"></td><td></td><td></td><td rowspan="2"></td></tr>
<tr><td></td><td></td></tr>
<tr><td rowspan="4"></td><td rowspan="2"></td><td></td><td></td><td rowspan="2"></td><td rowspan="4"></td><td rowspan="4"></td></tr>
<tr><td></td><td></td></tr>
<tr><td rowspan="2"></td><td></td><td></td><td rowspan="2"></td></tr>
<tr><td></td><td></td></tr>
</table>

评 价 单

系：　　　　　　班级：　　　　　　　　　　　　　年　月　日

任务责任人				总评分	
任务名称	水平角度测量				
评价内容		分值	自评(20%)	组评(30%)	教师评价(50%)
决　策	测量工具选用正确	10			
计　划	实施步骤合理	10			
实　施	图纸识读正确	10			
	仪器操作正确	20			
	数据计算正确	10			
	成果测绘正确	20			
	过程记录正确	10			
检　查	检查单填写正确	10			
合　计		100			
小组长					
组　员					

任务 4.3　经纬仪的检验与校正

4.3.1　经纬仪的轴线及各轴线间应满足的几何条件

为了保证测角的精度，经纬仪主要部件及轴系应满足下述几何条件，即：照准部水准管轴应垂直于仪器竖轴($LL\perp VV$)；十字丝纵丝应垂直于横轴；视准轴应垂直于横轴($CC\perp HH$)；横轴应垂直于仪器竖轴($HH\perp VV$)；竖盘指标差应为零；光学对中器的视准轴应与仪器竖轴重合，如图 4-10。

由于仪器经过长期外业使用或长途运输及外界影响等，会使各轴线的几何关系发生变化，因此，在使用前必须对仪器进行检验和校正。

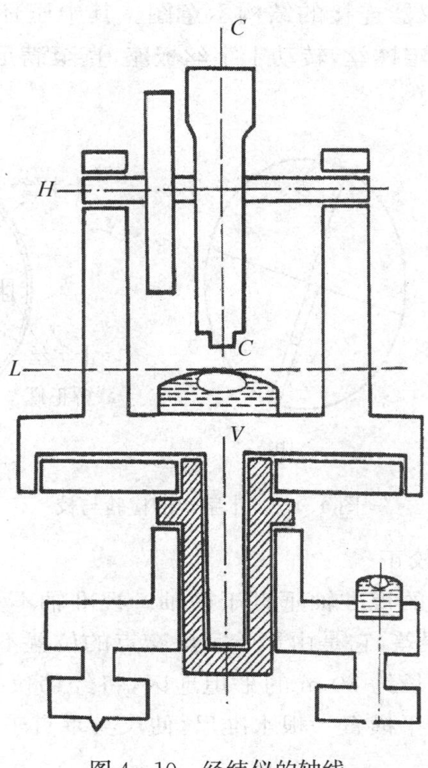

图 4－10　经纬仪的轴线

4.3.2　经纬仪的检验与校正

1. 照准部水准管的检验与校正

(1) 目的：当照准部水准管气泡居中时，应使水平度盘水平，竖轴铅垂。

(2) 检验方法：将仪器安置好后，使照准部水准管平行于一对脚螺旋的连线，转动这对脚螺旋使气泡居中。再将照准部旋转 180°，若气泡仍居中，说明条件满足，即水准管轴垂直于仪器竖轴，否则应进行校正。

(3) 校正方法：转动平行于水准管的两个脚螺旋使气泡退回偏离零点的格数的一半，再用拨针拨动水准管校正螺丝，使气泡居中。

2. 十字丝竖丝的检验与校正

(1) 目的：使十字丝竖丝垂直横轴。当横轴居于水平位置时，竖丝处于铅垂位置。

(2) 检验方法：用十字丝竖丝的一端精确瞄准远处某点，固定水平制动螺旋和望远镜制动螺旋，慢慢转动望远镜微动螺旋。如果目标不离开竖丝，说明此项条件满足，即十字丝竖丝垂直于横轴，否则需要校正。

(3) 校正方法：要使竖丝铅垂，就要转动十字丝板座或整个目镜部分。图 4－11

所示就是十字丝板座和仪器连接的结构示意图。其中压环固定螺丝，十字丝校正螺丝在校正时，首先旋松固定螺丝，转动十字丝板座，直至满足此项要求，然后再旋紧固定螺丝。

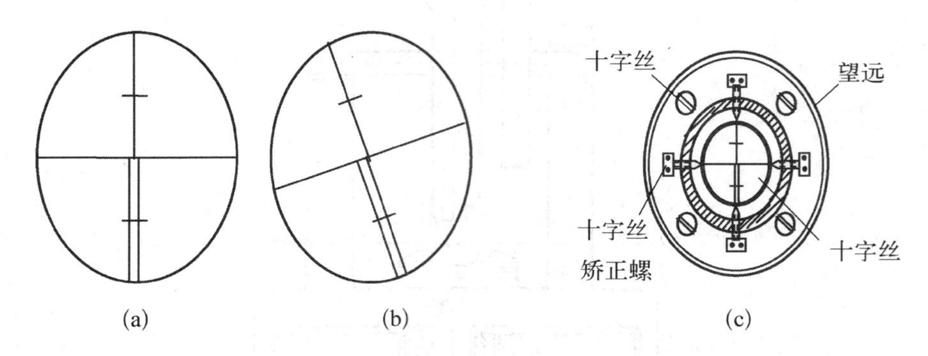

图 4-11　十字丝的检验与校

3. 视准轴的检验与校正

(1) 目的：使望远镜的视准轴垂直于横轴。视准轴不垂直于横轴的倾角 c 称为视准轴误差，也称为 $2c$ 误差，它是由于十字丝交点的位置不正确而产生的。

(2) 检验方法：选一长约 80 m 的平坦地区，将经纬仪安置于中间 O 点，在 A 点竖立测量标志，在 B 点水平横置一根水准尺，使尺身垂直于视线 OB 并与仪器同高。

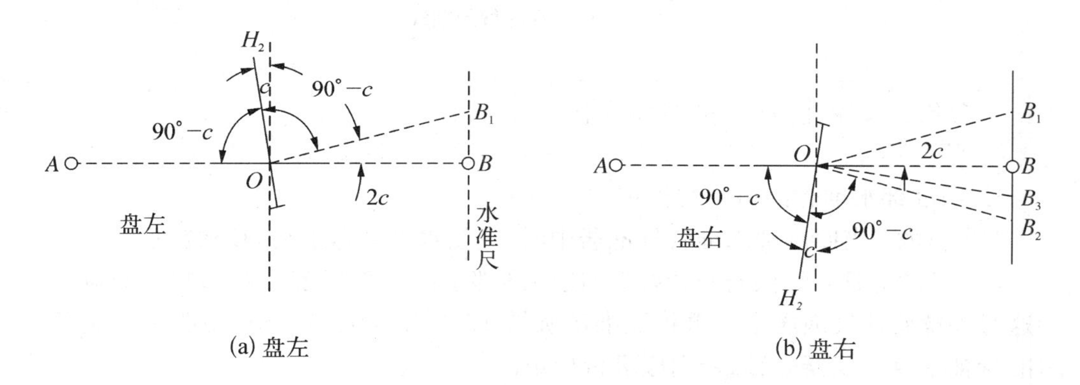

图 4-12　用横尺法检校准轴示意

盘左位置，视线大致水平照准 A 点，固定照准部，然后纵转望远镜，在 B 点的横尺上读取读数 B_1，如图 4-12(a)所示。松开照准部，再以盘右位置照准 A 点，固定照准部。再纵转望远镜在 B 点横尺上读取读数 B_2，如图 4-12(b)所示。如果 B_1，B_2 两点重合，则说明视准轴与横轴相互垂直，否则需要进行校正。

(3) 校正方法：盘左时 $\angle AOH_2 = \angle H_2OB_1 = 90 - c$，则：$\angle B_1OB = 2c$。盘右时，同理 $\angle BOB_2 = 2c$。由此得到 $\angle B_1OB_2 = 4c$，B_1B_2 所产生的差数是 4 倍视准误差。校正时从 B_2 起在 $\frac{1}{4}B_1B_2$ 距离处得 B_3 点，则 B_3 点在尺上读数值为视准轴应对准

的正确位置。用拨针拨动十字丝的左右两个校正螺丝，如图 4－13 所示，注意应先松后紧，边松边紧，使十字丝交点对准 B_3点的读数即可。

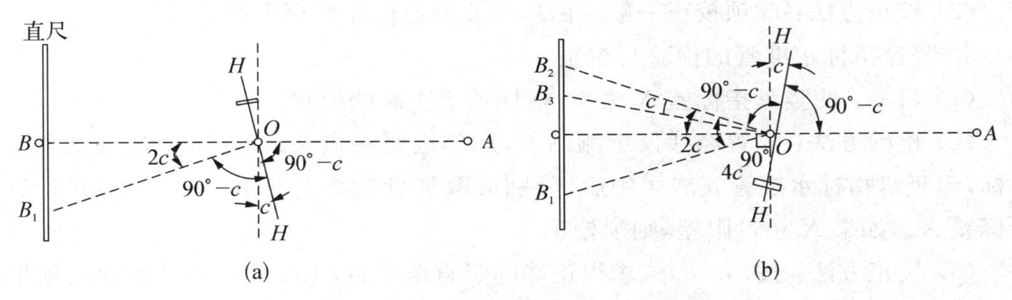

图 4－13　视准轴误差的检校(四分之一法)

(4) 要求：在同一测回中，同一目标的盘左、盘右读数的差为两倍视准轴误差，以 $2c$ 表示。对于 DJ_2型光学经纬仪当 $2c$ 的绝对值大于 30″时，就要校正十字丝的位置。c 值可按下式计算：

$$c=\frac{B_1B_2}{4S}\cdot\rho'' \tag{4-10}$$

式中：S——仪器到横置水准尺的距离；

$\rho''=206\ 265''$。

视准轴的检验和校正也可以利用度盘读数法按下述方法进行：

(1) 检验：选与视准轴近于水平的一点作为照准目标，盘左照准目标的读数为 $\alpha_{左}$，盘右再照准原目标的读数为 $\alpha_{右}$，如 $\alpha_{左}$ 与 $\alpha_{右}$ 不相差 180°，则表明视准轴不垂直于横轴，视准轴应进行校正。

(2) 校正：以盘右位置读数为准，计算两次读数的平均数 $a=\dfrac{\alpha_{右}+(\alpha_{左}\pm180^\circ)}{2}$

转动水平微动螺旋将度盘读数值配置为读数 a，此时视准轴偏离了原照准的目标，然后拨动十字丝校正螺丝，直至使视准轴再照准原目标为止，即视准轴于横轴相垂直。

4. 横轴的检验与校正

(1) 目的：使横轴垂直于仪器竖轴。

检验方法：在距一垂直墙面 20～30 m 处，安置经纬仪，整平仪器，如图 4－14 所示。盘左位置，瞄准墙面上高处一明显目标 P，仰角宜在 30°左右。固定照准部，将望远镜置于水平位置，根据十字丝交点在墙上定出一点 A。倒转望远镜成盘右位置，瞄准 P 点，固定照准部，再将望远镜置于水平位置，

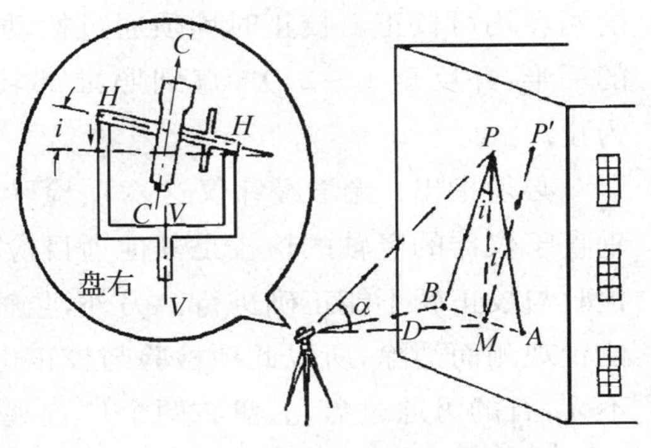

图 4－14　横轴误差的检校

定出点 B。如果 A, B 两点重合，说明横轴是水平的，横轴垂直于竖轴；否则，需要校正。

(2) 校正方法：此项校正一般应由厂家或专业仪器修理人员进行。

5. 竖盘指标水准管的检验与校正

(1) 目的：使竖盘指标差 X 为零，指标处于正确的位置。

(2) 检验方法：安置经纬仪于测站上，用望远镜在盘左、盘右两个位置观测同一目标，当竖盘指标水准管气泡居中后，分别读取竖盘读数 L 和 R，用(4-9)式计算出指标差 X。如果 X 超过限差，则须校正。

(3) 校正方法：按(4-5)式求得正确的竖直角 α 后，不改变望远镜在盘右所照准的目标位置，转动竖盘指标水准管微动螺旋，根据竖盘刻划注记形式，在竖盘上配置竖角为 α 值时的盘右读数 $R'(R'=270°+\alpha)$，此时竖盘指标水准管气泡必然不居中，然后用拔针拔动竖盘指标水准管上、下校正螺丝使气泡居中即可。

6. 光学对中器的检验与校正

光学对中器的检验的目的使光学对中器视准轴与仪器竖轴重合。检验方法如下。

(1) 装置在照准部上光学对中器的检验

精确地安置经纬仪，在脚架的中央地面上放一张白张，由光学对中器目镜观测，将光学对中器分划板的刻划中心标记于纸上，然后，水平旋转照准部，每隔 120°用同样的方法在白纸上作出标记点，如三点重台，说明此条件满足，否则需要进行校正。

(2) 装置在基座上的光学对中器的检验

将仪器侧放在特制的夹具上，照准部固定不动，而使基座能自由旋转，在距离仪器不小于 2 m 的墙壁上钉贴一张白纸，用上述同样的方法，转动基座，每隔 120°在白纸上作出一标记点，若三点不重合，则需要校正。

校正方法：在白纸的三点构成误差三角形，绘出误差三角形外接圆的圆心。由于仪器的类型不同，校正部位也不同。有的校正转向直角棱镜，有的校正分划板，有的两者均可校正。校正时均须通过拨动对点器上相应的校正螺丝，调整目标偏离量的一半，并反复 1～2 次，直到照准部转到任何位置观测时，目标都在中心圈以内为止。

必须指出：光学经纬仪这六项检验校正的顺序不能颠倒，而且照准部水准管轴垂直于仪器的竖轴的检校是其他项目检验与校正的基础，这一条件不满足，其他几项检验与校正就不能正确进行。另外，竖轴不铅垂对测角的影响不能用盘左、盘右两个位置观测而消除，所以此项检验与校正也是主要的项目。其他几项，有的对测角影响不大，有的可通过盘左、盘右两个位置观测来消除其对测角的影响，因此是次要的检校项目。

技能训练 4.3　经纬仪的检验与校正

1. 实习目的

（1）了解经纬仪的构造和原理。

（2）掌握经纬仪的检验和校正方法。

2. 仪器设备

每组 J_2 光学经纬仪 1 台、测钎 2 个、三角板 1 个、皮尺 1 把、记录板 1 个。

3. 实习任务

每组完成经纬仪的检验任务（照准部水准管轴、十字丝竖丝、视准轴、横轴、光学对中器、竖盘指标差）。

4. 实习要点及流程

（1）要点：经纬仪检验时，要以高精度要求观测。竖直角观测时，注意经纬仪竖盘读数与竖直角的区别。

（2）流程：照准部水准管轴—十字丝竖丝—视准轴—横轴—光学对中器—竖盘指标差。

5. 实习记录

（1）照准部水准管的检验

用脚螺旋使照准部水准管气泡居中后，将经纬仪的照准部旋转 180°，照准部水准管气泡偏离________格。

（2）十字丝竖丝是否垂直于横轴

在墙上找一点，使其恰好位于经纬仪望远镜十字丝上端的竖丝上，旋转望远镜上下微动螺旋，用望远镜下端对准该点，观察该点________（填“是”或“否”）仍位于十字丝下端的竖丝上。

（3）视准轴的检验

方法：在平坦地面上选择一直线 AB，60～100 m，在 AB 中点 O 架仪，并在 B 点垂直横置一小尺。盘左瞄准 A，倒镜在 B 点小尺上读取 B_1；再用盘右瞄准 A，倒镜在 B 点小尺上读取 B_2，经计算若 J_6 经纬仪 $2c > 60''$；J_2 经纬仪 $2c > 30''$ 时，则需校正。

用皮尺量得：OB=________。B_1 处读数为：________，B_2 处读数为：________，B_1B_2=________。经计算得：$c'' = \frac{B_1B_2}{4 \cdot OB} \cdot \rho'' =$ ________________。

（4）横轴的检验

方法：在 20～30 m 处的墙上选一仰角大于 30°的目标点 P，先用盘左瞄准 P 点，

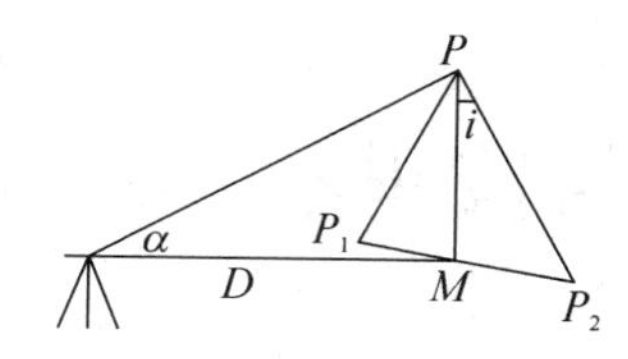

放平望远镜，在墙上定出 P_1 点；再用盘右瞄准 P 点，放平望远镜，在墙上定出 P_2 点。经计算若 J_6 经纬仪 $i>20''$ 时，则需校正。

1）用皮尺量得：$OM=$________。

2）用经纬仪测得竖直角：

测点	目标	竖盘位置	竖盘读数（° ′ ″）	半测回竖直角（° ′ ″）	指标差（″）	一测回竖直角（° ′ ″）
		左				
		右				

3）用小钢尺量得：$P_1P_2=$________。

4）经计算得：$i''=\dfrac{P_1P_2}{2D\cdot \mathrm{tg}\,\alpha}\cdot\rho''=$__________。

（5）指标差的检验

测点	目标	竖盘位置	竖盘读数（° ′ ″）	半测回竖直角（° ′ ″）	指标差（″）	一测回竖直角（° ′ ″）
		左				
		右				
		左				
		右				
		左				
		右				
		左				
		右				

（6）光学对中器的检验

安置经纬仪后，使光学对中器十字丝中心精确对准地面上一点，再将经纬仪的照准部旋转 180°，眼睛观察光学对中器，其十字丝________（填“是”或“否”）精确对准地面上的点。

评 价 单

系： 班级： 年 月 日

任务责任人				总评分	
任务名称	经纬仪的检验与校正				
评价内容		分值	自评(20%)	组评(30%)	教师评价(50%)
决 策	测量工具选用正确	10			
计 划	实施步骤合理	10			
实 施	图纸识读正确	10			
	仪器操作正确	20			
	数据计算正确	10			
	成果测绘正确	20			
	过程记录正确	10			
检 查	检查单填写正确	10			
合 计		100			
小 组 长					
组 员					

模块五 距离测量与直线定向

任务 5.1 钢尺量距

5.1.1 地面上点的标志

要丈量地面上两点间的水平距离，就需要用标志把点固定下来，标志的种类应根据测量的具体要求和使用年限来选择采用。点的标志可分为临时性和永久性两种。临时性标志可采用木桩打入地中，桩顶略高于地面，并在桩顶钉一小钉或画一个十字表示点的位置。永久性标志可用石桩或混凝土桩，在石桩顶刻十字或在混凝土桩顶埋入刻有十字的钢柱以表示点位。

为了能明显的看到远处目标，可在桩顶的点位上竖立标杆，标杆的顶端系一红白小旗，标杆也可用标杆架或拉绳将标杆竖立在点上。

5.1.2 丈量工具

通常使用的量距工具为钢尺、皮尺、竹尺和测绳，还有测钎、标杆和垂球等辅助工具。

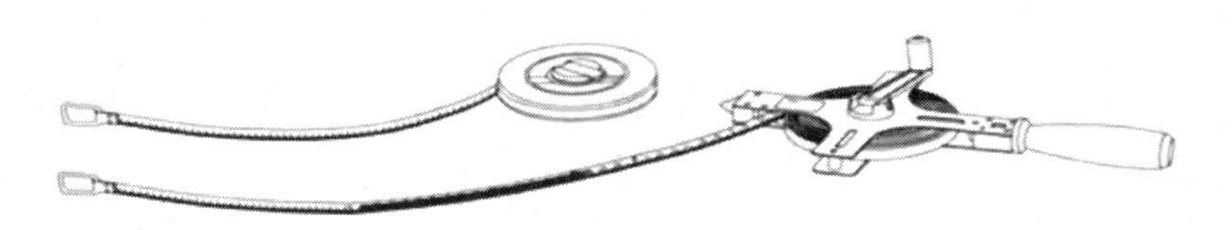

图 5-1 皮尺和钢尺

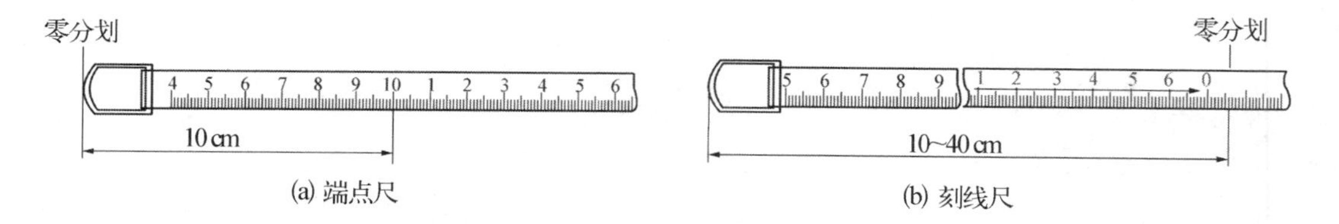

图 5-2 端点尺和刻线尺

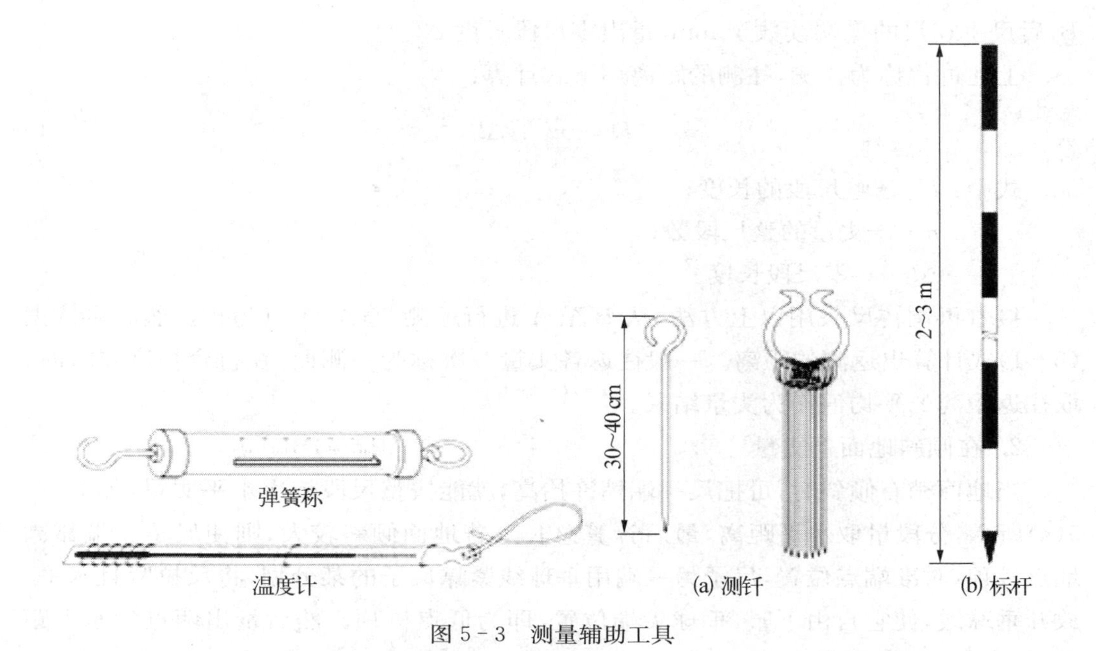

图 5-3 测量辅助工具

5.1.3 丈量方法

1. 在平坦地面上丈量

要丈量平坦地面上 A，B 两点间的距离，其做法是：先在标定好的 A，B 两点立标杆，进行直线定线，如图 5-4 所示，然后进行丈量。丈量时后尺手拿尺的零端，前尺手拿尺的末端，两尺手蹲下，后尺手把零点对准 A 点，喊"预备"，前尺手把尺边近靠定线标志钎，两人同时拉紧尺子，当尺拉稳后，后尺手喊"好"，前尺手对准尺的终点刻划将一测钎竖直插在地面上，如图 5-4 所示。这样就量完了第一尺段。

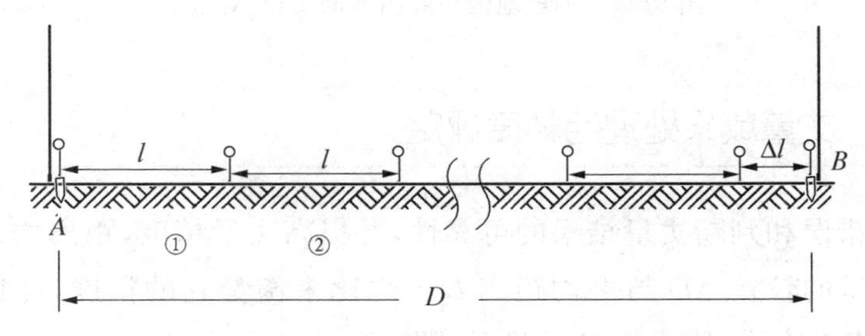

图 5-4 距离丈量示意

用同样的方法，继续向前量第二，第三，…，第 N 尺段。量完每一尺段时，后尺手必须将插在地面上的测钎拔出收好，用来计算量过的整尺段数。最后量不足一整尺段的距离，如图 5-4 所示。当丈量到 B 点时，由前尺手用尺上某整刻划线对准终点

B,后尺手在尺的零端读数至 mm,量出零尺段长度 Δl。

上述过程称为往测,往测的距离用下式计算:

$$D = nl + \Delta l \tag{5-1}$$

式中:l——整尺段的长度;

n——丈量的整尺段数;

Δl——零尺段长度。

接着再调转尺头用以上方法,从 B 至 A 进行返测,直至 A 点为止。然后再依据(5-1)式计算出返测的距离。一般往返各丈量一次称为一测回,在符合精度要求时,取往返距离的平均值作为丈量结果。

2. 在倾斜地面上丈量

当地面稍有倾斜时,可把尺一端稍许抬高,就能按整尺段依次水平丈量,如图 5-5(a)所示,分段量取水平距离,最后计算总长。若地面倾斜较大,则使尺子一端靠高地点桩顶,对准端点位置,尺子另一端用垂球线紧靠尺子的某分划,将尺拉紧且水平。放开垂球线,使它自由下坠,垂球尖端位置,即为低点桩顶。然后量出两点的水平距离,如图 5-5(b)所示。

在倾斜地面上丈量,仍需往返进行,在符合精度要求时,取其平均值做为丈量结果。

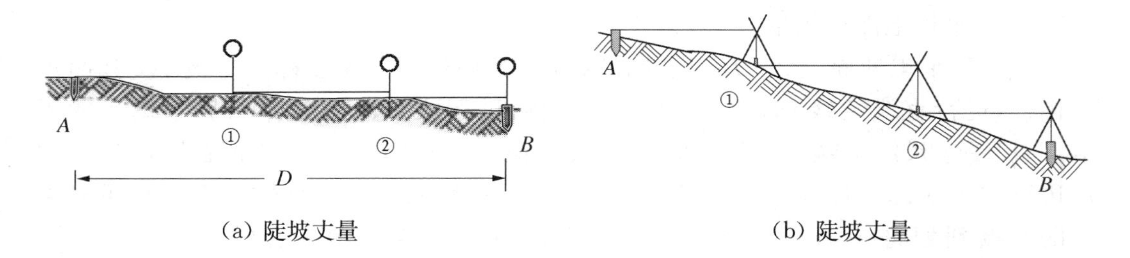

(a) 陡坡丈量　　(b) 陡坡丈量

图 5-5　平坦地区与倾斜地面丈量示意图

5.1.4　丈量成果处理与精度评定

为了避免错误和判断丈量结果的可靠性,并提高丈量精度,距离丈量要求往返丈量。用往返丈量的较差 ΔD 与平均距离 $D_{平}$ 之比来衡量它的精度,此比值用分子等于1的分数形式来表示,称为相对误差 K,即:

$$\Delta D = D_{往} - D_{返} \tag{5-2}$$

$$D_{平} = \frac{1}{2}(D_{往} + D_{返}) \tag{5-3}$$

$$K=\frac{\Delta D}{D_{平}}=\frac{1}{D_{平}/|\Delta D|} \quad (5-4)$$

如相对误差在规定的允许限度内，即 $K\leqslant K_{允}$，可取往返丈量的平均值作为丈量成果。如果超限，则应重新丈量只到符合要求为止。

【例 5-1】用钢尺丈量两点间的直线距离，往量距离为 217.30 m，返量距离为 217.38 m，今规定其相对误差不应大于，试用：(1) 所丈量成果是否满足精度要求？(2) 按此规定，若丈量 100 米的距离，往返丈量的较差最大可允许相差多少毫米？

解：由题意知：

$$D_{平}=\frac{1}{2}(D_{往}+D_{返})=(217.30+217.38)=217.34(\mathrm{m})$$

$$\Delta D=D_{往}-D_{返}=217.30-217.38=-0.08(\mathrm{m})$$

$$K=\frac{1}{D_{平}/|\Delta D|}=\frac{1}{217.34/|-0.08|}=\frac{1}{2\,700}$$

因为 $K\leqslant K_{允}=\frac{1}{2\,000}$

所以所丈量成果满足精度要求。

又由 $K=\frac{\Delta D}{D_{平}}$ 知

$$|\Delta D|=K\cdot D_{平}=\frac{1}{2\,000}\times 100=0.05(\mathrm{m})$$

$$\Delta D\leqslant\pm 50(\mathrm{mm})$$

即往返丈量的较差最大可相差±50(mm)。

技能训练 5.1 钢尺量距

1. 实习目的

掌握钢尺一般量距的操作方法。

2. 仪器设备

每组 J_2 光学经纬仪 1 台、测钎 4 个、钢尺 1 把、记录板 1 个。

3. 实习任务

每组在平坦的地面上，完成一段长 80～90 m 的直线的往返丈量任务，并用经纬仪进行直线定线。

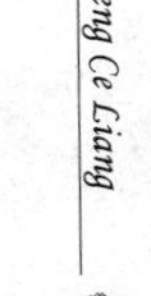

4. 实习要点及流程

(1) 要点

1) 用经纬仪进行直线定线时，有的仪器是成倒像的，有的仪器是成正像的；

2) 丈量时，前尺手与后尺手要动作一致，可用口令来协调。

(2) 流程

在 A 点架仪—瞄准 B 点—在 AB 之间用测钎定点 1，2—丈量各段距离

A　　1　　2　　B

5. 实习记录

往测时，用钢尺量得：$A1=$ ________，$12=$ ________，$2B=$ ________，故有：$AB=$ ________。

返测时，用钢尺量得：$B2=$ ________，$21=$ ________，$1A=$ ________，故有：$BA=$ ________。

则此次丈量的相对精度(往返较差率) $K=$ ________________

评　价　单

系：　　　　　　　　班级：　　　　　　　　　　　　年　月　日

任务责任人			总评分		
任务名称	钢尺量距				
评价内容		分值	自评(20%)	组评(30%)	教师评价(50%)
决　策	测量工具选用正确	10			
计　划	实施步骤合理	10			
实　施	图纸识读正确	10			
	仪器操作正确	20			
	数据计算正确	10			
	成果测绘正确	20			
	过程记录正确	10			
检　查	检查单填写正确	10			
合　计		100			
小 组 长					
组　员					

任务 5.2　钢尺精密量距的方法

1. 定线

欲精密丈量直线 AB 的距离，首先清除直线上的障碍物，然后安置经纬仪于 A 点上，瞄准 B 点，用经纬仪进行定线。用钢尺进行概量，在视线上依次定出此钢尺一整尺略短的 $A1$，12，23，…等尺段。在各尺段端点打下大木桩，桩顶高出地面 3～5 cm。在桩顶钉一白铁皮。利用 A 点的经纬仪进行定线，在各白铁皮上划一条线，使其与 AB 方向重合，另划一条线垂直与 AB 方向，形成十字，作为丈量的标志。

2. 量距

用检定过的钢尺丈量相邻两木桩之间的距离。丈量组一般由 5 人组成，2 人拉尺，2 人读数，1 人指挥兼记录和读温度。丈量时，拉伸钢尺置于相邻两木桩顶上，并使钢尺有刻划线一侧贴切十字线。后尺手将弹簧秤挂在尺的零端，以便施加钢尺检定时的标准拉力（30 m 钢尺，标准拉力为 10 kg）；钢尺拉紧后，前尺手以尺上某一整分划对准十字线交点时，发出读数口令"预备"，后尺手回答"好"。在喊好的同一瞬间，两端的读尺员同时根据十字交点读取读数，估读到 0.5 mm 记入手簿。每尺段要移动钢尺位置丈量三次，三次测得的结果的较差视不同要求而定，一般不得超过 2～3 mm，否则要重量。如在限差以内，则取三次结果的平均值，作为此尺段的观测成果。每量一尺段都要读记温度一次，估读到 0.5℃。

按上述由直线起点丈量到终点是为往测，往测完毕后立即返测，每条直线所需丈量的次数视量边的精度要求而定。

3. 测量桩顶高程

上述所量的距离，是相邻桩顶间的倾斜距离，为了改算成水平距离，要用水准测量方法测出各桩顶的高程，以便进行倾斜改正。水准测量宜在量距前或量距后往、返观测一次，以资检核。相邻两桩顶往、返所测高差之差，一般不得超过±10 mm；如在限差以内，取其平均值作为观测成果。

4. 尺段长度的计算

精密量距中，每一尺段长需进行尺长改正、温度改正及倾斜改正，求出改正后的尺段长度。计算各改正数如下：

(1) 尺长改正

钢尺在标准拉力、标准温度下的检定长度 L'，与钢尺的名义长度 L_0 往往不一致，其差 $L = L' - L_0$ 数，即为整尺段的尺长改正。任一尺段 L 的尺长改正数为 $\Delta L_d = (L' - L_0)L/L_0$

(2) 温度改正

设钢尺在检定时的温度为 t_0℃，丈量时的温度为 t℃，钢尺的线膨胀系数为 α，则某尺段 L 的温度改正为 $\Delta L_t = \alpha(t - t_0)L$

(3) 倾斜改正

设 L 为量得的斜距，h 为尺段两端间的高差，现要将 L 改算成水平距离 d'，故要加倾斜改正数 $\Delta L_h = -h^2/2L$ 倾斜改正数永远为负值。

5.2.1 距离丈量的注意事项

1. 影响量距成果的主要因素

(1) 尺身不平

(2) 定线不直

定线不直使丈量沿折线进行，如图 5-6 中的虚线位置，其影响和尺身不水平的误差一样，在起伏较大的山区或直线较长或精度要求较高时应用有关仪器定线。

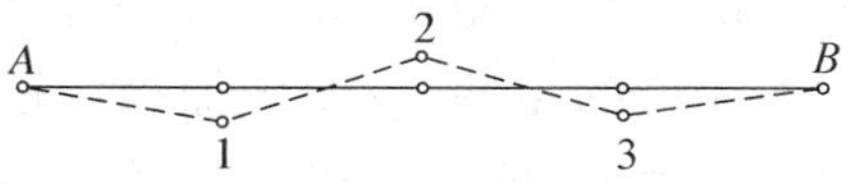

A　2　B
1　3

图 5-6　定线误差示意

(3) 拉力不均

钢尺的标准拉力多是 100 N，故一般丈量中只要保持拉力均匀即可。

(4) 对点和投点不准

丈量时用测钎在地面上标志尺端点位置，若前、后尺手配合不好，插钎不直，很容易造成 3～5 mm 误差。如在倾斜地区丈量，用垂球投点，误差可能更大。在丈量中应尽力做到对点准确，配合协调，尺要拉平，测钎应直立，投点要准。

(5) 丈量中常出现的错误

主要有认错尺的零点和注字，例如 6 误认为 9；记错整尺段数；读数时，由于精力集中于小数而对分米、米有所疏忽，把数字读错或读颠倒；记录员听错、记错等。为防止错误就要认真校核，提高操作水平，加强工作责任心。

2. 注意事项

丈量距离会遇到地面平坦、起伏或倾斜等各种不同的地形情况，但不论何种情况，丈量距离有三个基本要求："直、平、准"。直，就是要量两点间的直线长度，不是折线或曲线长度，为此定线要直，尺要拉直；平，就是要量两点间的水平距离，要求尺身水平，如果量取斜距也要改算成水平距离；准，就是对点、投点、计算要准，丈量结果不能有错误，并符合精度要求。

丈量时，前后尺手要配合好，尺身要置水平，尺要拉紧，用力要均匀，投点要稳，对点要准，尺稳定时再读数。

钢尺在拉出和收卷时，要避免钢尺打卷。在丈量时，不要在地上拖拉钢尺，更不要扭折，防止行人踩和车压，以免折断。

尺子用过后，要用软布擦干净后，涂以防锈油，再卷入盒中。

任务 5.3　直线定向

确定直线方向与标准方向之间的关系称为直线定向。要确定直线的方向，首先要选定一个标准方向作为直线定向的依据，然后测出这条直线方向与标准方向之间的水平角，则直线的方向便可确定。在测量工作中以子午线方向为标准方向。子午线分真子午线、磁子午线和轴子午线三种。

5.3.1　标准方向

真子午线方向：通过地面上某点指向地球南北极的方向，称为该点的真子午线方向，它是用天文测量的方法测定的。

磁子午线方向：地面上某点当磁针静止时所指的方向，称为该点的磁子午线方向。磁子午线方向可用罗盘仪测定。由于地球的磁南、北极与地球的南、北极是不重合的，其夹角称为磁偏角，以 δ 表示。当磁子午线北端偏于真子午线方向以东时，称为东偏；当磁子午线北端偏于真子午线方向以西时，称为西偏；在测量中以东偏为正，西偏为负，如图 5－7 所示。磁偏角在不同地点有不同的角值和偏向，我国磁偏角的变化范围在 $+6°$（西北地区）至 $-10°$（东北地区）之间。

图 5－7　三北方向线

轴子午线方向：又称坐标纵轴线方向，就是大地坐标系中纵坐标的方向。由于地面上各点子午线都是指向地球的南北极，所以不同地点的子午线方向不是互相平行的，这就给计算工作带来不便，因此，在普通测量中一般均采用纵坐标轴方向作为标准方向，这样测区内地面各点的标准方向就都是互相平行的。在局部地区，也可采用假定的临时坐标纵轴方向，作为直线定向的标准方向。

综上所述，不论任何子午线方向，都是指向北（或南）的，由于我国位于北半球，所以常把北方向做为标准方向。

5.3.2　直线方向的表示法

直线方向常用方位角来表示。方位角就是以标准方向为起始方向顺时针转到该直线的水平夹角，所以方位角的取值范围是由 0°到 360°。直线 OM 的方位角为 A_{OM}；直线 OP 的方位角为 A_{OP}[图 5－8(a)]。

以真子午线方向为标准方向(简称真北)的方位角称为真方位角,用 A 表示;以磁子午线方向为标准方向(简称磁北)的方位角称为磁方位角,用 A_m 表示;以坐标纵轴方向为标准方向(简称轴北)的方位角称为坐标方位角,以 α 表示。

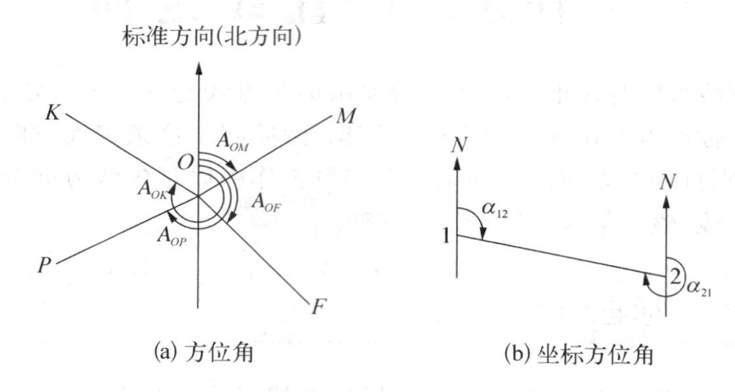

图 5-8　坐标方位角示意

每条直线段都有两个端点,若直线段从起点 1 到终点 2 为直线的前进方向,则在起点 1 处的坐标方位角 α_{12} 为正方位角,在终点 2 处的坐标方位角 α_{21} 为反方位角。从图 5-8(b)中可看出同一直线段的正、反坐标方位角相差为 180°。即:

$$\alpha_{12} = \alpha_{21} \pm 180° \tag{5-5}$$

任务 5.4　罗盘仪的构造与使用

5.4.1　罗盘仪的构造

罗盘仪是利用磁针确定直线方向的一种仪器,通常用于独立测区的近似定向,以及林区线路的勘测定向。它主要由望远镜、罗盘盒、基座三部分组成。

望远镜是瞄准部件,由物镜、十字丝、目镜所组成。使用时转动目镜看清十字丝,用望远镜照准目标,转动物镜对光螺旋使目标影像清晰,并以十字丝交点对准该目标。望远镜一侧装置有竖直度盘,可测量目标点的竖直角。

罗盘盒盒内磁针安在度盘中心顶针上,自由转动,为减少顶针的磨损,不用时用磁针制动螺旋将磁针托起,固定在玻璃盖上。刻度盘的最小分划为 30′,每隔 10°有一注记,按逆时针方向由 0°到 360°,盘内注有 N(北)、S(南)、E(东)、W(西),盒内有两个水准器用来使该度盘水平。基座是球状结构,安在三脚架上,松开球状接头螺旋,转动罗盘盒使水准气泡居中,再旋紧球状接头螺旋,此时度盘就处于水平位置。

磁针的两端由于受到地球两个磁极引力的影响，并且考虑到我国位于北半球，所以磁针北端要向下倾斜，为了使磁针水平，常在磁针南端加上几圈铜丝，以达到平衡的目的。

5.4.2 罗盘仪的使用

将罗盘仪置于直线一端点，进行对中整平，照准直线另一端点后，放松磁针制动磁针。待磁针静止后，磁针在刻度盘上所指的读数即为该直线的磁方位角。其读数方法是：当望远镜的物镜在刻度圈 0°上方时，应按磁针北端读数。

使用罗盘仪时，周围不能有任何铁器，以免影响磁针位置的正确性。在铁路附近和高压电塔下以及雷雨天观测时，磁针的读数将会受到很大影响，应该注意避免。测量结束时，必须旋紧磁针制动螺旋，避免顶针磨损，以保护磁针的灵活性。

思考与练习

1. 一般量距与精密量距有何不同？

2. 丈量 A，B 两点水平距离，用 30 m 长的钢尺，丈量结果为往测 4 尺段，余长为 10.250 m，返测 4 尺段，余长为 10.210 m，试进行精度校核，若精度合格，求出水平距离。(精度要求 $K_{容}=1/2\,000$)

3. 将一根 50 m 的钢尺与标准尺比长，发现此钢尺比标准尺长 13 mm，已知标准钢尺的尺长方程式为 $l_t = 50\text{ m} + 0.003\,2\text{ m} + 1.25\times10^{-5}\times(t-20℃)\times 50\text{ m}$ 钢尺比较时的温度为 11℃，求此钢尺的尺长方程式。

4. 如图 5-9 所示，已知 $\alpha_{AB}=55°20'$，$\beta_B=126°24'$，$\beta_C=134°06'$，求其余各边的坐标方位角。

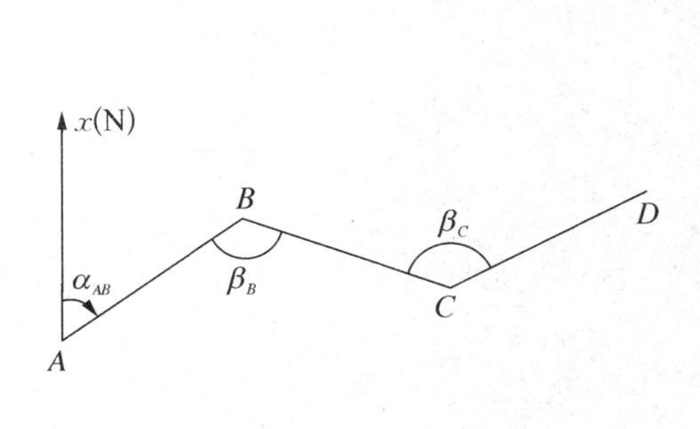

图 5-9　推导坐标方位角

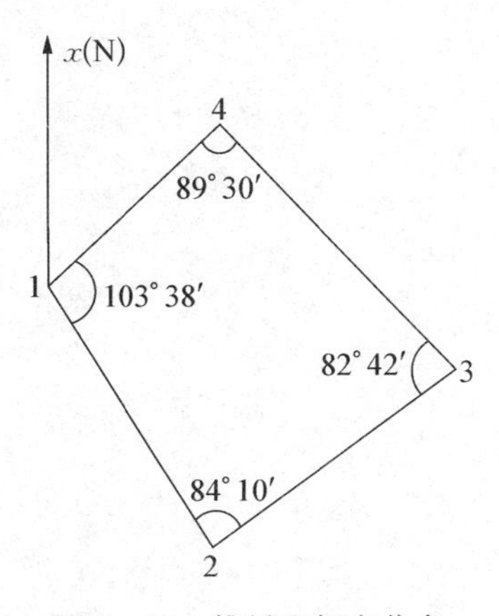

图 5-10　推导坐标方位角

5. 四边形内角值如图 5 - 10 所示，已知 $\alpha_{12} = 149°20'$，求其余各边的坐标方位角。

6. 已知某直线的象限角为南西 45°18′，求它的坐标方位角。

模六
块

小区域控制测量

任务6.1 控制测量

6.1.1 控制测量概述

为了满足地形测量和工程测量的需要，首先在整个测区范围内均匀选定若干数量的点，这些点称为控制点，然后以较高的观测精度测出这些点的坐标和高程，以作为测图及施工放样的依据，这项工作就称为控制测量。

控制测量分为平面控制测量和高程控制测量两种。只是测定控制点平面位置(坐标)的控制测量称为平面控制测量；只是测定控制点高程位置的控制测量称为高程控制测量。无论平面控制或高程控制，选择的控制点必须按一定规则相互联结起来组成网络，否则将无法实施观测、检核及坐标或高程的推算，这样的网络称为控制网。相应地，只是解决控制点平面位置的控制网称为平面控制网，只是解决控制点高程位置的控制网称为高程控制网。

1. 平面控制网的建立方法

建立平面控制网的常用方法有以下四种。

(1) 三角测量法：如图 6-1 所示，把地面上选定的控制点依次连接成三角形，观测各三角形的全部内角，根据起始边的平面边长和方位角(如图 D_{AB} 和 α_{AB})，即可按三角形的边角关系逐一推算各边的边长和方位角，进而根据已知点坐标(如图中 A 点的坐标 x_A，y_A)推算出各点坐标，这种测量方法称为三角测量法。

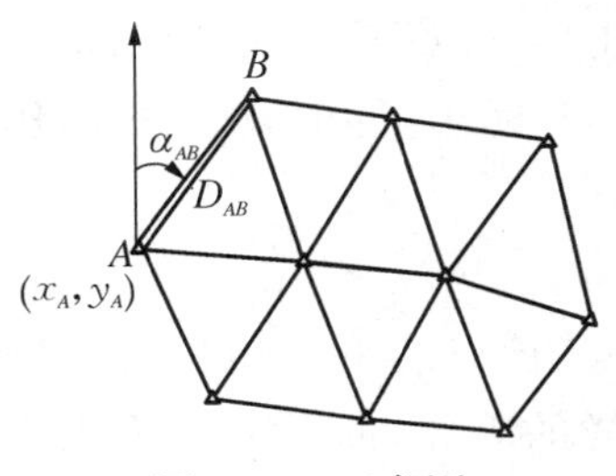

图 6-1 三角网

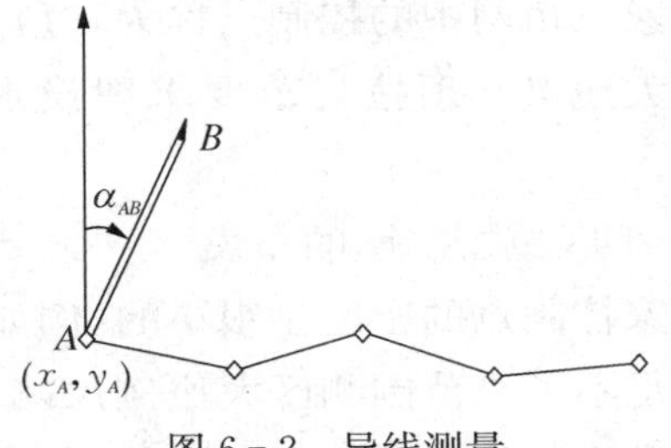

图 6-2 导线测量

(2) 导线测量法：如图 6-2 所示，选定的控制点依序连接成折线形式(称为导线)；测定导线各边的边长及转折角，根据起始方位角(如图中的 α_{AB})推算各边的方位角，继而根据起始点坐标(如图中 A 点坐标 x_A，y_A)推算各点的坐标，这种测量方法称为导线测量法。

(3) 三边测量法：在三角网中，如果不观测三角形内角，改为观测各三角形的全部边长，同样根据三角形的边角关系推算出各三角形的内角和各边的方位角，进而推算出各点坐标，这种测量方法称为三边测量法。

(4) 边角同测法：在三角网中，如果既测边又测角，那么这种测量方法就称为边角同测法。

三角测量法的优点是控制的范围大，在电磁波测距仪没有普及时，它是建网的主要方法；导线测量法的优点是单线推进，扩展迅速，随着电磁波测距仪的普及，它已经上升为建网的主要方法；边角同测法具有精度高的特点，一般应用于高精度的专用控制网。

2. 国家平面控制网的布设

国家平面控制网主要采用三角测量的方法建立(青藏高原等特殊困难地区采用导线测量法)，它是按照“分级布网、逐级控制”的原则布设，按精度从高级到低级将控制网依序划分为一等、二等、三等、四等四个等级。一等三角以锁的形式沿经纬线方向布设(如图 6-3(a)所示)，二等三角以网的形式布设在一等锁网内(如图 6-3(b)所示)，三等、四等三角以插网或插点形式布设在一等、二等锁网内，各等级三角网的主要技术指标见表 6-1。

表 6-1 国家三角网技术指标

等级	平均边长(km)	测角中误差(″)	三角形最大闭和差(″)	起始边相对中误差	最弱边相对中误差
一	20～25	±0.7	±2.5	1/350 000	1/150 000
二	13	±1.0	±3.5	1/250 000	1/150 000
三	8	±1.8	±7.0	1/150 000	1/80 000
四	2～6	±2.5	±9.0	1/100 000	1/40 000

国家三角网中的控制点称为三角点，国家等级的三角点或导线点统称“大地点”。选定的大地点必须按规范要求埋设永久性标石作为标志，同时建立觇标作为照准标志。

3. 小区域控制网的布设

国家控制点的密度是很小的，例如最低的四等三角点的平均边长为 4 km 左右，远远满足不了小范围测区大比例尺测图或施工放样的需要，而工程建设大多都是在小范围内进行的，所以下面从测图角度出发，简要叙述一下小范围测区控制网的建立方法。

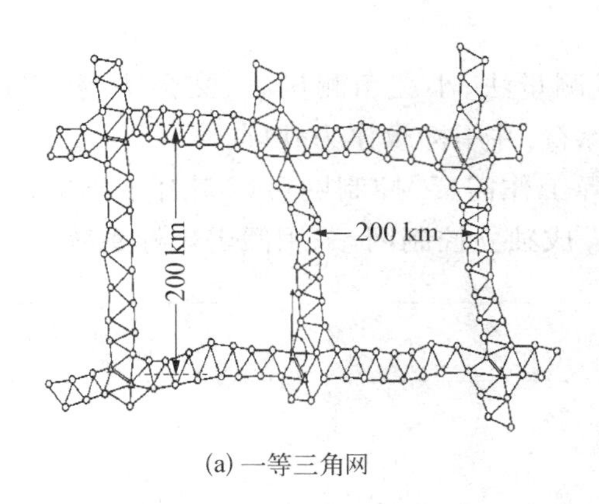

(a) 一等三角网

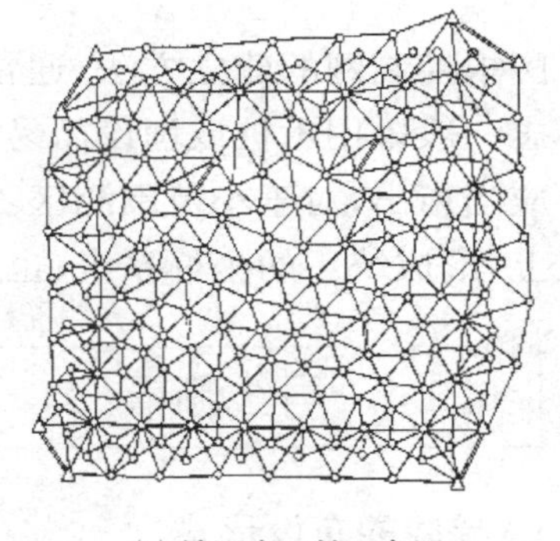
(b) 锁网内二等三角网

图 6－3　国家平面控制网

(1) 小区域平面控制网的布设

小范围测区的平面控制，亦应按照“分级布网，逐级控制”的原则来布网。分级的多少视测区大小及测图比例尺的大小而定，多数情况下，在国家控制网基础上分两级布设。

1) 首级控制网

首级控制网通常采用五等三角或五等导线的方法布设。五等三角锁网的主要技术指标见表 6－2。

表 6－2　五等三角锁、网主要技术指标

级别	测角中误差(″)	三角形最大闭合差(″)	最小求距角	平均边长(km)		起始边相对中误差	最弱边相对中误差
				建筑区或枢纽区	一般地区		
一级	±5	±15	30°	1	2	1/40 000	1/20 000
二级	±10	±30	30°	0.5	1	1/20 000	1/10 000

2) 图根控制网

图根控制网是直接为测图服务的一级控制网，它是在首级控制网基础上对控制点的进一步加密。图根网中的控制点称为图根点。它的密度应满足测图的需要。图根点的密度要求与测图比例尺有关，见表 6－3。

表 6－3　图根点密度表

测图比例尺	每平方千米的控制点数	每幅图的控制点数	相邻控制点最大边长(m)
1∶5 000	4	20	540
1∶2 000	15	15	280
1∶1 000	40	10	170
1∶500	120	8	100

图根控制网的建立方法，通常有导线测量法、小三角测量法、交会法等。图根点的标志一般采用木桩或埋设简易混凝土标石，并用标旗作为觇标。

应当指出，对于小范围测区，根据实际工作需要，控制网可以附合于国家高级控制点上，形成统一的坐标系统；也可以布设成独立控制网，采用假定坐标系统。

6.2.2 导线测量

1. 导线的布设形式

导线的布设形式通常有以下三种。

(1) 闭合导线：从某一已知点出发，顺序连结各个未知点，最后又闭合到该已知点的的导线，称为闭合导线，如图 6－4(a)所示。

(2) 附合导线：从某一已知点出发，顺序连接各个未知点，最后又附合到另一已知点的导线，称为附合导线，如图 6－4(b)所示。

(3) 支导线：从某一已知点出发，顺序连接各个未知点，既不闭合又不附合的导线，称为支导线，如图 6－4(c)所示。

以上三种导线形式中，闭合导线、附合导线均具有严格的几何条件供检核，所以，实际工作中得到了广泛应用；支导线没有检核条件，一般不宜采用，特殊情况下需要采用时，最多只能支出两点。

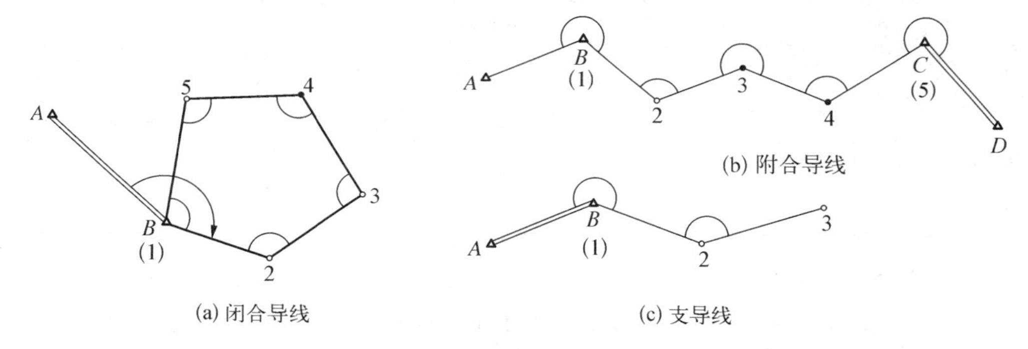

图 6－4　导线的布设形式

2. 导线测量的外业工作

(1) 选点

在实地上选择、落实和标定控制点点位的工作叫选点。

选点前的应根据测区的形状、大小，已有的已知控制点情况以及测图比例尺对图根点的密度要求，在已有的地形用上初步拟订控制点的位置和导线的布设形式，然后到实地上落实并标定点位。对于面积较小的测区，亦可直接到实地选择并标定点位。点位的选择应符合下述要求：

1) 点位应选在视野开阔、土质坚实，便于安置仪器和测绘地形的地方。

2）相邻点间必须通视，以便于测角和测距。如果采用钢尺量距的方法测定边长，则要求相邻两点间的地势比较平缓且没有障碍。

3）相邻两导线边长应大致相等，以防测角时因望远镜调焦幅度过大引起测角误差。

4）导线总长应不超过 0.8M m（M 为测图比例尺分母）；边长最短不应短于50 m，最长不应超过表 6－3 中的规定。

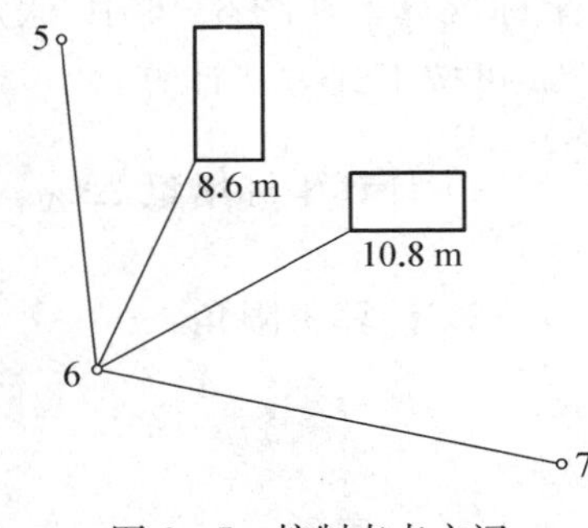

图 6－5　控制点点之记

点位选好后，打下大木桩（桩顶钉小钉）或埋没混凝土柱石（顶面刻划“十”标记）以示点位，并按前进顺序编写点名或点号（闭合导线应按逆时针方向编号）。最后竖立观测标志。

为了便于日后寻找，应量出导线点与附近固定而明显地物点的距离，绘一草图（示意图），如图 6－5 所示，这种图称为“点之记”。

（2）测角

在导线的各转折点上观测水平角，一般观测左角。对于闭合导线，由于前进顺序为逆时针方向，故左角亦即多边形的内角。

水平角观测一般采用 J_6经纬仪，以测回法观测两测回，测回间变动度盘位置 90°，两半测回角值差应不超过±36″，两测回角值差应不超过±24″。

当导线边与高级控制边连接时，应在连接点上观测连接角，如图 6－4（a）中的∠$AB2$，（b）中的∠$AB2$ 及∠$4CD$，（c）中的∠$AB2$。不与高级控制边连接的独立闭合导线，应用罗盘仪测定起始边的磁方位角作为起始坐标方位角。

（3）测边

测定各个导线边的边长（两导线点间的水平距离）。

不论用何种方法测距，要求测距精度≤1/2 000。用视距方法测距，远远达不到精度要求，故图根控制中不能采用视距导线。

3．坐标正反算

（1）坐标正算

根据两点间的水平距离和方位角计算待定点平面直角坐标的方法称为坐标正算。

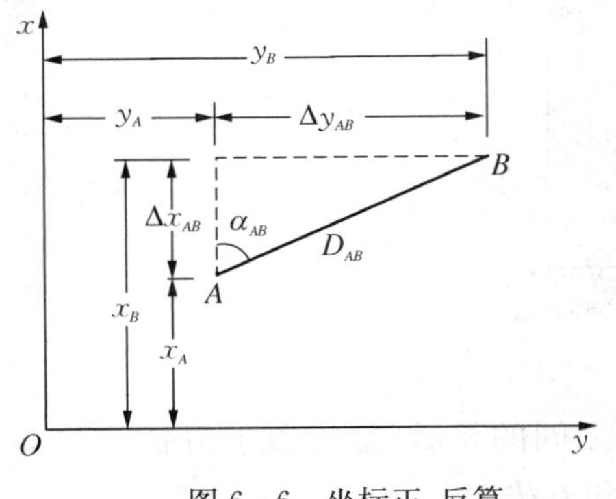

图 6－6　坐标正、反算

如图 6－6 所示，设 A 点的坐标已知，测得 AB 两点间的水平距离为 D_{AB}，方位角为 α_{AB}，则 B 点的坐标可用下述公式计算

$$\left.\begin{aligned}\Delta x_{AB} &= D_{AB}\cdot\cos\alpha_{AB}\\ \Delta y_{AB} &= D_{AB}\cdot\sin\alpha_{AB}\end{aligned}\right\}\qquad(6-1)$$

$$\left.\begin{aligned}x_B &= x_A+\Delta x_{AB}\\ y_B &= y_A+\Delta y_{AB}\end{aligned}\right\}\qquad(6-2)$$

式中：Δx_{AB}，Δy_{AB}分别为A点到B点的纵、横坐标增量。Δx_{AB}，Δy_{AB}的符号分别由α_{AB}的余弦、正弦函数确定。

（2）坐标反算

根据两点的平面直角坐标，反过来计算它们之间水平距离和方位角的方法，称为坐标反算。在图 6－6 中，假定A，B两点的坐标x_A，y_A和x_B，y_B已知，则方位角α_{AB}可按下述方法计算：

1）计算坐标增量Δx_{AB}，Δy_{AB}：

$$\left.\begin{aligned}\Delta x_{AB} &= x_B - x_A \\ \Delta y_{AB} &= y_B - y_A\end{aligned}\right\} \tag{6-3}$$

2）计算象限角：

$$R_{AB} = \arctan\frac{|\Delta y_{AB}|}{|\Delta x_{AB}|} \tag{6-4}$$

3）根据Δx_{AB}，Δy_{AB}的符号，按表 6－4 中所列，确定R_{AB}所在的象限，并以相应公式计算方位角α_{AB}。

表 6－4　方位角计算公式

Δx_{AB}	Δy_{AB}	R_{AB}所在象限	α_{AB}计算公式
+	+	Ⅰ	$\alpha_{AB} = R_{AB}$
－	+	Ⅱ	$\alpha_{AB} = 180° - R_{AB}$
－	－	Ⅲ	$\alpha_{AB} = 180° + R_{AB}$
+	－	Ⅳ	$\alpha_{AB} = 360° - R_{AB}$

应当注意，有几种特殊情况，可根据Δx_{AB}，Δy_{AB}的符号直接写出AB边的方位角值，即：

当Δx_{AB}为零，Δy_{AB}为正时，$\alpha_{AB} = 90°$；Δy_{AB}为负时，$\alpha_{AB} = 270°$。

当Δy_{AB}为零，Δx_{AB}为正时，$\alpha_{AB} = 0°$；Δx_{AB}为负时，$\alpha_{AB} = 180°$。

AB两点间的水平距离D_{AB}可按下列任一公式计算

$$\left.\begin{aligned}D_{AB} &= \frac{\Delta x_{AB}}{\cos\alpha_{AB}} \\ D_{AB} &= \frac{\Delta y_{AB}}{\sin\alpha_{AB}} \\ D_{AB} &= \sqrt{\Delta x_{AB}^2 + \Delta y_{AB}^2}\end{aligned}\right\} \tag{6-5}$$

4．导线测量的内业计算

内业计算的目的就是通过计算消除各观测值之间的矛盾，最终以求得各点的坐标。下面讲解手工计算（借助计算器）的作业步骤和方法。

（1）计算前的准备工作

1）检查外业观测手簿（包括水平角观测、边长观测、磁方位角观测等），确认观测、记录及计算成果正确无误。

2）绘制导线略图，如图 6－7 所示。略图是一种示意图，绘图比例、用线粗细没有严格要求，但应注意美观、大方，大小适宜，与实际图形保持相似，且与实地方位大体一致。所有的已知数据（已知方位角，已知点坐标）和观测数据（水平角值，边长）应正确抄录于图中，注意字迹工整，位置正确。

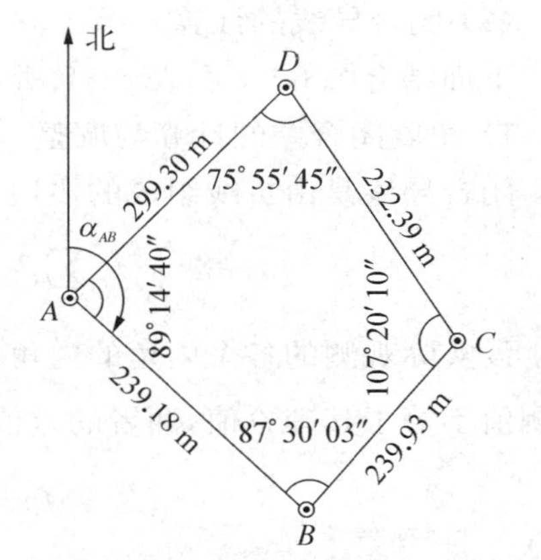

图 6－7 闭合导线计算略图

3）绘制计算表格，如表 6－5 所示。在对应的列表中抄录已知数据和观测数据，应注意抄录无误。在点名或点号一列应按推算坐标的顺序填写点名和点号。

表 6－5 闭合导线坐标计算表

点号	观测角 ° ′ ″	改正后观测角 ° ″	方位角 α° ″	边长 D(m)	纵坐标增量 Δx′(m)	横坐标增量 Δy′(m)	改正后 Δx(m)	改正后 Δy(m)	纵坐标 x(m)	横坐标 y(m)
1	2	3	4	5	6	7	8	9	10	11
A									1 540.00	1 500.00
			133 46 40	239.18	+0.03 −165.48	0 +172.69	−165.45	+172.69		
B	−9 87 30 03	87 29 54							1 374.55	1 672.69
			41 16 34	239.93	+0.03 +180.32	0 +158.28	+180.35	+158.28		
C	−10 107 20 10	107 20 20							1 554.90	1 830.97
			328 36 34	232.39	+0.03 198.38	0 −121.04	+198.41	−121.04		
D	−10 75 55 45	75 55 35							1 753.31	1 709.63
			224 32 09	299.30	+0.03 −213.34	−0.01 −209.92	−213.31	−209.93		
A	−9 89 14 40	89 14 31							1 540.00	1 500.00
			133 46 40							
B										
∑	360 00 38	360 00 00		1 010.80	−0.12	+0.01	0	0		

辅助计算：

$\sum\beta_{测}=360°00'38''$，$\sum\beta_{理}=(n-2)\times180°=(4-2)\times180°=360°$，$f_\beta=360°00'38''-360°=+38''$，

$f_{\beta允}=\pm60''\sqrt{n}=\pm120''$，$f_x=-0.12$，$f_y=+0.01$，$f_D=\sqrt{f_x^2+f_y^2}=0.12$，

$K=\dfrac{f_D}{\sum D}=\dfrac{0.12}{1\,010.80}\approx\dfrac{1}{8\,400}$，$K_{允}=\dfrac{1}{2\,000}$

（2）闭合导线的计算

下面结合图 6－7 和表 6－5 所示示例说明闭合导线的计算步骤与方法。

1）角度闭合差的计算与调整

闭合导线是由折线组成的多边形，由平面几何可知，n 边形内角和的理论值为：

$$\sum \beta_{理} = (n-2) \times 180^{\circ}$$

设实际观测的各个内角的内角和为 $\sum \beta_{测}$。由于观测误差的存在，致使内角和的观测值不等于其理论值，两者的差值称为角度闭合差，以 f_{β}表示，则：

$$f_{\beta} = \sum \beta_{测} - \sum \beta_{理}$$

于是得闭合导线角度闭合差的计算公式为：

$$f_{\beta} = \sum \beta_{测} - (n-2) \times 180^{\circ} \tag{6-6}$$

角度闭合差 f_{β}的大小在一定程度上标志着测角的精度。对于图根导线，角度闭合差的允许值为：

$$f_{\beta允} = \pm 60'' \sqrt{n} \tag{6-7}$$

如果角度闭合差超过允许值，应分析原因，进行外业局部或全部返工。当角度闭合差不大于允许值时，可将闭合差按“反号平均法则”分配到各个观测角中，即给每个观测角分配一个改正数：

$$v_{\beta} = -\frac{f_{\beta}}{n} \tag{6-8}$$

如果 f_{β}的数值不能被内角数 n 整除而有余数时，可将余数调整分配在短边的邻角上。本例所示的闭合导线，按上式算得角度改正数为 $v_{\beta} = -38''/4 = 9.5''$，可先按 $-9''$分配给各角，剩余共有 $-2''$的余数，可分别再给 C 角和 D 角各分配 $-1''$（因 CD 边长最短），亦即 C 角和 D 角的改正数各为 $-10''$。各角的改正数应写在表中各相应观测角值的正上方位置，如表 6－5 中第 2 拦所示。为避免改正数的计算或分配错误，应按下式作角度改正数的检校：

$$\sum v_{\beta} = -f_{\beta} \tag{6-9}$$

如改正数计算和分配无误，将各角观测值加上相应的改正数即得各角改正后的角值，如表 6－5 中第 3 栏所示。不难理解，改正后角值之和应该等于内角和的理论值，以此可检核改正后角值的计算是否正确。

2）导线边方位角的推算

从已知方位角的边开始，结合各角改正后的角值，依序推算各边的方位角，如表 6－5中第 4 栏所示。方位角的推算公式为：

$$\alpha_{前} = \alpha_{后} + 180^{\circ} + \beta_{左} \tag{6-10}$$

应当注意，算出的方位角值大于 360°时，应减去 360°。为检核方位角推算的正确性，方位角应推算至已知边，推算得的方位角值应等于其已知值，否则说明方位角推算有误，应重新推算。

3）计算各边的坐标增量：

各边方位角推出后，即可根据边长和方位角按坐标正算公式计算导线各边的坐标增量，即：

$$\Delta x_i = D_i. \times \cos\alpha_i \qquad \Delta y_i = D_i \times \sin\alpha_i \tag{6-11}$$

式中：i 表示第 i 条导线边（$i=1, 2, \cdots, n$）。计算结果应填写在表 6-5 中第 6、第 7 栏相应位置中。计算结果的取位应当和已知点坐标的取位一致。

4）坐标增量闭合差的计算与调整

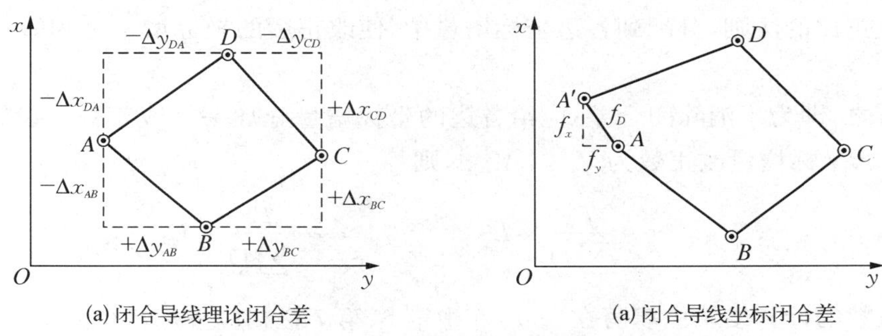

图 6-8　闭合导线坐标闭合差

从图 6-8(a)可以看出，闭合导线各边纵、横坐标增量的代数和在理论上应等于零，即 $\sum \Delta x_{理} = 0$，$\sum \Delta y_{理} = 0$。

由于角度和边长测量均存在误差，尽管角度进行了闭合差的调整，但调整后的角值也不一定是该角的真实值，所以由边长、方位角计算出来的纵、横坐标增量，其代数和 $\sum \Delta x_{测}$，$\sum \Delta y_{测}$ 一般都不等于其理论值，那么它们和理论值（即零）的差值称为纵、横坐标增量闭合差，分别以 f_x，f_y表示，则

$$f_x = \sum \Delta x_{测} \qquad f_y = \sum \Delta y_{测} \tag{6-12}$$

由于 f_x，f_y 的存在，使闭合导线由 A 点出发，最后不是闭合到 A 点，而是落在 A'点，产生了一段差距 $A'A$，如图 6-8(b)所示，这段差距称为导线全长闭合差，用 f_D 表示，从图中可以看出：

$$f_D = \sqrt{f_x^2 + f_y^2} \tag{6-13}$$

导线全长闭合差 f_D主要是由测边误差引起的。一般来说，导线愈长，全长闭合差愈大，因而单纯用导线全长闭合差 f_D还不能正确反映导线测量的精度，通常采用 f_D与导线全长 $\sum D$ 的比值并化成分子为 1 的形式来衡量导线测量的精度，这种表示

形式称为导线全长相对闭合差，以 K 来表示，则

$$K=\frac{f_D}{\sum D}=\frac{1}{\frac{\sum D}{f_D}} \tag{6-14}$$

图根导线测量中，一般情况下，K 值不应超过 1/2 000，困难地区也不应超过 1/1 000。若 K 值不满足限差要求，首先检查内业计算有无错误，其次检查外业成果，若均不能发现错误，则应到现场重测可疑成果或全部重测；若 K 值满足限差要求，即可进行坐标增量闭合差的调整。

由于坐标增量闭合差主要是由边长误差的影响而产生的，而边长误差的大小与边长的长短有关，因此，坐标增量闭合差的调整方法是将增量闭合差 f_x 和 f_y 反号，按与边长成正比的法则，分配到各边坐标增量中，使改正后的坐标增量之和等于其理论值(零)。

换言之，即为了消除闭合差，应给各边的坐标增量施加一个改正数。设第 i 边的边长为 D_i，坐标增量改正数为 $V_{\Delta xi}$，$V_{\Delta yi}$，则

$$V_{\Delta xi}=-\frac{f_x}{\sum D}\times D_i \qquad V_{\Delta yi}=-\frac{f_y}{\sum D}\times D_i \tag{6-15}$$

改正数的计算结果应填写在表 6-5 中第 6、第 7 栏相应坐标增量的上方位置，改正数计算结果的取位应当与坐标增量的取位一致。坐标增量改正数计算的正误，可用下式来进行校核：

$$\sum V_{\Delta x}=-f_x \qquad \sum V_{\Delta y}=-f_y \tag{6-16}$$

由于收舍误差的影响，有时会使改正数之和与增量闭合差相反数有一微小的差值，即上式不能绝对得到满足，此时可将这一微小差值分配到较长的导线边上。本例所示的闭合导线，$f_x=-0.12$，但 $\sum V_{\Delta x}=0.03+0.03+0.03+0.04=+0.13\neq -f_x=+0.12$，而是多了 0.01，这是由于收舍误差造成的，因此可将 DA 边(长边)的纵坐标增量改正数减去 0.01，即使 DA 边的纵坐标增量改正数为 +0.03。

坐标增量改正数经检核无误后，即可计算各边改正后的坐标增量，填写在表 6-5 中第 8、第 9 栏相应位置中。不难理解，改正后的坐标增量之和应等于其理论值(即等于零)，以此可检核改正后坐标增量计算的正确性。

5) 导线点的坐标计算

坐标增量调整后，即可根据起点(本例 A 点)的坐标和改正后的坐标增量，依序推算各导线点的坐标，填于表 6-5 中第 10、第 11 栏中相应的位置。推至最后一个点的坐标后，还要再推算出起点的坐标，看是否与其已知坐标相等，以此来检核坐标推算的正确性。

(3) 附合导线的计算

附合导线的计算与闭合导线的计算基本上相同,但由于两者的形式不同,在某些方面的计算上存在差别,现仅将其不同之处说明如下:

1) 角度闭合差的计算

在图 6-9 所示的附合导线中,A, B, C, D 为已知点,α_{AB} 和 α_{CD} 分别为起边和终边的已知方位角。根据方位角推算公式,有:

$$\alpha_{12} = \alpha_{AB} + 180^\circ + \beta_1$$

$$\alpha_{23} = \alpha_{12} + 180^\circ + \beta_2 = \alpha_{AB} + 2 \times 180^\circ + (\beta_1 + \beta_2)$$

$$\cdots$$

$$\alpha'_{CD} = \alpha_{(n-1)n} + 180^\circ + \beta_n = \alpha_{AB} + n \times 180^\circ + (\beta_1 + \beta_2 + \cdots + \beta_n)$$

即

$$\alpha'_{CD} = \alpha_{AB} + \sum \beta_{测} + n \times 180^\circ \tag{6-17}$$

式中:n——观测角的个数;

$\sum \beta_{测}$——观测角的总和;

α'_{CD}——推得的 CD 边(终边)的方位角。应当注意,当推算出的 α'_{CD} 超过 360°时,应减去一个或若干个 360°。

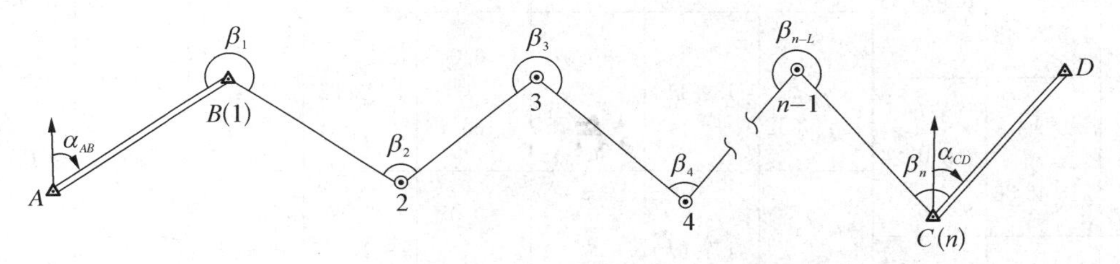

图 6-9 附合导线的计算

由于测量误差的存在,使得推得的 CD 边的方位角 α'_{CD} 不等于其已知方位角 α_{CD}。两者的差值(方位角闭合差)即角度闭合差 f_β,即:

$$f_\beta = \alpha'_{CD} - \alpha_{CD} \tag{6-18}$$

附合导线角度闭合差允许值的计算以及角度闭合差的调整方法与闭合导线相同。但须注意,改正后角值的检核应按下式进行:

$$\sum \beta_{改} = \sum \beta_{测} - f_\beta \tag{6-19}$$

式中:$\sum \beta_{改}$ 为各角改正后的角值之和。

2) 坐标增量闭合差的计算

由于附合导线是从一个已知点出发,附合到另一个已知点,因此,各边纵、横坐增量的代数和理论上不是零,而应等于起、终两已知点间的坐标增量(即两已知点坐标

之差）。如不相等，其差值即为附合导线的坐标增量闭合差，计算公式为：

$$f_x = \sum \Delta x_{测} - (x_{终} - x_{起})$$

$$f_x = \sum \Delta y_{测} - (y_{终} - y_{起}) \tag{6-20}$$

式中：$x_{起}$，$y_{起}$——导线起点的纵、横坐标；

$x_{终}$，$y_{终}$——导线终点的纵、横坐标。

表 6－6　附合导线坐标计算表

点号	观测角 ° ′ ″	改正后观测角 ° ′ ″	方位角 ° ′ ″	边长 (m)	纵坐标增量 $\Delta x'$(m)	横坐标增量 $\Delta y'$(m)	改正后 Δx(m)	改正后 Δy(m)	纵坐标 x(m)	横坐标 y(m)
1	2	3	4	5	6	7	8	9	10	11
B										
			149 40 00							
A	−10 168 03 24	168 03 14							3 806.00	3 785.00
			137 43 14	236.02	−0.09 −174.62	−0.05 +158.78	−174.71	+158.73		
2	−10 145 20 48	145 20 38							3 631.29	3 943.73
			103 03 52	189.11	−0.07 −42.75	−0.04 +186.12	−42.82	+184.08		
3	−10 216 46 36	216 46 26							3 588.47	4 127.81
			139 50 18	147.62	−0.05 −112.82	−0.02 +95.21	−112.87	+95.19		
C	−11 49 02 48	49 02 37							3 475.60	4 223.00
			8 52 55							
D										
$\sum$	579 13 36	579 12 55		572.75	−330.19	+438.11	−330.40	+438.00		
辅助计算	$\alpha'_{CD} = \alpha_{AB} + n \times 180° + \sum \beta_{测} = 8°53'36''$，$f_\beta = \alpha'_{CD} - \alpha_{CD} = +41''$，$f_{\beta允} = \pm 60''\sqrt{n} = \pm 120''$，$f_x = +0.21$，$f_y = +0.11$，$f_D = \sqrt{f_x^2 + f_y^2} = 0.24$，$K = \frac{f_D}{\sum D} \approx \frac{1}{2\,300}$									

附合导线全长闭合差的计算以及坐标增量闭合差的调整方法与闭合导线相同。但须注意,改正后坐标增量的检核应按下式进行:

$$\begin{aligned}\sum \Delta x_{改} &= x_{终} - x_{始} \\ \sum \Delta y_{改} &= y_{终} - y_{始}\end{aligned} \tag{6-21}$$

式中:$\sum \Delta x_{改}$ ——为各边改正后的纵坐标增量之和;

$\sum \Delta y_{改}$ ——为各边改正后的横坐标增量之和。

附合导线的算例见图 6-9 及表 6-6。

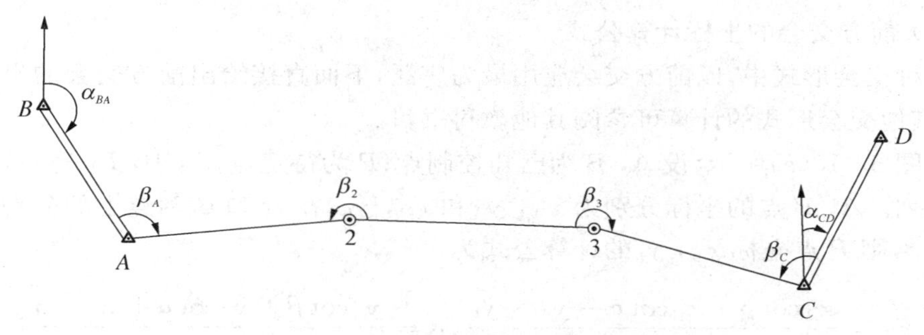

图 6-9 附合导线算例

(4) 支导线的计算

支导线没有检核条件,不存在角度闭合差和坐标增量闭合差的调整问题,所以,它的计算十分简单,只需推出各边的方位角,计算出各边的坐标增量,即可求得各点的坐标。但由于缺乏检核条件,难于发现计算中的错误,所以,应审慎计算,最好采用二人对算的方法进行。

4. 交会法测量

交会法测量是加密图根点的常用方法,尤其适合于测区内已知点较多而需要加密图根点较少的局部地区。根据观测元素的不同,交会法测量可分为测角交会和测边交会两种,这里仅介绍测角交会。

(1) 交会法有三种布设形式:

1) 前方交会:如图 6-10(a)所示,在两个已知点 A 和 B 上,分别对待定点 P 观测水平角 α 和 β,从而求得待定点 P 坐标的方法称为前方交会法。

2) 侧方交会:如图 6-10(b)所示,在由两个已知点 A, B 和待定点 P 所组成的三角形中,分别在一个已知点和待定点上观测水平角 α 和 γ,从而求得待定点 P 坐标的方法称为侧方交会法。

3) 后方交会:如图 6-10(c)所示,在待定点 P 上对 3 个已知控制点 A, B, C 观测水平角,从而求得待定点 P 坐标的方法称为后方交会法。

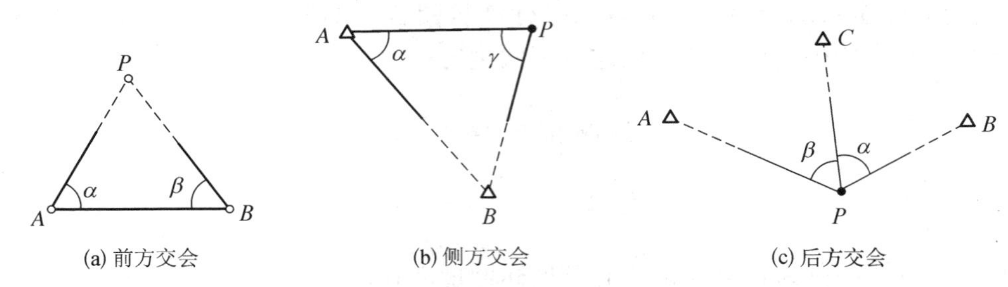

(a) 前方交会　　(b) 侧方交会　　(c) 后方交会

图 6－10　交会法布设形式

为了提高交会定点的解算精度，待定点上的交会角应不小于 30°和不大于 150°。水平角采用 DJ_2经纬仪观测两测回。

(2) 前方交会的坐标计算公式

三种交会形式中，以前方交会应用最为广泛，下面直接给出前方交会的坐标计算公式，其他交会形式的计算可参阅其他教科书目。

如图 6－10(a)所示，设 A，B 为已知控制点；P 为待定点；A，B，P 三点按逆时针顺序排列。A，B 点的坐标分别为 x_A，y_A和 x_B，y_B，在 A 和 B 两点上的分别观测了角 α 和 β，则 P 点坐标 x_p，y_p的计算公式为：

$$x_P=\frac{x_A\cot\beta+x_B\cot\alpha-y_A+y_B}{\cot\alpha+\cot\beta}y_P=\frac{y_A\cot\beta+y_B\cot\alpha+x_A-x_B}{\cot\alpha+\cot\beta} \tag{6-22}$$

式(6－22)即著名的戎格公式，又称为余切公式。

为了检核和提高点位精度，待定点 P 应由两个不同的三角形分别进行交会，分别由余切公式计算 P 点坐标，当两组坐标计算的点位较差符合要求时，取两组坐标的平均值作为最后结果。点位较差 f 的计算公式为：

$$f=\sqrt{(x'_P-x''_P)^2+(y'_P-y''_P)^2} \tag{6-23}$$

式中：x'_p，y'_p 和 x''_p，y''_p 分别表示第 1 个和第 2 个图形推算的 P 点坐标；

f 的允许值为 0.000 2M m 或 0.000 3M m(M 为测图比例尺分母)

前方交会的计算示例见表 6－7。

表 6－7　前方交会点计算

原理图	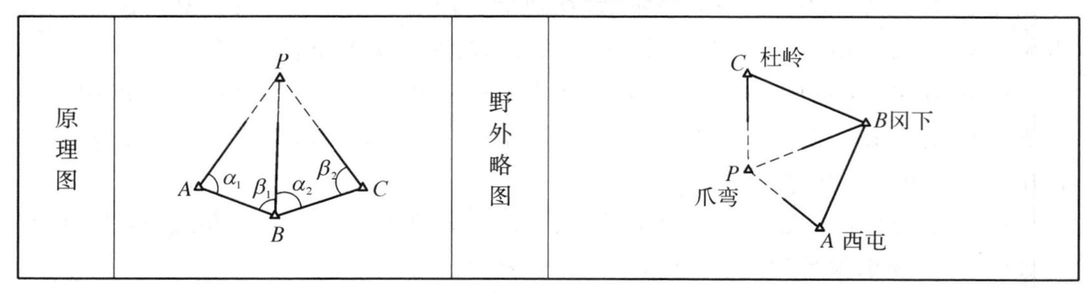	野外略图	

(续表)

点名		观测角值		坐标(m)			
A	西屯	α_1	59°20′59″	x_A	5 522.01	y_A	1 523.29
B	冈下	β_1	54°09′52″	x_B	5 189.35	y_B	1 116.90
P	爪弯			x'_P	5 059.93	y'_P	1 595.34
B	冈下	α_2	61°54′29″	x_B	5 189.35	y_B	1 116.90
C	杜岭	β_2	55°44′54″	x_C	4 671.79	y_C	1 236.06
P	爪弯			x''_P	5 060.02	y''_P	1 595.35
检核：$f_{计}=0.09$(m)　$f_{允}=0.6$(m)				中数：$x_P=5\,059.98$　$y_P=1\,595.34$			

技能训练 2　闭合导线外业测量

1. 实习目的

(1) 掌握闭合导线的布设方法。

(2) 掌握闭合导线的外业观测方法。

2. 仪器设备

每组 J_2 光学经纬仪 1 台、测钎 2 个、钢尺 1 把、记录板 1 个。

3. 实习任务

每组完成一闭合导线的水平角观测、导线边长丈量的任务。

4. 实习要点及流程

(1) 要点

1) 闭合导线的折角，观测闭合图形的内角。

2) 瞄准目标时，应尽量瞄准测钎的底部。

3) 量边要量水平距离。

(2) 流程

测 A 角—测 B 角—测 C 角—测 D 角；量边 AB—量边 BC—量边 CD—量边 DA

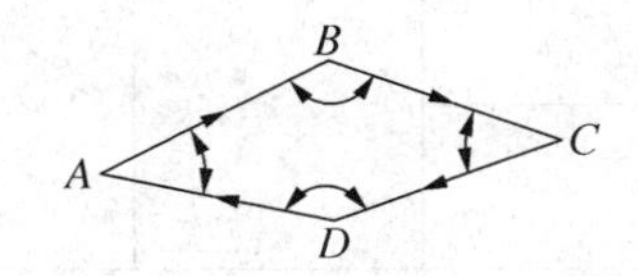

5. 实习记录

日期：______年____月____日　天气：____　仪器型号：________　组号：______

观测者：__________　记录者：__________　参加者：____________

测点	盘位	目标	水平度盘读数 ° ′ ″	水平角 半测回值 ° ′ ″	水平角 一测回值 ° ′ ″	示意图及边长
						边长名：________ 第一次＝________m。 第二次＝________m。 平　均＝________m。
						边长名：________ 第一次＝________m。 第二次＝________m。 平　均＝________m。
						边长名：________ 第一次＝________m。 第二次＝________m。 平　均＝________m。
校核	内角和闭合差 $f=$					

评 价 单

系：　　　　　　　　　班级：　　　　　　　　　　　　　　　　　年　月　日

任务责任人				总评分	
任务名称	闭合导线外业测量				
评价内容		分值	自评(20%)	组评(30%)	教师评价(50%)
决　策	测量工具选用正确	10			
计　划	实施步骤合理	10			
实　施	图纸识读正确	10			
	仪器操作正确	20			
	数据计算正确	10			
	成果测绘正确	20			
	过程记录正确	10			
检　查	检查单填写正确	10			
合　计		100			
小组长					
组　员					

任务 6.3　测设平面点位的方法

测设点的平面位置，应根据控制网的形式、实地情况、建筑物的特点、放样精度以及所采用的仪器设备等，选择最适宜的方法进行。常用的测设方法有以下几种。

6.3.1　直角坐标法

在建筑施工测量中，当施工场地已布设了建筑基线或建筑方格网时，常常采用直角坐标法测设点的平面位置。

图 6－11 所示为某建筑场地布设的建筑方格网，欲放样建筑上的某点 P。P 点在

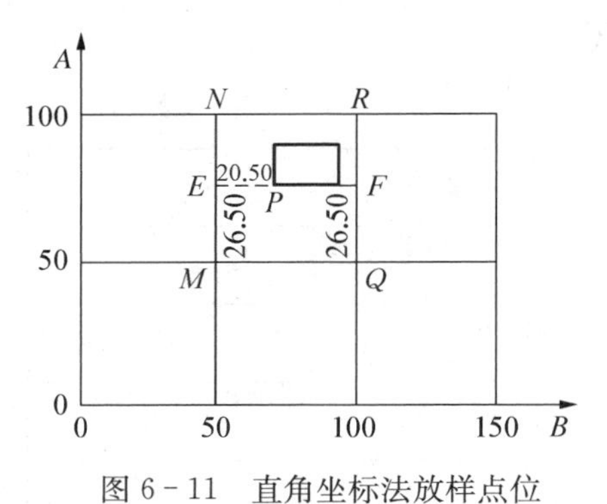

图 6 - 11 直角坐标法放样点位

施工坐标系中的坐标为（AP = 76.50，BP = 70.50）。放样时先根据 P 点的坐标确定其所在的方格（图中为方格 $MNRQ$），算出 P 点与此格中最靠近的那个方格顶点（图中为 M 点）的坐标差 ΔA 和 ΔB，再用钢尺沿 MN 和 QR 各量取一段平距 $ME = QF = \Delta A$，定出 E 点和 F 点，然后在 EF 线上量取平距 $EP = \Delta B$，即定出 P 点。采用此法放样时，所用钢尺长度应大于或等于方格网边长，以便兼作定线之用。

6.3.2 极坐标法

极坐标法是在控制点上测设一个角度和一段距离来确定点的平面位置。此法适用于测设点离控制点较近且便于量距的情况。若用全站仪测设则不受这些条件限制。如图 6 - 12 所示，A，B 为控制点，其坐标（x_A，y_A）和（x_B，y_B）为已知；P 为设计的点位，其坐标（x_P，y_P）可在设计图上查得。现欲将 P 点测设于实地，先按下列公式计算出放样数据（水平角 β 和水平距离 D_{AP}）：

$$\left.\begin{aligned}\alpha_{AB} &= \arctan\frac{y_B - y_A}{x_B - x_A}\\ \alpha_{AP} &= \arctan\frac{y_P - y_A}{x_P - x_A}\\ \beta &= \alpha_{AP} - \alpha_{AB}\end{aligned}\right\}\quad(6-24)$$

$$D_{AP} = \sqrt{(x_P - x_A)^2 + (y_P - y_A)^2}\quad(6-25)$$

图 6 - 12 极坐标法

应当注意，计算 β 时，若 $\alpha_{AP} < \alpha_{AB}$，应将 α_{AP} 加上 360°再去减 α_{AB}。测设时，在 A 点安置经纬仪，照准 B 点，按照上节中水平角的测设方法测设出 β 角以定出 AP 方向，沿此方向上用钢尺测设距离 D_{AP}，即定出 P 点。

6.3.3 角度交会法

角度交会法是在两个控制点上用两台经纬仪测设出两个已知数值的水平角，交会出点的平面位置。为提高放样精度，通常用三个控制点三台经纬仪进行交会。此法适用于待测设点离控制点较远或量距较困难的地区。在桥梁等工程中，常采用这种方法测设点位。

如图 6 - 13 所示，A，B，C 为已有的三个控制点，其坐标为已知，放样点 P 的坐标也已知。先根据控制点 A，B，C 的坐标和 P 点设计坐标，计算出测设数据 β_1，β_2，

β_4。测设时，在 A，B，C 点各安置一台经纬仪，分别测设 β_1，β_2，β_4 定出三个方向，其交点即为 P 点的位置。由于测设误差的存在，三个方向往往不交于一点，而形成一个误差三角形(称为示误三角形)，如图 6-14 所示，如果示误三角形最长边不超过 4 cm，则取三角形的重心作为 P 点的最终位置。

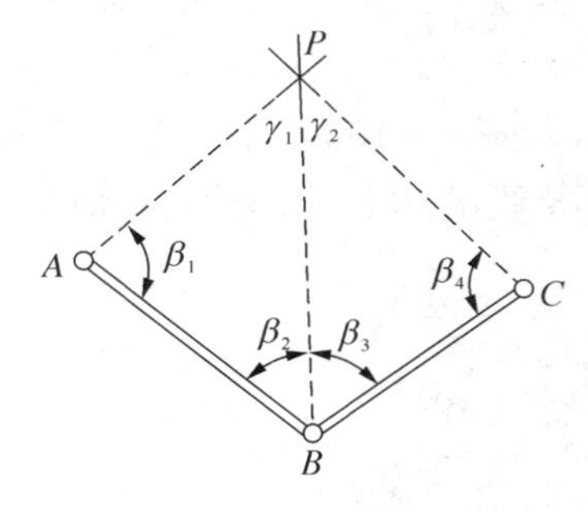

图 6-13　方向交会法放样点位

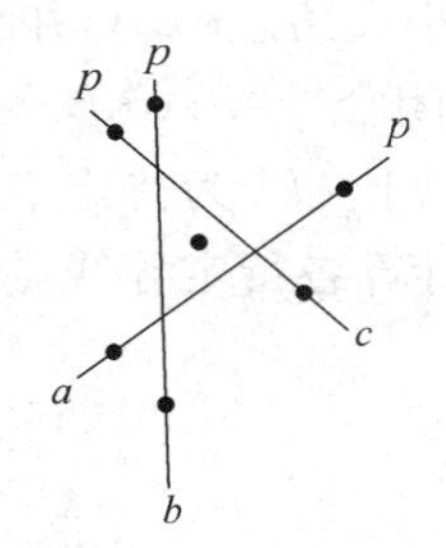

图 6-14　示误三角形

测设时，可先由三方向交会出 P 点的概略位置，并在此位置打一大木桩。然后由仪器指挥，用铅笔在桩顶面上沿三个方向各标出两点，将同方向的两点连接起来，即得到三个方向线，如图 6-14 中的 ap，bp 和 cp 所示，三方向不交于一点，即构成示误三角形。测设时，各方向应用盘左盘右测设取平均置。另外，交会角 γ_1，γ_2 应不小于 30°和不大于 120°。如果只有两个方向，应重复进行交会。

6.3.4　距离交会法

距离交会法是在两个控制点上各测设已知长度交会出点的平面位置。距离交会法适用于场地平坦，量距方便，且控制点离待测设点的距离不超过一整尺长的地带。

如图 6-15 所示，A，B 为控制点，P 为待测设点。先根据控制点 A，B 的坐标和待测设点 P 的坐标，按公式(6-25)计算出测设距离 D_{AP}，D_{BP}。测设时，以 A 点为圆心，以 D_{AP} 为半径，用钢尺在地面上画弧；以 B 点为圆心，以 D_{BP} 为半径，用钢尺在地面上画弧，两条弧线的交点即为 P 点。

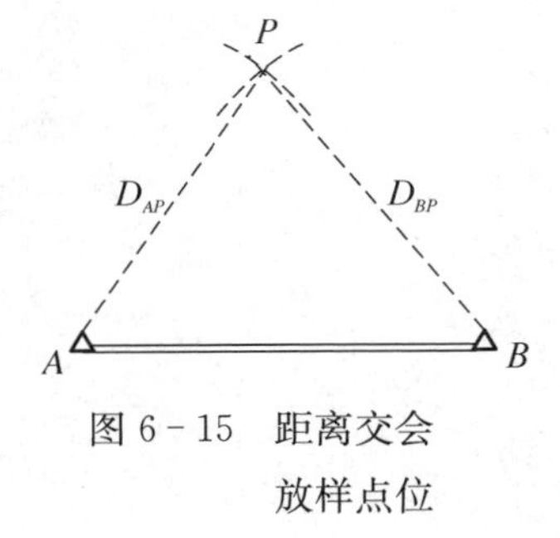

图 6-15　距离交会放样点位

思考与练习

1. 什么叫直线定线？直线定线的目的是什么？有哪些方法？如何进行？

2. 简述用钢尺在平坦地面量距的步骤。钢尺量距时有哪些主要误差？如何消除和减少这些误差？

3. 何谓小区域控制测量？何谓图根控制测量？小区域控制测量选定控制点时应注意哪些问题？

4. 直线定向的目的是什么？它与直线定线有何区别？

5. 标准方向有哪几种？它们之间有什么关系？

6. 设直线 AB 的坐标方位角 $\alpha_{AB} = 223°10'$，直线 BC 的坐标象限角为南偏东 $50°25'$，试求小夹角 $\angle CBA$，并绘图示意。

7. 设有闭合导线 $A-B-J1-J2-J3-J4$，如图 6-16 所示。其中，A 和 B 为坐标已知的点，$J1$～$J4$ 为待定点。已知点坐标和导线的边长、角度观测值如图 6-16 中所示。试计算各待定导线点的坐标。

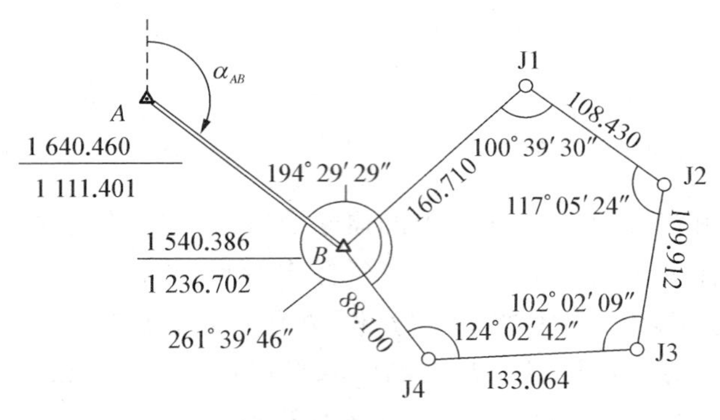

图 6-16　闭合导线计算练习题

模块七 全站仪

任务7.1 全站仪概述

7.1.1 概述

全站仪是集测角、测距、自动记录于一体的仪器。它由光电测距仪、电子经纬仪、数据自动记录装置三大部分组成(图 7-1)。数据自动记录系统也称电子手簿,是为测量专门设计的野外小型数据存贮设备。目前的数据自动记录系统有输入输出接口,能迅速进行野外观测数据采集,并能与计算机、打印机、绘图仪等外围设备相联结,进行数据的自动化传输、处理、成果打印及绘图,从而实现了测量过程的自动化。

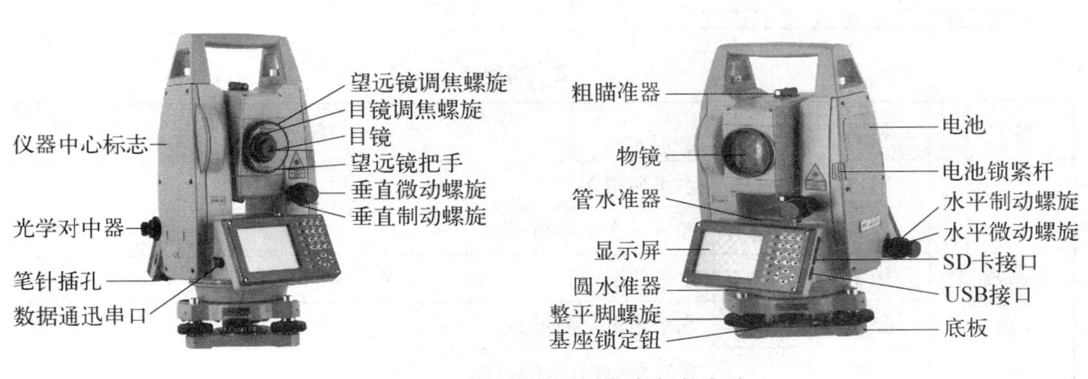

图 7-1 NTS-370 全站仪各部件名称

7.1.2 全站仪的基本结构

1. 操作键

操作板面(图 7-2)上各按键名称、显示符号及内容如表 7-1 所示。

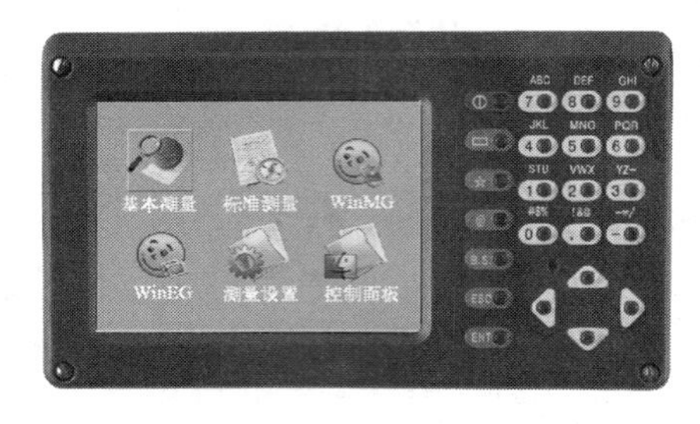

图 7-2　NTS-370 全站仪的操作板面

表 7-1　按键名称及功能

按　　键	名　　称	功　　能
⏀	电源键	控制电源的开/关
0～9	数字键	输入数字，用于欲置数值
A～/	字母键	输入字母
⊡	输入面板键	显示输入面板
★	星　键	用于仪器若干常用功能的操作
α	字母切换键	切换到字母输入模式
B. S	后退键	输入数字或字母时，光标向左删除一位
ESC	退出键	退回到前一个显示屏或前一个模式
ENT	回车键	数据输入结束并认可时按此键
◀▲▼▶	光标键	上下左右移动光标

2. 功能键

功能键的各要素列于表 7-2 中。

表 7-2　功能键

模　式	显示	软键	功　　能
测角	置零	1	水平角置零。
	置角	2	预置一个水平角。
	锁角	3	水平角锁定。
	复测	4	水平角重复测量。
	V%	5	垂直角/百分度的转换。
	左/右角	6	水平角左角/右角的转换。
测距	模式	1	设置单次精测/N 次精测/连续精测/跟踪测量模式。
	m/ft	2	距离单位米/国际英尺/美国英尺的转换。
	放样	3	放样测量模式。
	悬高	4	启动悬高测量功能。

（续表）

模　式	显示	软键	功　　能
测距	对边	5	启动对边测量功能。
	线高	6	启动线高测量功能。
坐标	模式	1	设置单次精测/N次精测/连续精测/跟踪测量模式。
	设站	2	预置仪器测站点坐标。
	后视	3	预置后视点坐标。
	设置	4	预置仪器高度和目标高度。
	导线	5	启动导线测量功能。
	偏心	6	启动偏心测量(角度偏心/距离偏心/圆柱偏心/屏幕偏心)功能。

7.1.3　全站仪应用的主要特点

全站仪的应用范围已不仅局限于测绘工程、建筑工程、交通与水利工程、地籍与房地产测量，而且在大型工业生产设备和构件的安装调试、船体设计施工、大桥水坝的变形观测、地质灾害监测及体育竞技等领域中都得到了广泛应用。

全站仪的应用具有以下特点。

(1) 在地形测量过程中，可以将控制测量和地形测量同时进行。

(2) 在施工放样测量中，可以将设计好的管线、道路、工程建筑物的位置测设到地面上，实现三维坐标快速施工放样。

(3) 在变形观测中，可以对建筑(构筑)物的变形、地质灾害等进行实时动态监测。

(4) 在控制测量中，导线测量、前方交会、后方交会等程序功能，操作简单、速度快、精度高；其他程序测量功能方便、实用且应用广泛。

(5) 在同一个测站点，可以完成全部测量的基本内容，包括角度测量、距离测量、高差测量，实现数据的存储和传输。

(6) 通过传输设备，可以将全站仪与计算机、绘图机相连，形成内外一体的测绘系统，从而大大提高地形图测绘的质量和效率。

任务 7.2　全站仪测量操作

7.2.1　测量前的准备

1. 仪器开箱和存放

(1) 开箱：轻轻地放下箱子，让其盖朝上，打开箱子的锁栓，开箱盖，取出仪器。

(2) 存放：盖好望远镜镜盖，使照准部的垂直制动手轮和基座的水准器朝上，将仪器平卧(望远镜物镜端朝下)放入箱中，轻轻旋紧垂直制动手轮，盖好箱盖，并关上锁栓。

2. 安置仪器

(1) 架设三角架。

(2) 安置仪器和对点。

(3) 利用圆水准器粗平仪器。

(4) 利用管水准器精平仪器。

(5) 精确对中与整平。此项操作重复至仪器精确对准测站点为止。

3. 电池电量信息

注意外业测量出发前先检查一下电池状况。观测模式改变时电池电量图表不一定会立刻显示电量的减小或增加。电池电量指示系统是用来显示电池电量的总体情况，它不能反映瞬间电池电量的变化。

4. 角度检查

全站仪的垂直角和水平角以及测距系统的常规检查；确保全站仪测量数据的可靠性。

7.2.2 角度测量

1. 测角参数设置

角度测量的主要误差是仪器的三轴误差(视准轴、水平轴、垂直轴)，对观测数据的改正可按设置由仪器自动完成。

(1) 视准轴改正：仪器的视准轴和水平轴误差采用正、倒镜观测可以消除，也可由仪器检验后通过内置程序计算改正数自动加入改正。

(2) 双轴倾斜补偿改正：仪器垂直轴倾斜误差对测量角度的影响可由仪器补偿器检测后通过内置程序计算改正数自动加入改正。

(3) 曲率与折射改正：地球曲率与大气折射改正，可设置改正系数，通过内置程序计算改正数自动加入改正。

2. 角度测量

角度测量是测定测站点至两个目标点之间的水平夹角，同时可以测定相应目标的天顶距。观测方法与电子经纬仪相同。

3. 水平角重复测量

该程序用于累计角度重复观测值，显示角度总和以及全部观测角的平均值，同时记录观测次数。

如图 7－3 其操作步骤为：

(1) 单击[复测]键，进入角度复测功能。

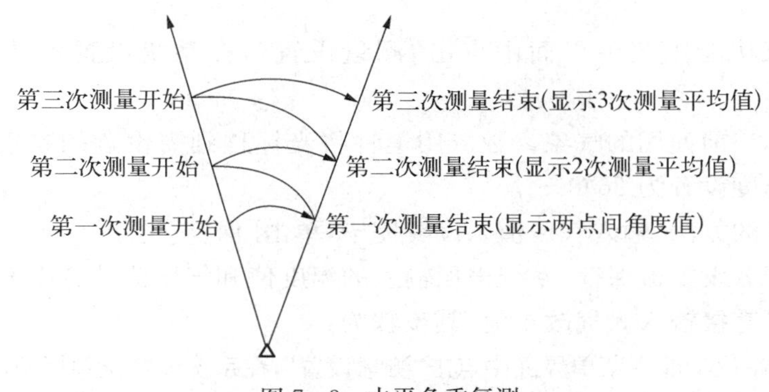

图 7-3　水平角重复测

(2) 瞄准第 1 个目标 A。

(3) 单击[置零]键,将水平角置零。

(4) 用水平制动和微动螺旋照准第 2 个目标点 B。

(5) 单击[锁定]键。

(6) 用水平制动和微动螺旋重新照准第 1 个目标 A。

(7) 单击[解锁]键。

(8) 用水平制动和微动螺旋重新照准第 2 个目标 B。

(9) 单击[锁定]键。屏幕显示角度总和与平均角度。

(10) 根据需要重复步骤 6～9,进行角度复测。

7.2.3　距离测量

距离测量必须选用与全站仪配套的合作目标,即反光棱镜。由于电子测距为一起中心到棱镜中心的倾斜距离,因此,仪器站和棱镜站均需要精确对中、整平。在距离测量前应进行气象改正、棱镜类型选择、棱镜常数改正、测距模式的设置和测距回光信号的检查,然后才能进行距离测量。仪器的各项改正是按设置仪器参数,经微处理器对原始观测数据计算并改正后,显示观测数据和计算数据的。只有合理设置仪器参数,才能得到高精度的观测成果。

1. 大气改正的计算

大气改正值是由大气温度、大气压力、海拔高度、空气湿度推算出来的。改正值与空气中的气压或温度有关。计算方式为:(计算单位:米) $\text{PPM} = 273.8 - \dfrac{0.290\,0 \times \text{气压值(hPa)}}{1 + 0.003\,66 \times \text{温度值(℃)}}$,若使用的气压单位是 mmHg 时,按:1 hPa=0.75 mmHg 进行换算。

南方 NTS-370 系列全站仪标准气象条件(即仪器气象改正值为 0 时的气象条件):气压,1 013 hPa;温度,20℃。因此,在不考虑大气改正时,可将 PPM 值设为零。

操作步骤：

在全站仪功能主菜单界面中点击“测量设置”，在系统设置菜单栏单击“气象参数”。

屏幕显示当前使用的气象参数。用笔针将光标移到需设置的参数栏，输入新的数据。例如温度设置为26℃。

按照同样的方法，输入气压值。设置完毕，单击[保存]键。

单击[OK]，设置被保存，系统根据输入的温度值和气压值计算出PPM值。

当然也可直接输入大气改正值，其步骤为：

(1) 在全站仪功能主菜单界面中点击“测量设置”，在系统设置菜单栏单击“气象参数”。

(2) 清除已有的PPM值，输入新值。③单击[保存]键。

注：在星(★)键模式下也可以设置大气改正值。

2. 大气折光和地球曲率改正

仪器在进行平距测量和高差测量时，可对大气折光和地球曲率的影响进行自动改正。

注：南方NTS-370全站仪的大气折光系数出厂时已设置为$K=0.14$。K值有0.14和0.2可选，也可选择关闭。

3. 设置目标类型

南方NTS-370全站仪可设置为红色激光测距和不可见光红外测距，可选用的反射体有棱镜、无棱镜及反射片。用户可根据作业需要自行设置。使用时所用的棱镜需与棱镜常数匹配。当用棱镜作为反射体时，需在测量前设置好棱镜常数。一旦设置了棱镜常数，关机后该常数将被保存。

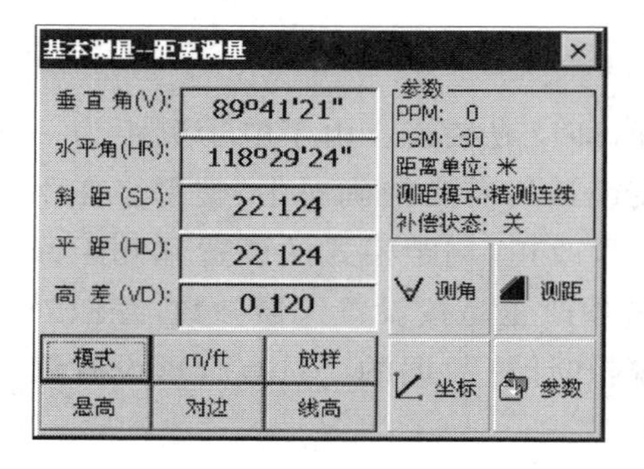

图7-4 测量结果

4. 距离测量(连续测量)

操作步骤如下。

(1) 在角度测量模式下照准棱镜中心。

(2) 单击[测距]键进入距离测量模式。系统根据上次设置的测距模式开始测量。

(3) 单击[模式]键进入测距模式设置功能。这里以“连续精测”为例。

(4) 显示测量结果，如图7-4。

7.2.4 坐标测量

设置好测站点(仪器位置)相对于原点的坐标后，仪器便可求出显示未知点(棱镜位置)的坐标，如图7-5。

操作步骤如下。

(1) 设置测站坐标和仪器高/棱镜高。

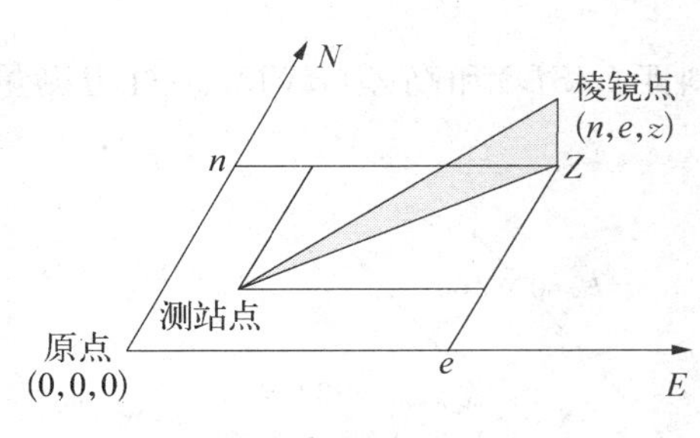

图 7-5 坐标测量

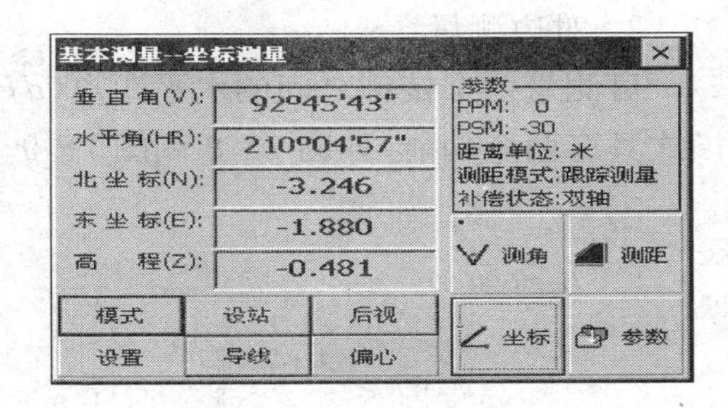

图 7-6 坐标测量结果

(2) 设置后视方位角。

(3) 单击[坐标]键。测量结束,如图 7-6 显示结果。

7.2.5 放样测量

该功能可显示测量的距离与预置距离之差。显示值=观测值-标准(预置)距离,可进行各种距离测量模式如斜距、平距或高差的放样。

操作步骤:

(1) 在距离测量模式下,单击[放样]键。

(2) 选择待放样的距离测量模式(斜距/平距/高差),输入待放样的数据后,单击[确定]或按[ENT]键。

(3) 开始放样;使得实测的值与欲放样的理论值相一致。

7.2.6 程序测量

1. 悬高测量

该程序用于测定遥测目标相对于棱镜的垂直距离(高度)及其离开地面的高度(无需棱镜的高度)。使用棱镜高时,悬高测量以棱镜作为基点,不使用棱镜时则以测定垂直角的地面点作为基点,上述两种情况下基准点均位于目标点的铅垂线上。

操作步骤:

(1) 在距离测量模式下,单击[悬高]键进入悬高测量功能。

(2) 输入棱镜高;照准目标棱镜中心 P。

(3) 单击[测距]键;显示仪器至棱镜之间的水平距离(平距)。

(4) 单击[继续]键;棱镜位置即被确定。

(5) 照准目标 K。如图 7-7 显示垂直距离(高差)。

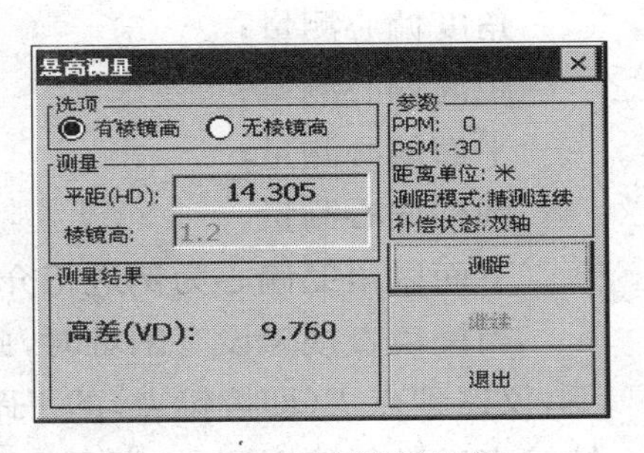

图 7-7 悬高测量结果

2. 对边测量

可测量两个棱镜之间的水平距离（dHD），斜距（dSD）和高差（dVD）。对边测量模式具有两个功能，如图 7－8 和图 7－9。

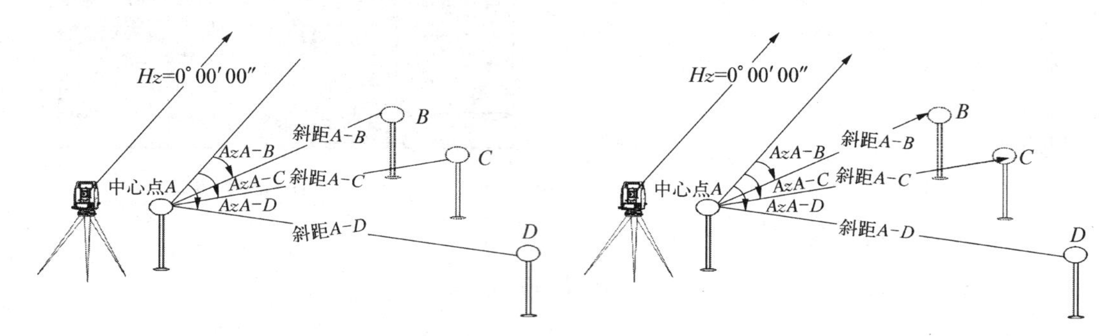

图 7－8　对边测量（A－B，A－C）　　图 7－9　对边测量（A－B，B－C）

（1）（A－B，A－C）：测量 A－B，A－C，A－D…

（2）（A－B，B－C）：测量 A－B，B－C，C－D…

操作步骤：

在距离测量模式下，单击[对边]键进入对边测量功能。

选择 A－B，A－C。

照准棱镜 A，单击[测距]键。显示仪器和棱镜 A 之间的平距。

单击[继续]键。照准棱镜 B，单击[测距]键。

单击[继续]键，显示棱镜 A 与棱镜 B 之间的平距（dHD），高差（dVD）和斜距（dSD）。

要测定 A 与 C 两点之间的距离，可照准棱镜 C，再单击[测距]键。测量结束，显示仪器至棱镜 C 的水平距离（平距）。

单击[继续]键，显示棱镜 A 与棱镜 C 之间的平距（dHD），高差（dVD）和斜距（dSD）。

注：（A－B，B－C）的观测步骤与（A－B，A－C）完全相同，在这就不详细介绍。

3. 偏心测量

共有四种偏心测量模式：

角度偏心测量；

距离偏心测量；

平面偏心测量；

圆柱偏心测量。

下面以角度偏心为例进行介绍。

当棱镜直接架设有困难时，此模式是十分有用的，如在树木的中心。在这种模式下，仪器到点 P（即棱镜点）的平距应与仪器到目标点的平距相同。在设置好仪器高/棱镜高后进行偏心测量，即可得到被测物中心位置的坐标。

如图 7－10：① 当测量 $A0$ 的投影(地面点 $A1$ 的坐标)时，设置仪器高、棱镜高；② 当测量 $A0$ 点的坐标时，只设置仪器高(棱镜高设置为 0)。

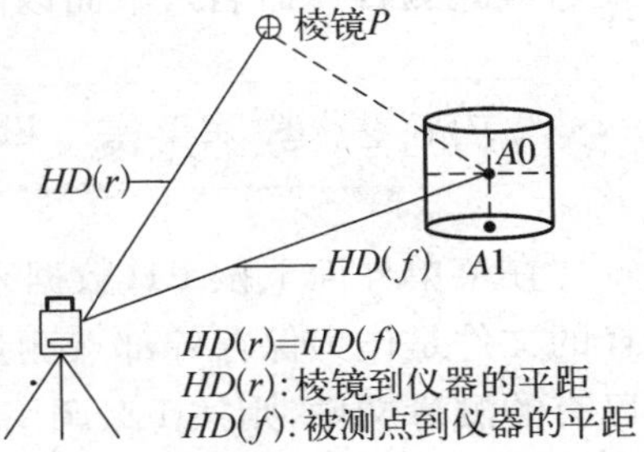

棱镜P
$A0$
$HD(r)$
$HD(f)$　A1
$HD(r)=HD(f)$
$HD(r)$：棱镜到仪器的平距
$HD(f)$：被测点到仪器的平距

图 7－10　偏心测量

角度偏心测量模式中，垂直角有以下两种设置方法。

(1) 自由垂直角：垂直角随望远镜的上下转动而变化。

(2) 锁定垂直角：垂直角被锁定，不会因望远镜的转动而变化。

因此，若用第一种方法照准 A0，垂直角随望远镜的上下转动而变化，斜距(*SD*)和高差(*VD*)也将会改变；若用第二种方法照准 A0，垂直角被锁定到棱镜位置，不会因望远镜的转动而变化。

操作步骤：

单击[偏心]键；在弹出的对话框中单击[角度偏心]键，进入角度偏心测量。

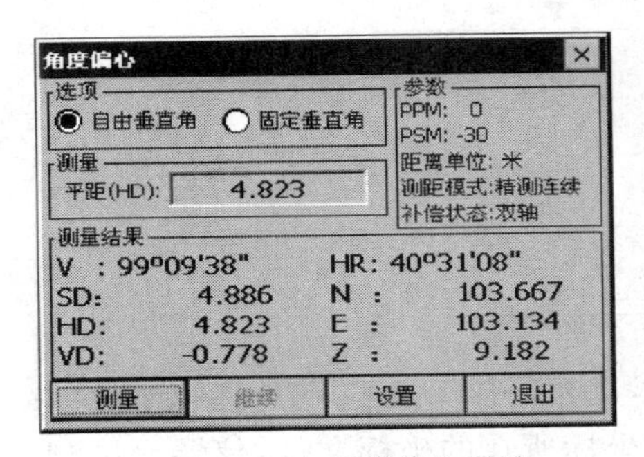

图 7－11　角度偏心测量

选择“自由垂直角”(或“固定垂直角”)开始角度偏心测量(用户可根据作业需要选择垂直角设置方式)。

照准棱镜 *P*，单击[测量]键进行测量；用水平制动和微动螺旋照准目标点 A0。

单击[继续]键，如图 7－11 显示仪器到 A0 点的斜距、平距、高差及坐标。

不同的仪器，程序测量有所不同，总之，程序测量为我们测量的应用提供了快速、简便的测量方法，提高了工作效率。

任务 7.6　全站仪数据采集

7.6.1　设置采集参数

进行数据采集之前，应该进行全站仪的有关参数设置。常见参数有温度、气压、气象改正数，仪器的加常数、乘常数、棱镜常数、测距模式等。对地形测量来说，则主要注意棱镜常数、测距模式、气象改正等方面的设置。同时，还应检查全站仪的内存空间的大小，删除无用的文件。如全部文件无用，可将内存初始化。对于已有的控制点(GPS 点、图根点)成果，应提前导入全站仪中，以供采集数据时调用。

根据测图需要，选择一已知点作为测站点，选择另一已知点作为后视，在测站点

安置全站仪(对中、整平),并量取仪器高 i,并进行记录。输入采集数据文件名(可以地名或施测日期命名),下面以南方 NTS－330R 为例讲述数据采集的操作步骤

7.6.2 数据采集文件的选择

在菜单界面下按 F1(数据采集)键,进入图 7－12(a)的“选择文件”界面。这里选择的文件是作为保存碎部点测量数据与坐标数据的,如果要将本次测量的数据存入已有的测量文件,则按 F2(调用)键从已有测量文件列表中选择;输入文件名,如果输入的文件名与内存中已有的测量文件不重名,则新建该测量文件,按 ENT 键进入图 7－12(b)的“数据采集 1/2”菜单。

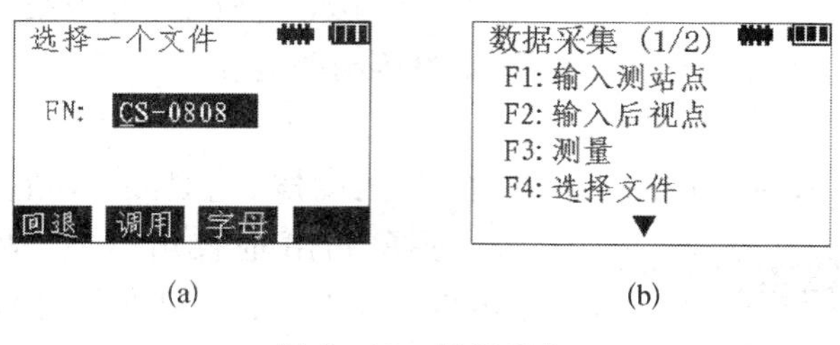

(a) (b)

图 7－12 数据采集

7.6.3 设置测站点与后视点

1. 输入测站点

在执行“输入测站点”命令前,应先选择测站点坐标所在的坐标文件,仪器允许测站点和后视点的坐标在内存中的任意坐标文件中,在图 7－12(b)界面下按 F4(选择文件)键进行设置。假设测站点在坐标文件 CS－0810 中。下面的操作是将测站点设置为 CS－0810 中的 ZD。

在图 7－12(b)的界面下按 F4(选择文件)键,在其后的操作中选择 CS－0810 文件并返回图 7－12。按 F1(输入测站点)键,进入 7－13(a)的输入测站点界面,按 F3(测站)键,进入图 7－13(b)的界面,按 F2(调用)键进入图 7－13(c)的文件 CS－0810 点名列表界面,按▲或▼键将光标移到 ZD 上,按 ENT 键,屏幕显示 ZD 点的坐标,如图 7－13(d)所示,按 F4([是])键,进入图 7－13(e)的界面,按▼键将光标移动到“编码”栏,它要求输入测站点的编码,可以按 F2(调用)键从编码库中选择一个编码,或按 F1(输入)键进入图 7－13(f)的界面,可以直接输入编码或按 F4(编码)键,进入图 7－13(g)界面,输入编码的序号。完成操作后光标移动到“仪高”栏,输入仪器高后按 F4(记录)键,进入图 7－13(h)界面,按 F4([是])键保存,即完成测站点设置操作。

2. 输入后视点

与执行“输入测站点”命令一样,执行“输入后视点”命令前,应先在图 7－13(b)的

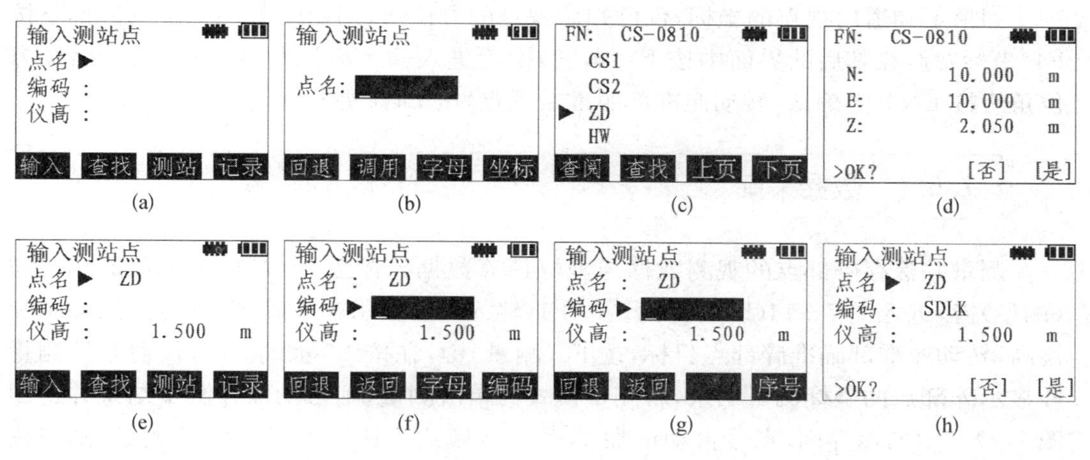

图 7-13 设置测站点

界面下按 F4(选择文件)键设置后视点坐标所在的文件，仪器允许测站点和后视点的坐标分别位于不同的坐标文件中。下面的操作是将后视点设置为 CS-0811 中的 JD21。

在图 7-13(b)的界面下按 F2(输入后视点)键，进入图 7-14(a)的后视点输入界面，按 F3(后视)键进入图 7-14(b)的界面，按 F2(调用)键进入图 7-14(c)的文件 CS-0811 点名列表界面，按▲或▼键将光标移到 JD21 上，按 ENT 键，屏幕显示 ZD 点的坐标，如图 7-14(d)所示，按 F4([是])键，进入图 7-14(e)的照准界面，转动照准部瞄准后视点 JD21，按 F4([是])键，此时后视方位角计算好并且仪器水平角自动设置为方位角，进入图 7-14(f)的界面，可以输入后视点的编码和镜高，和测站点输入时一样。按 F4(测量)键，进入图 7-14(g)的界面，可以执行“角度”、“斜距”和“坐标”三个命令，执行任意一个命令会把测量结果保存到测量文件中，完成定向操作后屏幕返回图 7-41(b)界面。

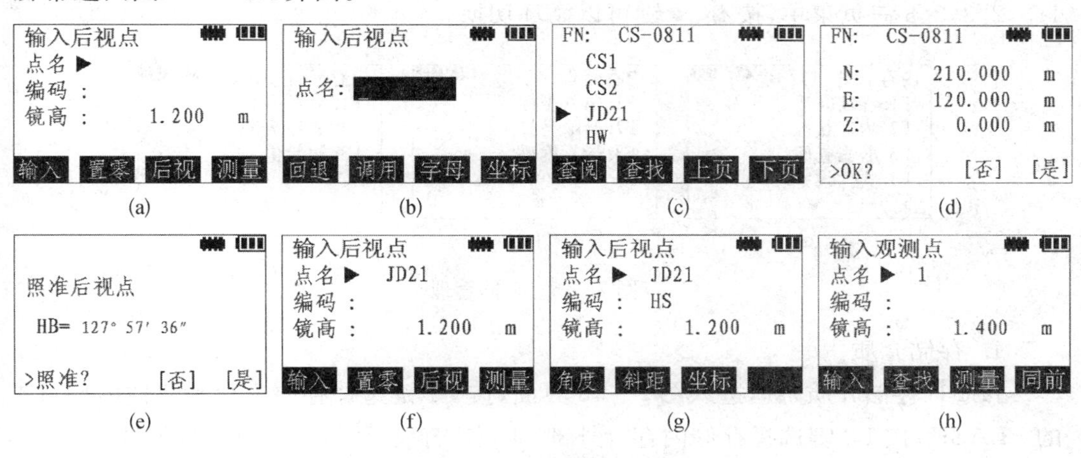

图 7-14 设置后视点

如果不知道后视点的坐标，仅已知后视点的方位角，则在图 7－14(b)的界面下按 F4(坐标)键，在其后的界面中按 F4(角度)键后进入输入后视角度界面，输入已知方位角后按 ENT 键确认，转动照准部照准后视点，按 F4([是])键设置后视方位角。

7.6.4 数据采集

测量并保存碎部点的观测数据与坐标计算数据。在图 7－12(b)的界面下按 F3(测量)键，进入图 7－14(h)的界面。按 F1(输入)键，要求输入碎部点的点号、编码和镜高，转动照准部瞄准碎部点目标，按 F3(测量)键，在按 F3(测量)键，仪器开始测量并显示碎部点的坐标测量结果，若测量模式为单次测量，则自动保存测量结果并返回图 7－14(h)所示界面，点号自动增加 1，若测量模式为连续测量或跟踪测量，则需按 F4(记录)键保存测量结果，返回图 7－14(h)所示界面，此时再次测量时可以按 F4(同前)键进行测量。

任务 7.7　全站仪内存管理与数据通讯

随着计算机在测量工作中的广泛应用，全站仪的内存也在增大，这样就省去了烦琐的记录工作，大大提高了工作效率，通过全站仪内存的测点数据可实现仪器与计算机之间的双向数据通讯。下面以南方 NTS－330R 为例进行讲述。

7.7.1 存储管理

在菜单模式界面下按 F3(内存管理)键，进入图 7－15 的"内存管理"菜单，它有 1/3,2/3,3/3 三页菜单，按▲、▼键可以循环切换。

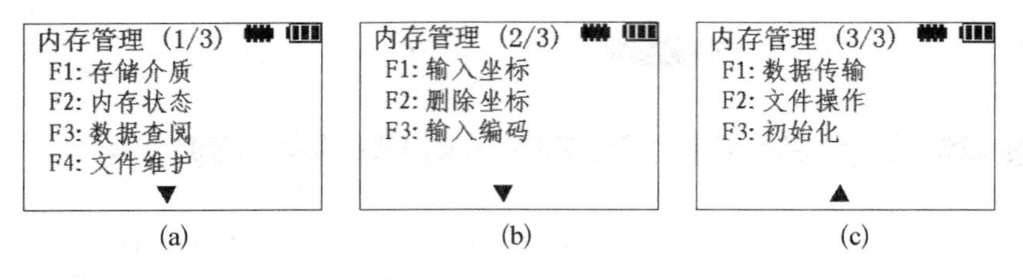

图 7－15　存储管理

1. 存储介质

按 F1(存储介质)键，进入图 7－16 界面，按 F1 键选择存储内存为仪器内部自带的 FLASH；按 F2 键选择存储内存为外部 SD 卡，若仪器没插 SD 卡，则在图 7－16 界面下方显示"没有 SD 卡！"，屏幕退回到 7－15(a)界面。

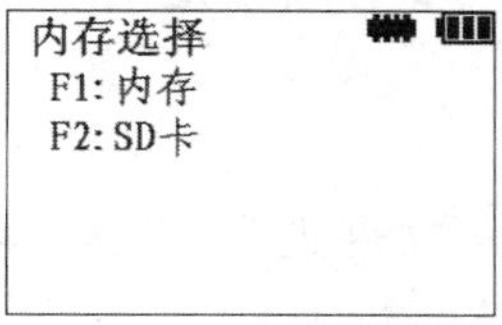

内存选择
F1: 内存
F2: SD卡

图 7－16　内存选择

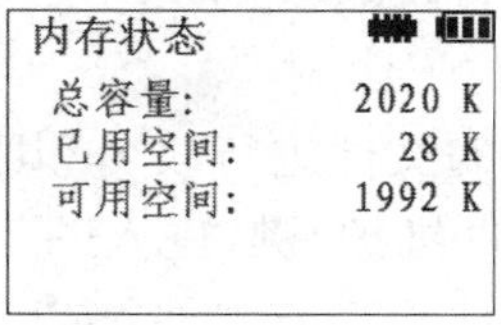

内存状态
总容量:　2020 K
已用空间:　28 K
可用空间:　1992 K

图 7－17　内存状态

2. 内存状态

按 F2(内存状态)键，进入图 7－17 界面，显示当前内存的总容量、已经使用的空间和未用的空间(内部存储容量为 2 020 K)。

3. 数据查阅

按 F3(数据查阅)键，进入图 7－18(a)界面，可以在测量数据、坐标数据和编码数据中查找指定的数据。在测量数据与坐标数据中查找点的数据时，需选择文件。下面介绍查找坐标数据的操作方法，假设仪器内存中有名称为 CS－0810 的坐标文件。

在图 7－18(a)的菜单下，按 F2(坐标数据)键，进入图 7－18(b)的“选择文件”界面，可以直接输入文件名“CS－0810”，也可以按 F2(调用)键，进入 7－18(c)的文件调用界面，按▲,▼键选择需要的坐标文件，文件名左边的符号▶表示当前选择的坐标文件，按 F4(ENT)键，进入图 7－18(d)的“查找数据”界面，按 F1(第一个数据)键，屏幕显示文件 CS－0810 的第一点的坐标，见图 7－18(e)；按 F3(按点名查找)键，进入图 7－18(f)的输入查找点号界面，输入点号 8 后按 ENT 键，屏幕显示点号为 8 的点的坐标，见图 7－19(g)。

在图 7－18(a)的菜单下，按 F4(展点)键，或在图 7－18(e)界面下按 F4(展点)键，屏幕显示如图 7－18(h)，图中黑点表示点号为 1 的当前点，十字表示其他点。

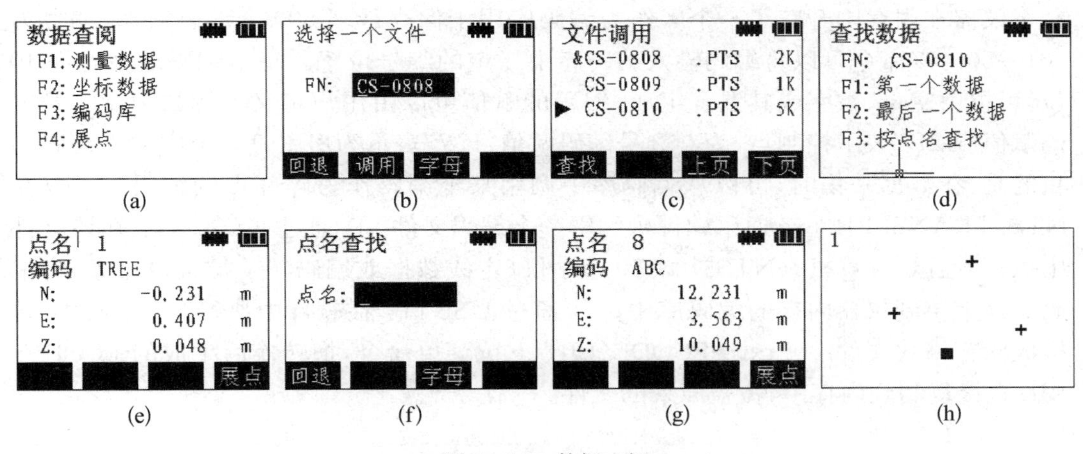

图 7－18　数据查阅

在 7－18(h)界面下各个按键的功能：

ANG 键，连线功能；⊖键，显示当前点的坐标；F1 键，当前点前移一个；F2 键，当

前点后移一个；F3 键，缩小；F4 键，放大；◀ 键，右移；▶，左移；▲键，下移；▼键，上移。

4. 文件维护

对内存中的文件进行改名和删除操作。

按 F4(文件维护)键，进入图 7－19 的界面，显示文件列表，按▲，▼键移动光标符号“▶”选择文件为当前文件，按 F1(改名)键位修改当前文件名，按 F2(删除)键为删除当前文件。

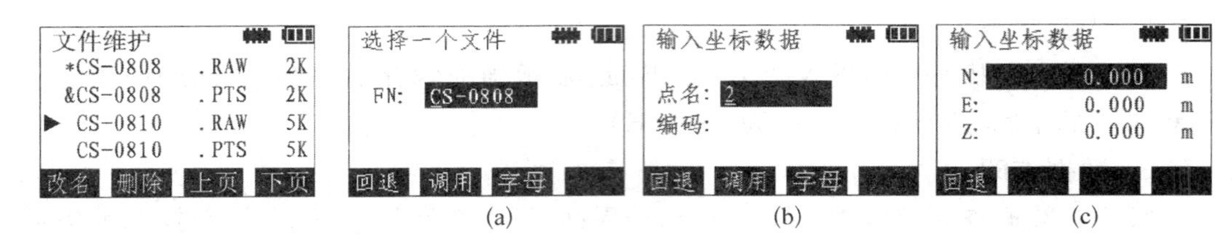

图 7－19　文件维护

图 7－20　输入坐标

5. 输入坐标

在指定坐标文件中添加输入的坐标，当输入的点号与文件中已有点重号时将覆盖已有坐标数据。

在“内存管理 2/3”菜单下按 F1(输入坐标)键，进入图 7－20(a)的“选择文件”界面，它要求选择输入坐标存储的文件，完成后按 ENT 键进入图 7－20(b)的“输入坐标数据”界面。输完点名和编码后按 ENT 键进入图 7－20(c)的“输入坐标数据”界面，完成输入后按 ENT 键即将坐标存入坐标文件。

6. 输入编码

编码是为了数字侧图软件从全站仪中读入野外采集的碎部点坐标并自动描绘地物时使用。

仪器在内存中开辟了一个区作为编码库用于保存最多 500 个编码数据，编号为 001～500，该命令可以将编码输入编码库中指定的编号位置。每个编码最多允许 10 位，可以由字母、数字或其混合组成，编码的赋值可以由用户定义。例如为 001 号编码赋值“KZD”表示控制点，为 002 号编码赋值“FW”表示为房屋等。集中输入编码的目的是，在数据采集时，可以从编码库中调用某个编码作为碎部点的编码。可以在 NTS_TRANSFER. exe 通讯软件中编辑一个编码文件，① 通过 RS232 口：在该软件中执行“通讯/计算机→NTS310/350 全站仪(定线数据或编码)”下拉菜单命令，将编码文件上传到仪器内存的编码库中；② 通过 USB 口：在软件中执行“USB 操作/转换成内存格式文件/＊. txt→PCODE. LIB”下拉菜单命令，把转换后生成的 PCODE. LIB 直接复制到内存中，覆盖原来的文件。

7.7.2　数据传输

通过 RS232 通讯口进行数据的发送和接收。在“存储管理 3/3”菜单下按 F1

(数据传输)键，进入图 7－21(a)的“数据传输”菜单，下面介绍该菜单下的具体操作。

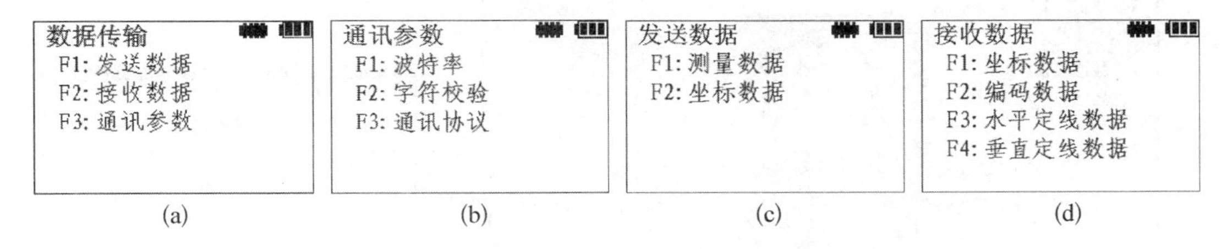

图 7－21　数据传输

(1) 通讯参数的设置：按 F3(通讯参数)键，进入图 7－21(b)的通讯参数菜单，可以设置波特率、字符校验和通讯协议等。通讯参数应与 PC 机上通讯软件的参数设置一致。

(2) 发送数据：发送数据菜单如图 7－21(c)所示，可以选择发送测量数据和坐标数据。

(3) 接收数据：接收数据菜单如图 7－21(d)所示，可以选择接收坐标数据、编码数据、水平定线数据和垂直定线数据。

下面以接收坐标数据为例来说明数据传输，假设有一个 10－08－10 的坐标文件需上传到全站仪里，坐标格式必须是“点名，编码，E，N，Z”，打开 10－08－10. txt，如图 7－22 所示。

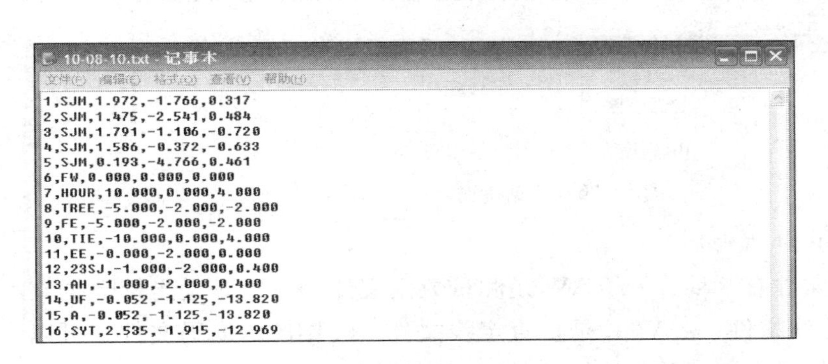
10-08-10.txt - 记事本

文件(F)　编辑(E)　格式(O)　查看(V)　帮助(H)

1,SJM,1.972,-1.766,0.317
2,SJM,1.475,-2.541,0.484
3,SJM,1.791,-1.106,-0.720
4,SJM,1.586,-0.372,-0.633
5,SJM,0.193,-4.766,0.461
6,FW,0.000,0.000,0.000
7,HOUR,10.000,0.000,4.000
8,TREE,-5.000,-2.000,-2.000
9,FE,-5.000,-2.000,-2.000
10,TIE,-10.000,0.000,4.000
11,EE,-0.000,-2.000,0.000
12,23SJ,-1.000,-2.000,0.400
13,AH,-1.000,-2.000,0.400
14,UF,-0.052,-1.125,-13.820
15,A,-0.052,-1.125,-13.820
16,SYT,2.535,-1.915,-12.969

图 7－22　记事本

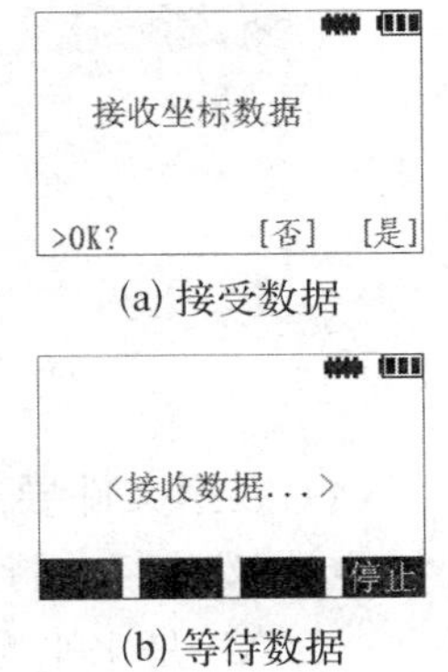

(a) 接受数据

(b) 等待数据

图 7－23　接收坐标数据

在图 7－21(d)菜单下按 F1(坐标数据)键，进入“选择文件”界面，此时必须新建一个坐标文件来保存 PC 机将传输过来的坐标数据，输入文件名后进入图 7－23(a)的“接收坐标数据”界面，按 F4(是)键进入图 7－23(b)的等待数据界面。

运行 NTS_TRANSFER. exe，打开坐标文件“10－08－10”，如图 7－24，通讯参数配置成和全站仪上一致。运行“通讯/计算机→NTS－310/350 全站仪(坐标)”下拉菜单命令，在弹出图 7－25 所示的确认提示框中单击“确定”按钮，开始逐行上传坐标数据。

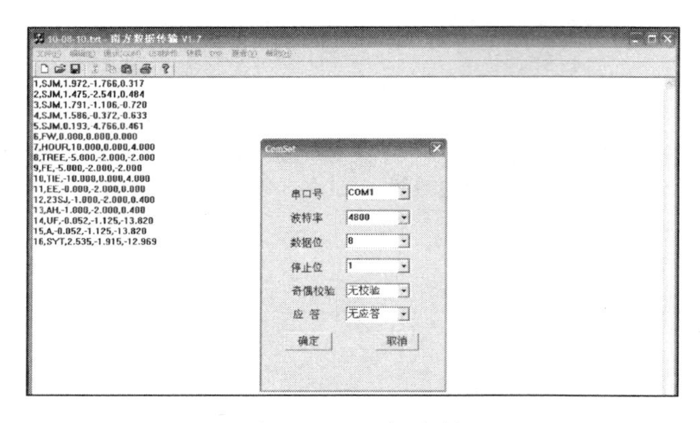

图 7－24　坐标文件

图 7－25　确认提示框

NTS－330R 系列全站仪还可以通过 USB 口传输文件,用 USB 数据线把全站仪和 PC 机连接后,在 PC 机上可以看到 TS－FLASH 和 TS－SD 两个盘符,TS－FLASH 是全站仪内部存储器,TS－SD 是 SD 卡。运行 NTS_TRANSFER.exe,如图 7－26 所示。

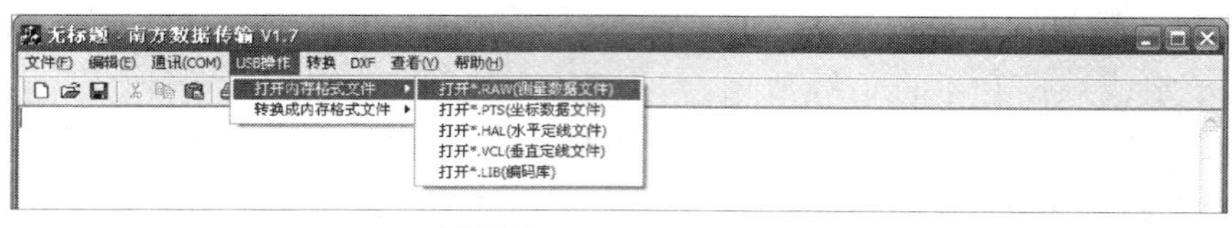

(a) 打开

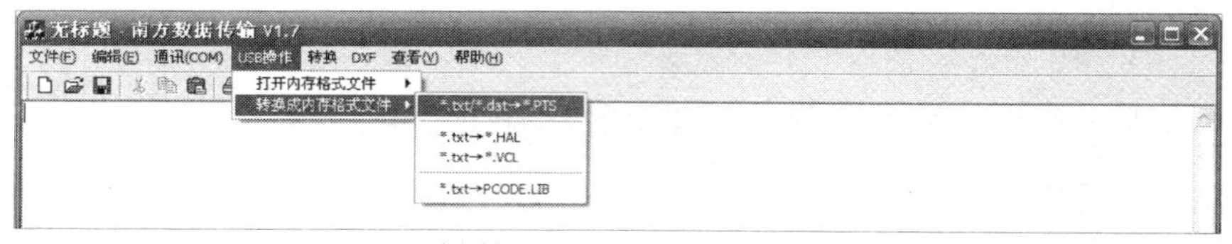

(b) 转换

图 7－26　数据传输

(4) 数据文件导出到 PC 机

全站仪内存中的文件有 5 种：*.RAW 是测量数据文件，*.PTS 是坐标数据文件，*.HAL 是水平定线文件，*.VCL 是垂直定线文件，*.LIB 是编码文件。可以在图 4－56 通过相应的操作打开需要的文件,然后保存到 PC 机。

(5) 把 PC 机上的文件导入到全站仪

全站仪内部的文件是以机器码存储的,所以必须把相应的文件转换成全站仪认识的格式,用图 4－57 所示的操作可以把数据转换成 *.PTS、*.HAL、*.VCL 和 PCODE.LIB 文件,然后复制到全站仪内存中。

7.7.3　文件操作

在“存储管理 3/3”菜单下按 F2(文件操作)键,进入图 7－27 的“文件操作”菜单,按 F1 键可以把 SD 卡上的文件拷贝到内存中，按 F2 键把内存中的文件拷贝到 SD 卡中。

文件操作
F1: SD卡→内存
F2: 内存→SD卡

图 7－27　文件操作

初始化
F1: 文件数据
F2: 所有文件
F3: 编码数据

图 7－28　初始化菜单

7.7.4　初始化

初始化菜单如图 7－28 所示，按 F1（文件数据）键为清除全部坐标数据文件、测量数据文件和定线数据文件中的数据；按 F2（所有文件）键为清除所有文件；按 F3（编码数据）键为清除全部编码数据。无论选择何种初始化命令，测站点的坐标、仪器高和镜高不会被清除。

任务 7.8　全站仪使用应注意的事项

为确保安全操作，避免造成人员伤害或财产损失，在全站仪操作过程中应注意如下几个方面。

1. 一般情况

禁止在高粉尘、无通风、易燃物附近等环境下使用仪器，自行拆卸和重装仪器，用望远镜观察经棱镜或其他反光物体反射的阳光；禁止坐在仪器箱上或使用锁扣、背带、手提柄损坏的仪器箱；严禁直接用望远镜观测太阳；确保仪器提柄固定螺栓和三角基座制动控制杆紧固可靠。

2. 电源系统

禁止使用电压不符的电源或受损的电线、插座等；严禁给电池加热或将电池扔入火中，用湿手插拔电源插头，以免爆炸伤人或造成触电事故；确保使用指定的充电器为电池充电。

3. 三脚架

禁止将三脚架的脚尖对准他人；确保脚架的固定螺旋、三角基座制动控制杆和中心螺旋紧固可靠。

4. 防尘防水

务必正确地关上电池护盖，套好数据输出和外接电源插口的护套；禁止电池护盖和插口进水或受潮，保持电池护盖和插口内部干燥、无尘；确保装箱前仪器和箱内干燥。

5. 其他

严禁将仪器直接放置于地面上；防止仪器受强烈的冲击或振动；观测者不能远离仪器，务必在取出电池前关闭电源，仪器装箱前取出电池。

仪器长期不用时，至少每三个月通电检查一次，以防电路板受潮。为确保仪器的观测精度，应定期对仪器进行检验和校正。

思考与练习

1. 什么叫直线定线？直线定线的目的是什么？有哪些方法？如何进行？

2. 简述用钢尺在平坦地面量距的步骤。钢尺量距时有哪些主要误差？如何消除和减少这些误差？

3. 某直线用一般方法往测丈量为 125.092 m，返测丈量为 125.105 m。该直线的距离为多少？其精度如何？

4. 直线定向的目的是什么？它与直线定线有何区别？

5. 标准方向有哪几种？它们之间有什么关系？

6. 设直线 AB 的坐标方位角 $\alpha_{AB}=223°10'$，直线 BC 的坐标象限角为南偏东 $50°25'$，试求小夹角 $\angle CBA$，并绘图示意。

7. 直线 AB 的坐标方位角 $\alpha_{AB}=106°38'$，求它的反方位及象限角，并绘图示意。

8. 建立平面控制网的常用方法有哪些？各有何特点？

9. 国家平面控制网的布设原则、方法是什么？有哪些技术要求？

10. 小区域平面控制网的布设原则、方法是什么？有哪些技术要求？

11. 选取导线点时应注意哪些问题？

12. 交会法测量有哪几种布设形式？各有何特点？

13. 设有闭合导线 $A-B-J1-J2-J3-J4$，如图 7-29 所示。其中，A 和 B 为坐标已知的点，$J1\sim J4$ 为待定点。已知点坐标和导线的边长、角度观测值如图中所示。试计算各待定导线点的坐标。

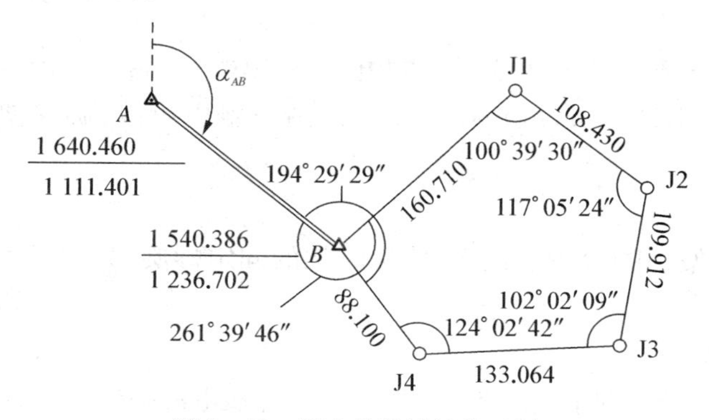

图 7-29　闭合导线计算练习题

14. 设有附合导线 $A-B-K1-K2-K3-C-D$，如图 7－30 所示。其中 A，B，C，D 为坐标已知的点，$K1 \sim K3$ 为待定点。已知点坐标和导线的边长、角度观测值如图中所示。试计算各待定导线点的坐标。

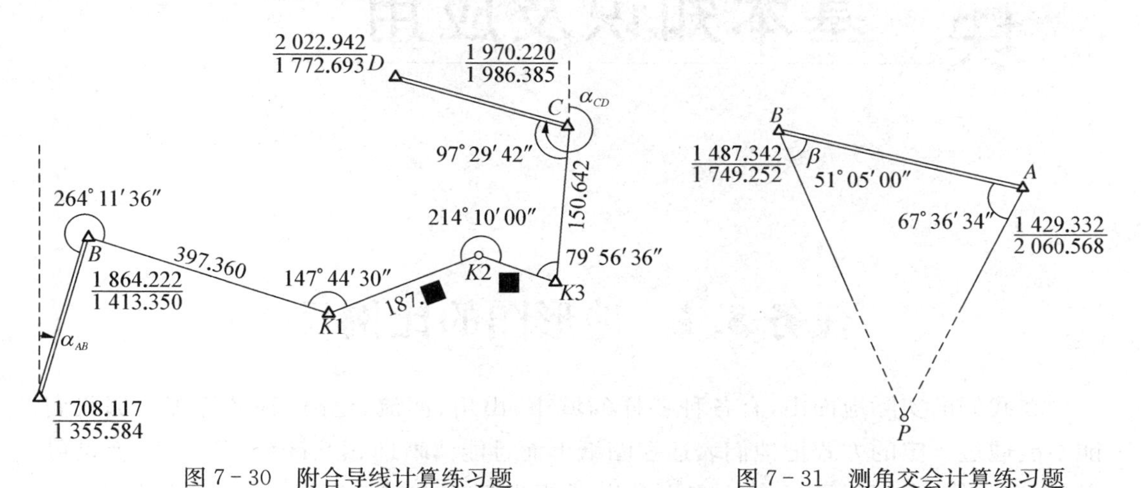

图 7－30　附合导线计算练习题　　　　图 7－31　测角交会计算练习题

15. 用测角交会测定 P 点的位置。已知点 A，B 的坐标和观测的交会角，如图 7－31 所示，计算 P 点的坐标。

16. 全站仪有哪些常见的功能？

17. 简述全站仪进行角度测量、距离测量、坐标测量的操作步骤。

模块八　大比例尺地形图的基本知识及应用

任务 8.1　地形图的比例尺

在我们的实际地面山，有各种各样的城市、山川、河流、道路、森林等等。那我们能不能通过一定的方式把他们表达在图纸上而且能清晰地相互区分呢？事实上是可以的，在古代，人们就已经在这方面做出了相当多的尝试与探索，就是通过地形图。这也是我们在这一模块将要研究的内容。在古代，这主要是作为军事用途而使用的，而现代，地形图的应用就更为广泛了，利用地形图可以识别在某一位置上有什么东西。在地形图上，指向图上任何位置，都能够知道这个地方或对象的名字以及其他相关的属性信息。对于建筑科学、地理科学、军事科学、甚至农业研究、电子信息、细至快速旅行等等都有极大的帮助。

8.1.1　比例尺种类

在地形图上，用某一线段的长度与它在地面上相应实际线段的水平距离之比，作为地形图的比例尺。地形图比例尺一般分为数字比例尺和图示比例尺。

1. 数字比例尺

数字比例尺一般用分子为1，分母为整数的分数形式表示。设地形图上某一直线的长度为 d，地面上相应线段的水平距离为 D，则：

$$比例尺 = \frac{图上距离}{实际距离} = \frac{d}{D} = \frac{1}{D/d} = \frac{1}{M} \tag{8-1}$$

式中：M——比例尺分母。

一般书写为比利式形式，即 1∶M。当图上 1 cm 表示地面上水平距离为 10 m(即 1 000 cm)时，比例尺就是 1∶1 000。由此可见，比例尺分母就是将实地水平距离缩绘在图上的倍数。

比例尺的大小是以以前的比值来衡量的，分值越大，比例尺分母 M 越小，比例尺就越大。在同样图辐上，比例尺越大，地图上缩表示的范围越小，图内表示的范围就越小，图内表示的内容越详细，精度越高；比例尺越小，地图所表示的范围越大，反应的内容越简略，精确度就越低。为了满足经济建设和国防建设的需要，测绘和编制了各种不同比例尺的地形图。通常分为小比例尺地形图(1∶1 000 000，1∶500 000，1∶250 000)；中比例尺地形图(1∶100 000，1∶50 000，1∶25 000)；大比例尺地形图(1∶10 000，1∶5 000，1∶2 000，1∶1 000，1∶500)。建筑各专业通常使用大比例尺地形图。

2. 图示比例尺

图示比例尺一般绘制在地形图下方，又叫直线比例尺，通过量取地形图上两点的距离和图示比例尺相比较可知实际地面两点的距离，同时也可减小由于图纸伸缩变形而引起使用误差。图 8-1 所示 1∶1 000 的图示比例尺，取图上 2 cm 线段长度为比例尺的基本单位，将左端的一段基本单位又分为十等分，没等分的长度相当于实地 2 m。而每一基本单位所代表的实地长度为 2 cm×100=20 m。

比例尺越大，表示的就越详细，需要采集的数据也就越多，精度也就更高。但是，这会导致测绘工作量大大增加，成本成倍增高，所以，要根据实际需要确定比例尺的大小，不可盲目追求大比例尺。

8.1.2 比例尺精度

正常人眼能分辨清楚的图上最小距离一般是 0.1 mm，因此，地形图上 0.1 mm 所表示的实地距离称为比例尺精度。即

$$\text{比例尺精度} = 0.1\,\text{mm} \times M \tag{8-2}$$

由此可算出不同比例尺的精度，工程常用的几种比例尺地形图的比例尺精度，见表 8-1。

表 8-1　大比例尺地形图的比例尺精度

比例尺	1∶500	1∶1 000	1∶2 000	1∶5 000	1∶10 000
比例尺精度/m	0.05	0.1	0.2	0.5	1

比例尺精度对测量工作主要有两个作用：一是根据比例尺的精度，可以确定测图时量距的精确程度。例如，在测绘 1∶5 000 比例尺地形图时，其比例尺的精度为 0.1 mm×5 000=0.5 m，故测量距的精度只需要达到±0.5 m 即可，小于 0.5 m 的距离无法在图上准确表示。二是当设计规定需要在图上表示的实地最短距离时，根据比例尺的精度来确定测图比例尺。例如，要在图上表示出 0.2 m 的实际长度，则选用的比例尺要不小于 0.1÷(0.2×100)=1/2 000。选用的比例尺越大，表示地物和地貌的情况越详细，精度越高。但是必须指出，对于同一测区采用较大比例尺测图往往

会使工作量和投资增加数倍，因此，采用多大的比例尺测图，应从工程规划实施实际需要的精度出发，不应盲目追求更大比例尺的地形图。

任务 8.2　地物符号和地貌符号

为了清晰准确地将实地情况反映在地形图上便于测图和用图，我国颁布实施了《国家基本比例尺地图图示》(GB/T20257－2007)，用各种统一的地图图式符号来表示底物和地貌，它是测绘和使用地形图的重要依据和标准。

8.2.1　地物符号

地物主要包括各种自然地物如河流、山谷、树木和人工地物如道路、村庄、车站等等，我们把它们称作地物。地物的类别、形状、大小、位置都是按照规定的符号表示的，表示地物的符号主要有比例符号，非比例符号，半比例符号和地物注记四种。

1. 比例符号

比例符号是指地物按比例尺缩小后，其长度和宽度能依比例尺表示的地物符号，如房屋，田地和湖泊等，比例符号可以全面反映地物的主要特征、大小、形状和位置

2. 半比例符号

半比例符号是指地物依比例尺缩小后，其长度依比例尺而宽度不能依依比例尺表示的地物符号，半比例符号也称为线性符号，适用于一些线状延伸地物(如道路、电线、管线、围墙等)，这种符号能反映地物的长度和位置

3. 非比例符号

非比例符号是指地物依比例尺缩小后，其长度和宽度不能依比例尺表示的地物符号，如水准点、独立树，井、水塔等，非比例符号多用来表示独立地物，能反映地物的位置和属性，不能反映其形状和大小

4. 地物注记

地物注记包括独立名称注记，说明注记和各种数字注记等，是对上述符号的补充说明，如山川、河流、道路、学校的名称；房屋层数、点的高程、公路等级，水库容量等。表 8－2 所示地形图图示中的一些常用符号。

地形图图示符号在测图和用图时应注意下列规则：符号旁以数字标注的尺寸值，均以毫米(mm)为单位。符号除规定按真实方向表示者外，均垂直于南图廓线。

定位符号的定位点和定位线：① 符号图形中有一个点的，该点为地物的实地中

表 8-2　部分常用地形图图示符号

编号	符号名称	图例 1:500，1:1 000	图例 1:2 000
1	坚固房屋 4—房屋层数	坚4　1.5	
2	普通房屋 2—房屋层数	2　1.5	
3	窑洞 1. 住人的 2. 不住人的 3. 地面下的	1　2.5　2.0　2　3	
4	台阶	0.5　0.5　0.5	
5	花圃	1.5　1.5　10.0　10.0	
6	草地	1.5　0.8　10.0　10.0	
7	经济作物地	0.8　3.0　蔗　10.0　10.0	
8	水生经济作物地	3.0　藕　0.5	
9	水稻田	0.2　2.0　10.0　10.0	
10	旱地	1.0　2.0　10.0　10.0	
11	灌木林	1.0　0.5	
12	菜地	2.0　2.0　10.0　10.0	
13	高压线	4.0	
14	低压线	4.0	
15	电杆	1.0	
16	电线架		
17	砖、石及混凝土围墙	10.0　0.5　10.0　0.3	
18	土围墙	10.0　0.5	
19	栅栏、栏杆	1.0　10.0	
20	篱笆	10.0　1.0	
21	活树篱笆	5.0　0.5　1.0	
22	沟渠 1. 有堤岸的 2. 一般的 3. 有沟堑的	0.3	

（续表）

编号	符号名称	图例	
		1∶500，1∶1 000	1∶2 000
23	公路	0.3 沥：砾 0.3	
24	简易公路	0.15 碎石 0.15	
25	大车路	0.15 碎石 0.3	
26	小车路	0.3 4.0 1.0	
27	三角点 凤凰山—点名 394.468—高程	凤凰山 394.468 3.0	
28	图根点 1. 埋石的 2. 不埋石的	1 1.5 N16/84.46 2.5 2 1.5 25/62.74	
29	水准点	2.0 Ⅱ京石5/32.804	
30	旗杆	1.5 4.0 1.0 1.0	
31	水塔	2.0 3.5 1.0 1.0	
32	烟囱	3.5 1.0	
33	气象站（站）	3.0 3.5 1.0	
34	消火栓	1.5 2.0 3.5	
35	阀门	1.5 3.0	
36	水龙头	2.0 3.5	
37	钻孔	3.0 1.0	
38	路灯	2.0 1.5 4.0 1.0	
39	独立树 1. 阔叶 2. 针叶	1.5 1 3.0 0.7 2 3.0 0.7	
40	岗亭、岗楼	90° 3.0 1.5	
41	等高线 a. 首曲线 b. 计曲线 c. 间曲线	a 0.15 b 25 0.3 c 1.0 6.0 0.15	

心位置。② 圆形、正方形、长方形等符号，定位点在其几何图形中心。③ 宽底符号（蒙古包、烟囱、水塔等）定位点在其底线中心。④ 底部位直角的符号（风车、路标、独立树等）定位点在其直角的顶点。⑤ 几种图形组成的符号（教堂、气象站等）定位点在其下方图形的中心点和交叉点。⑥ 下方没有底线的符号（窑、亭、山洞等）定位点在其下方两端点连线的中心点。⑦ 不依比例尺表示的其他符号（桥梁、水闸、拦水坝、岩溶漏斗等）定位点在其符号的中心点。⑧ 线状符号（道路、河流等）定位线在其符号的中轴

线;依比例尺表示时,在两侧线的中轴线。

8.2.2 地貌符号

表示地貌符号最常用的是等高线。等高线是地面上高程相邻各点所连成的闭合曲线。同一个曲线上各点高程相等,由此,地面上高低不同的各点被表示为一个一个的闭合曲线。假设有一座位于平静湖水中的小岛,起初湖面的高程为 70 m,这是湖面与小岛的交线就是高程为 70 m 的等高线,而且是闭合曲线;然后湖面上涨了 10 m,则此时高程为 80 m 的湖面与小岛的交线就是 80 m 的等高线;依此类推,湖面水位每上涨 10 m,都会与小岛相交形成一条等高线,从而得到一组高差为 10 m 的等高线。设想把这组实地上的等高线沿铅垂线方向投影到水平面 H 上,并按比例尺缩绘到图纸上,就得到用等高线表示该小岛地貌的等高线图,如图 8-1 所示。

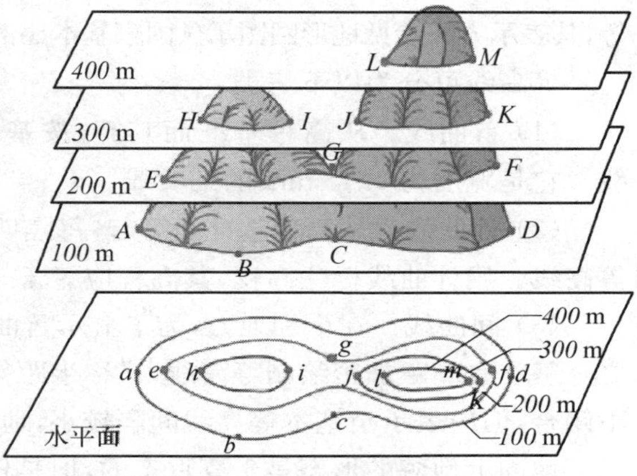

图 8-1 等高线的概念

地貌,是指地球表面高低起伏的形态,包括高山、丘陵、平原、洼地等。在图上表示地貌的方法很多,而测量工作通常用等高线表示,因为等高线不仅能表示出地面的高低起伏形态,还能表示出地面的坡度和地面点的高程,如图 8-2 所示。

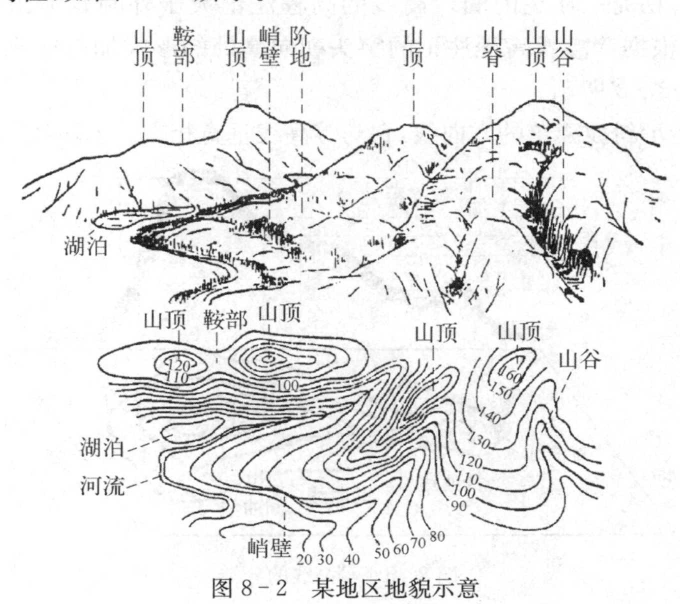

图 8-2 某地区地貌示意

本节讨论等高线表示地貌的方法。

1. 等高距、等高线平距和坡度

相邻登高线之间的高差称为等高距，常用 h 表示。在同一副地形图上，等高距是相同的。

相邻等高线之间的水平距离称为等高线平距，常用 d 表示。因为同一幅地形图内等高距是相同的，所以等高线平距 d 的大小与地面坡度有关。地面坡度越陡，等高线平距越小；坡度越缓，平距越大；若坡度不变，则等高线平距相等。同时还可以看出：等高距越小，显示地貌就越详细；等高距越大，显示地貌就越简略。还有某些特殊地貌，如冲沟、滑坡等，其表示方法参见地形图图示(《国家基本比例尺地图图式》)(GB/T20257－2007)。

等高线可分为以下三类。

(1) 首曲线。从高程基准面其算，按基本等高距测绘的等高线，又称基本等高线。它是宽度为 0.15 mm 的细实线

(2) 计曲线。从高程基准面算起，每隔四条首曲线加粗一条的等高线，又称加粗等高线。用计曲线标注高程，其高程应等于 5 倍基本等高距的整倍数

(3) 间曲线。在个别地方，为了显示首曲线不能表示的局部地貌特征，可按二分之一基本登高距加密绘制等高线，又称半距等高线，在图上用长虚线表示。表示时可不闭合，但应表示至基本等高线间隔较小，地貌倾斜相同的地方为止。

地面上地貌的形态是千姿百态的，但是仔细分析归纳后，就会发现不外乎由以下几种典型地貌综合而成。了解用等高线表示典型地貌的特征，有助于识读、应用和测绘地形图。

(1) 山头和洼地。山头和洼地的等高线是都是一组闭合曲线。在地形图上区分山头和洼地的方法是：凡是内圈等高线的高程注记大于外圈者为山头，小于外圈者为洼地；还可以根据等高线高程注记的字头朝向高处的形式加以区别，也可以用示坡线来表示，如图 8－3 所示。

示坡线是指示斜坡降落的方向线，它与等高线垂直相交。示坡线从内圈指向外圈，

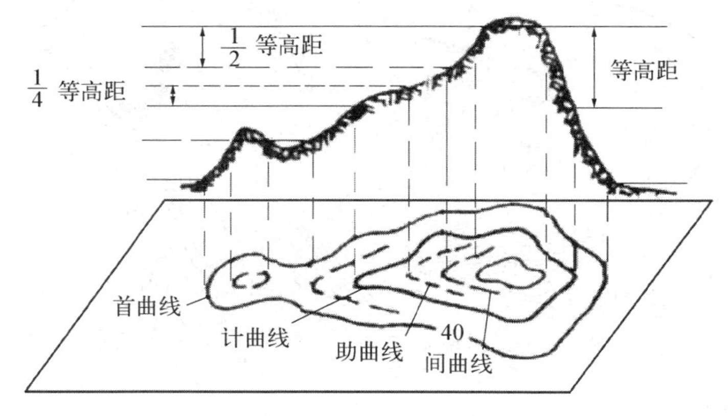

图 8－3　等高线的分类

说明中间高，四周低，为山头；示坡线从外圈指向内圈，说明四周高，中间低，故为洼地。

(2) 山脊和山谷。山脊是沿着一个方向延伸的高地。山脊的最高棱线称为山脊线。山脊等高线表现为一组凸向低处的曲线。

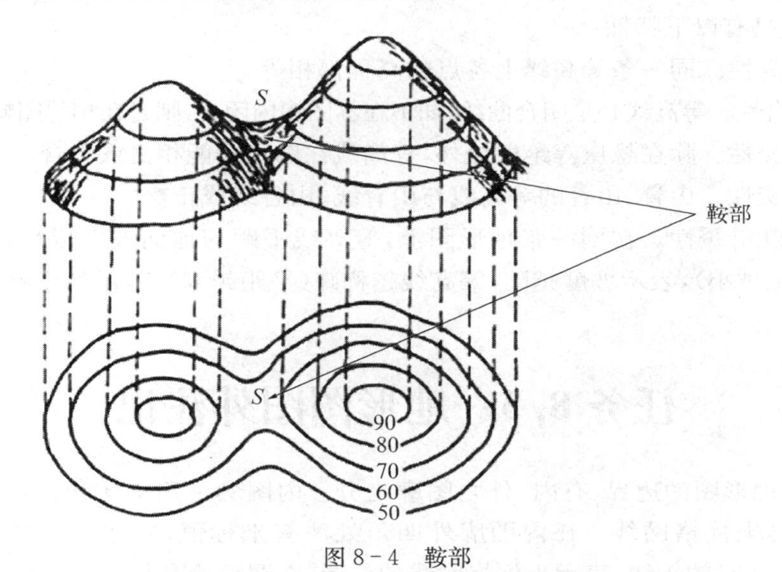

图 8-4 鞍部

山谷是沿着一个方向延伸的洼地，位于两山脊之间，山谷最低点的连线称为山谷线。山谷等高线表现为一组凸向高处的曲线。

山脊附近的地表水必然以山脊线为分界线，向两边分流，因此，山脊线又称分水线。而山谷中必然由两侧山坡汇集于谷底沿山谷线流出，因此，山谷线又称集水线。

(3) 鞍部。相邻两山头之间呈马鞍形的低凹部位称为鞍部，又称垭口。鞍部往往是山区道路通过的地方，也是两个山脊与两个山谷会合的地方。鞍部等高线段饿特点是在一圈大的闭合曲线内，套有两组小的闭合曲线(图 8-4)。

当在山谷或河流修建大坝，架设桥梁或敷设涵洞时，都要知道有多大的雨水汇集在这里，这个面积称为汇水面积，汇水面积的边界线就是通过一系列山脊线联系各山头及鞍部的曲线，并与河道指定断面形成闭合环线。如图 8-5 所示，在山谷的 *MN* 处要修建水库的水坝，就须确定该处的汇水面积，即由图中分水线(点划线)*A*—*B*—*C*—*D*—*E*—*F*—*G* 所围成的面积；再根据该地区的降雨量就可确定流经 *MN* 处的水流量。这是设计桥梁、涵洞或水坝容量的重要数据。

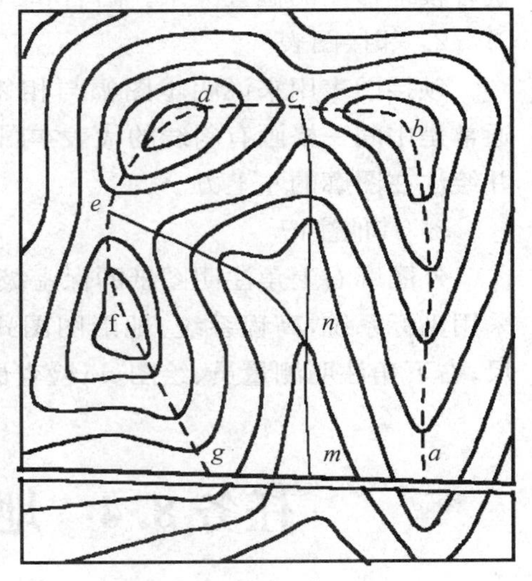

图 8-5 汇水面积

陡崖和悬崖。陡崖是指形态壁立，难于攀登的陡峭崖壁或各种天然形成的砍（坡度在70°以上）分为土质和石质两种。悬崖是上部凸出，下部凹进的陡崖，这种地貌的等高线出现相交，俯视时隐蔽的等高线用虚线表示。

等高线具有以下特性：

(1) 等高性。同一条等高线上各点的高程都相等。

(2) 闭合性。等高线必是闭合曲线，如不在本图幅内闭合，则必在相邻图幅内闭合。

(3) 不交性。除在悬崖等绝壁处外，等高线在图上不能相交或重合。

(4) 正交性。山脊、山谷的等高线与山脊线、山谷线成正交。

(5) 密陡舒缓性。在同一张地形图上，等高线平距与地面坡度成反比。等高线越密集（平距越小），表示坡度越陡；等高线越稀疏（平距越大），表示坡度越平缓。

任务 8.3　地形图图外注记

图廓是地形图的边界，有内、外之图廓之分。内图廓是用细实线描绘，是图幅的边界线，也是坐标格网线。在内图廓外四角处注有坐标值，并在内廓线内侧，每隔10 cm绘有5 mm的短线，表示坐标格网线的位置，在图幅绘有每隔10 cm的坐标格网交叉点。外图廓线是图幅最外围的粗线。

图廓外的注记一般包括下列三种：

1. 图名和图号

图名也就是本幅图的名称，是以所在图幅内主要的地名或企事业单位的名称来命名的。图号就是地形图的编号，是根据地形图分幅和编号方法编定的，可以用来区别各幅地形图的位置关系。图名和图号标注在北图廓上方的中央。

2. 邻接图表

领接图表用来说明本图幅与相邻图幅的关系，便于索取和拼接相邻图幅使用。通常是中间一格画有斜线的代表本图幅，周边邻接方格分别注明相应的图号和图名，并绘注在图廓的左上方。

3. 其他注记

外图廓右上角注明图纸的保密级别，左图廓外下方注明测绘机关全称；左下角记采用坐标系统，高程系统，地形图图式版本，测制时间；下图廓外中央注记图幅比例尺；右下角注明测量员、绘图员、检查员或附注。

任务 8.4　地形图的分幅和编号

为了便于测绘、管理和使用地形图，各种比例尺的地形图需要进行统一的分幅和编号，地形图的分幅方法有两种，一种是按经纬线分幅的梯形分幅法，另一种是按坐标格网分幅的矩形分幅法。前者用于国家基本比例尺地形图；后者用于工程建设大比例尺地形图。

1. 地形图的梯形分幅与编号

梯形分幅法是按照规定的经纬度分幅，组成向两级收敛的梯形图。我国在1992年颁布了《国家基本比例尺地形图分幅和编号》(GB/T13989－1992)，于1993年3月开始实施。按国际规定，我国基本比例尺地形图图幅的划分与编号以1∶1 000 000比例尺的地形图为基础，按照相应比例尺的经纬差逐次加密划分图图幅，如表示8－3所示

表8－3　梯形分幅法各比例尺地形图的经纬差、行列数、图幅数关系

比例尺		1∶1 000 000	1∶500 000	1∶250 000	1∶100 000	1∶50 000	1∶25 000	1∶10 000	1∶5 000
图幅范围	经差	6°	3°	1°30′	30′	15′	7′30″	3′45″	1′52.5″
	纬差	4°	2°	1°	20′	10′	5′	2′30″	1′15″
行列数量关系	行数	1	2	4	12	24	48	96	192
	列数	1	2	4	12	24	48	96	192
图幅数量关系		1	4	16	144	576	2 304	9 216	36 864

(1) 1∶1 000 000比例尺图的分幅与编号。1∶1 000 000的地形图的编号采用国际1∶1 000 000地图编号标准。即自赤道至南、北纬88°分别按纬度差4°各分成22横行，依次用大写字母(字符码)A，B，…，V表示；自180°经线起算，自西向东按经差6°把全球分成60纵列，歌列依次用阿拉伯数字(数字码)1，2，…，60表示。由经线和纬线所围成的每一个梯形小格为一幅1∶1 000 000的地形图，它们的编号由该图所在的行号与列号组合而成，如北京所在的1∶1 000 000地形图的图号为J50所示。

我国地处东半球赤道以北，图幅范围在纬度72°～138°、纬度0°～56°内，包括行号为A，B，…，N的14行、列号为43，44，…，53的11列。

(2) 1∶500 000～1∶5 000比例尺的分幅和编号。这几种比例尺的分幅编号都是以1∶1 000 000地形图编号为基础的，仍然采用行列编号方法。将1∶1 000 000地形图按所含比例尺地形图的经差和纬差划分成若干行和列，横行从上到下、纵列从左到右，按顺序分别用三位阿拉伯数字(数字码)表示，不足三位者前面补零，取行号在前、列号在后的排列形式标记；各比例尺地形图分别采用不同的字符作为其比例尺的代码(表8－4)；这几种地形图的图号编码所在1∶1 000 000地形图的图号、比例尺代码和各图幅的行列号共计10位组成。

【例8－1】1∶500 000地形图的编号。

表 8-4 各比例尺地形图代码

比例尺	1:500 000	1:250 000	1:100 000	1:50 000	1:25 000	1:10 000	1:5 000
代　码	B	C	D	E	F	G	H

阴影部分图号表示 J50B001002。

【例 8-2】1:250 000 地形图的编号。

阴影部分图号表示为 J50C003003。

地形图的矩形分幅与编号

1:500，1:1 000，1:2 000 地形图一般采用 50 cm×50 cm 正方形分幅和 40 cm×50 cm 矩形分幅，它是按统一的直角坐标格网划分的。采用矩形分幅时，图幅编号一般采用图廓西南角坐标千米数编号法，也可以选用流水编号法和行列编号法。

图廓西南直角坐标千米数编号法。采用图廓西南直角坐标千米数编号时，x 坐标公里数载前，y 坐标千米数载后。1:500 地形图取至 0.01 km，所以其编号为(30.20—70.65)。而 1:1 000，1:2 000 地形图取至 0.1 km。

流水编号法。带状测区或者小面积测区可按测区同一顺序编号，一般从左到右，从上到下用阿拉伯数字 1，2，3，…编定，如图 8-18 中的工业园区-8。

行列编号法。行列编号法一般是以字母(A，B，C，D…)为代号的横行由上到下排列，以阿拉伯数字的纵列从左到右排列来编定的。

任务 8.5　地形图的应用

地形图承载了丰富的地形信息，它不仅包含了自然地理要素，而且包含了社会、政治、经济等人文地理要素。

地形图也是工程建设必不可少的重要基础性资料。国土整治、资源勘查、城乡规划、土地利用、环境保护、工程设计、施工组织与管理等工作都要地形图作为依据。因此，正确识读和应用地形图，是每个建筑工程技术人员必须具备的基本技能。

通过地形图的识读，可以通过计算确定点的概略坐标和高程，直线的长度、方位角和坡度等；也可以应用在工程技术中，如绘制断面图、道路选线、场地平整土方量的计算等。

8.5.1　读图方法

1. 图外注记识读

识读地形图时，应先根据图廓外的注记，了解该图的图名、图号、比例尺、等高距、邻接图表、施测单位、所采用的坐标和高程系统以及测图日期等内容。这样就可以确定图幅所在的位置、图幅所包括的面积和长度等。然后再进一步了解地物分布和地貌状况。

2. 地物识读

地物识读要识读出地形图使用的是哪个地形图图式版本，熟悉一些常用的地物符号，了解符号和标记的确切含义根据地物符号，了解主要地物的分布情况如城镇及居民点的分布、公路级别、河流流向、地面植被的分布情况，以及输点线路、供电设备、水源、热源、气源的位置等。

3. 地貌识读

根据等高线判别图内各部分地貌的类别，分析其属于平原、丘陵还是山地；如属山地、丘陵，应找出山脊线、山谷线即地形线所在位置，以便了解图幅内的山川走向及汇水区域；再从等高线的疏密，判别各部分坡度的大小及地形走势。

8.5.2 地形图的基本应用

1. 确定地形图上点的坐标

用地形图进行规划设计时，需要知道点的平面坐标。一般可以根据地形图的图廓坐标格网的坐标值，量取或者使用内插法确定图上任意点的坐标。

【例 8-3】设该地形图比例尺为 1∶1 000，求 A 点平面直角坐标。

首先根据 A 的位置找出它所在的坐标方格网 $abcd$，过 A 点作坐标格网，平行线 ef 和 gh。然后用直尺在图上量得 $ag = 62.3\ \mathrm{mm}$，$ae = 55.4\ \mathrm{mm}$；由内、外图廓间的坐标标注知：$x_A = 12\ \mathrm{km}$，$y_A = 20.1\ \mathrm{km}$。则 A 点坐标为

$$x_A = x_A + ag \cdot M = 12\,100\ \mathrm{m} + 62.3\ \mathrm{mm} \times 1\,000 = 12\,162.3(\mathrm{m})$$

$$y_A = y_a + ae \cdot M = 20\,100\ \mathrm{m} + 55.4\ \mathrm{mm} \times 1\,000 = 20\,155.4(\mathrm{m})$$

如果要求精度较高，为防止图纸因伸缩变形而成误差，可按下式计算：

$$x_A = x_a + ag \times M \times \frac{l}{ab} \tag{8-3}$$

$$y_A = y_a + ae \times M \times \frac{l}{ad} \tag{8-4}$$

式中：l——方格边长的理论长度，一般为 10 cm；

ab，ad——分别用直尺量取的方格边长。

2. 确定两点间的水平距离

【例 8－4】如图 8－6 所示，求直线 AB 的长度。

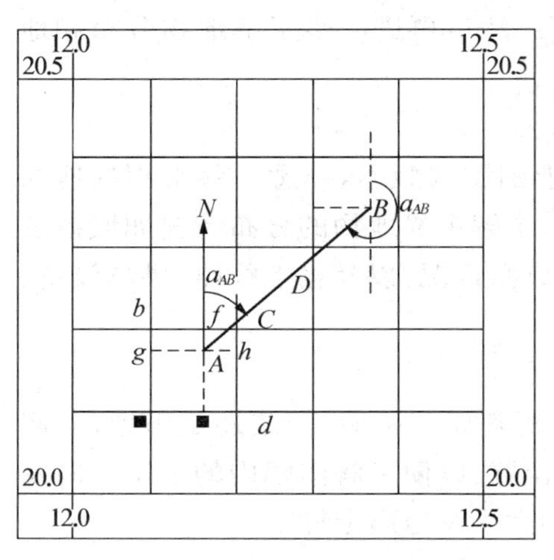

图 8－6　点位坐标的量测

(1) 图解法。用分规在图上直接量出线段长度，再与图示比例尺比量，即可得其水平距离。也可以用刻有毫米的直尺量取图上长度 d_{AB} 并按比例尺(M 为比例尺分母)换算为实地水平距离，即

$$D_{AB} = d_{AB} \cdot M \tag{8-5}$$

或用比例尺直接量取直线长度。

(2) 解析法。按式(8－4)，先求出 A，B 两点的坐标，再根据 A，B 两点坐标由式计算：

$$D_{AB} = \sqrt{(x_B - x_A)^2 + (y_B - y_A)^2} \tag{8-6}$$

3. 确定直线的坐标方位角

【例 8－5】如图 8－8 所示，求直线 AB 的坐标方位角。

(1) 解析法。首先确定 A，B 两点的坐标，然后用坐标反算的方法确定直线 AB 的坐标方位角。

$$\alpha_{AB} = \arctan \frac{y_B - y_A}{x_B - x_A} \tag{8-7}$$

(2) 图解法。在图上先过 A，B 点分别作出平行于坐标纵轴的直线；然后用量角器分别度量出直线 AB 的正、反坐标角 α'_{AB} 和 α'_{AB}，取这两个量测值的平均值作为直线 AB 的坐标方位角，即

$$\alpha_{AB} = \frac{1}{2}(\alpha'_{AB} + \alpha'_{AB} \pm 180°) \tag{8-8}$$

式中：若 $\alpha'_{AB} > 180°$，取“$-180°$”；若 $\alpha'_{AB} < 180°$，取“$+180°$”。

4. 确定点的高程

利用等高线，可以确定点的高程。如图 8－7 所示，A 点在 28 m 等高线上，则它的高程为 28 m。M 点在 27 m 和 28 m 等高线之间，过 M 点作一直线近似垂直这两条等高线，得交点 P，Q，则 M 点高程为

$$H_M = H_P + \frac{d_{PM}}{d_{PQ}} \cdot h \tag{8-9}$$

式中：H_P——P 点高程；

h——等高距；

d_{PM}，d_{PQ}——图上 PM，PQ 线段的长度。

例如，设用直尺在图上量得 $d_{PM}=5\,\text{mm}$，$d_{PQ}=12\,\text{mm}$，已知 $H_P=27\,\text{mm}$，等高距 $H=1\,\text{m}$，把这些数据代入式(8-9)得

$$H_M=27+\frac{5}{12}\times 1=27.4\,\text{m}$$

5. 确定两点间直线的坡度

直线两端点高差 H 与水平距离 D 之比称为直线的坡度 i，即

$$i=\frac{H}{D} \tag{8-10}$$

坡度 i 一般用百分率(%)或千分率(‰)表示。$i_{AB}>0$ 表示上坡；$i_{AB}<0$ 表示下坡。如图 8-8 所示，设在图上量得 AB 实地水平距离为 876 m，AB 的高差为 +36.7 m，则 AB 的坡度为 $i_{AB}=\dfrac{H_{AB}}{D_{AB}}=\dfrac{+36.7}{876}\times 100\%=+4\%$

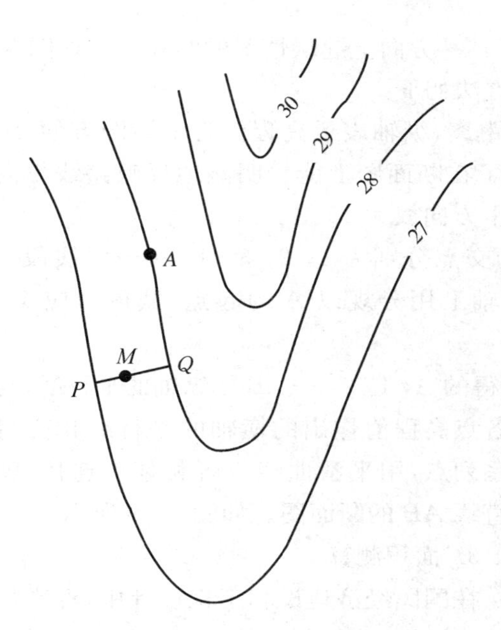

图 8-7　确定点的高程

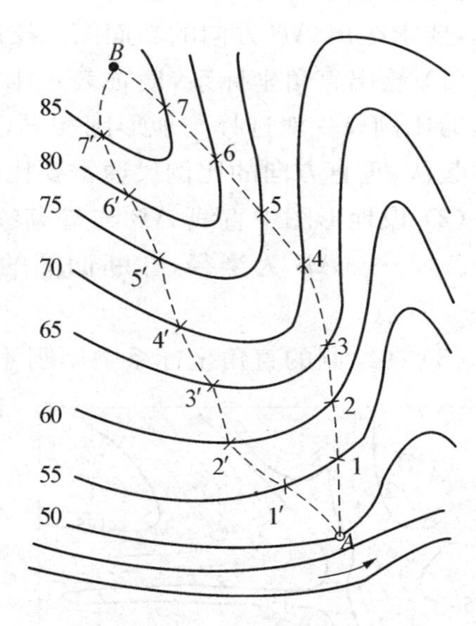

图 8-8　选取等坡度路线

若以坡度角表示，则

$$\alpha=\arctan\frac{h_{AB}}{d_{AB}} \tag{8-11}$$

如果两点位于相邻两等高线上，而相邻两等高线之间的坡度可以认为是均匀的，此时所求的坡度应与实地坡度相符。如果直线跨越几条等高线，而且相邻等高线之间的平距不等，则地面坡度不均匀，所求得的坡度是两点间的平均坡度。

8.5.3 地形图在工程设计中的应用

1. 按规定的坡度选定最短路线

进行铁路、公路、管线等设计时，均有一定的限制坡度，为了线路经济合理，可以自地形图上按规定坡度选择最短路线。如图 8－8 所示，要从 A 点向山顶 B 预选一条公路的路线。读图可知，等高线的基本等高距为 $h=5\,\text{m}$，比例尺 1∶10 000，限制坡度 $i=5\%$，则路线通过相邻等高线的实地平距应该是 $D=\dfrac{h}{i}=\dfrac{5}{5\%}=100$。

在 1∶10 000 图上平距应为 1 cm，用分规以 A 为圆心，1 cm 为半径，作圆弧交55 m 等高线于 1 点或 $1'$点。再以 1 点或 $1'$点为圆心，按同样的半径交 60 m 等高线于 2 或 $2'$。同法可得一系列交点，直到 B 点。把相邻点连接，即得两条符合于设计要求的路线的大致方向。然后通过实地踏勘，综合考虑选出一条较理想的公路路线。

2. 绘制已知方向纵断面图

在工程设计中常利用地形图绘制表示某一方向上起伏情况的断面图。如图 8－9 所示，要求绘出 AB 方向的断面图。绘制方法如下：

(1) 绘出直角坐标系，横轴表示水平距离，纵轴表示高程。为了绘图方便，水平方向的比例尺一般选择与地形图相同，为了在断面图上能较明显地反映路线方向的地面起伏，垂直方向的比例尺通常要比水平方向放大 10 倍。

(2) 设地形图中直线 AB 与等高线的交点分别为 1，2，3，4，……以线段 $A1$，$A2$，$A3$，…，AB 为半径，在断面图的横轴上用分规以 A 为起点，截得对应 1，2，3，…，B 点。

(3) 在绘制的直角坐标系中用刚才截得的 A，1，2，…，B 作纵轴的平行线，与通过各点高程值作出的横轴的平行线相交得到一系列点，用平滑曲线将各相邻点连接，就得到直线 AB 的断面图。如图 8－8 所示。

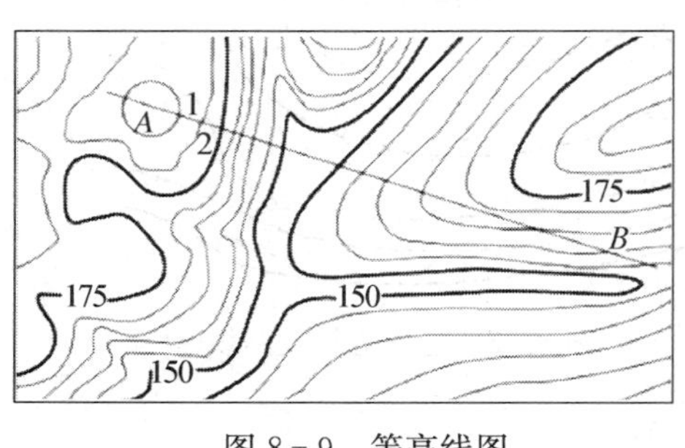

图 8－9 等高线图

3. 面积测算

在国民经济建设和工程设计中，经常需要测定如汇水面积、土地面积、林区面积、厂区面积等各类型面积，而面积测算也是体积测算的基础。面积测算的方法有很多，要根据地形图精度、测区形状和大小、测算的精度要求和可使用的量测工具来选择合适的方法。常用的面积测算方法主要有图解法、解析法、网格法、平行线法、求积仪法。这里仅针对解析法作简要介绍。

解析法是根据图形角点的坐标来计算图形面积的大小。图形角点的坐标可以通过地形图上确定点的坐标的方法来量测，而有的图形角点坐标是在外业实测的，课直接用来计算。

4. 平整场地时的填挖边界确定及土方量计算

平整场地就是将施工场地的原始地貌按要求整理成水平或倾斜的平面。按挖填方量基本平衡的原则设计，常使用方格网法来确定填挖边界及进行填挖土石方量的概算。将场地平整为水平地面的步骤如下：

(1) 绘制方格网。在地形图上拟建场地内绘制方格网。方格的边长取决于地形图的比例尺、地形的复杂程度和土石方计算的精度，一般为 10 m 或 20 m。

(2) 求方格网角点的高程。根据方格网角点在等高线的位置，用内插法或目估法求出每个方格角点的高程，标注于各方格网的右上角。

(3) 计算设计高程。设计高程又称零线高程，即场地平整后的高程。为了满足挖填方基本平衡的原则，设计高程实际上就是场地原始地貌的平均高程。把每个方格四个角点的高程相加再除以 4，即得每一个方格的平均高程；再把 n 个方格的平均高程加起来，除以方格数 n，即得设计高程，计算式为

$$H_{设} = \frac{1}{4n}\left(\sum H_{角} + 2\sum H_{边} + 3\sum H_{拐} + 4\sum H_{中}\right) \tag{8-12}$$

(4) 绘出填、挖边界线。根据设计高程，在图上用内插法绘出设计高程等高线，该等高线即为填、挖边界线，通常称为零线。

(5) 计算挖深和填高。将每个方格角点的原有高程减去设计高程，即得角点的挖深(+)或填高(−)，注于图上相应角点的右下角。

(6) 计算土方量。方格的面积乘以四个角点填挖高度(填为“−”，挖为“+”)的平均值即可得到每个方格的填挖土方量。可以表示为下列式：

填挖土方量＝1/4 角点填挖高度×方格面积

填挖土方量＝2/4 边点填挖高度×方格面积

填挖土方量＝3/4 拐点填挖高度×方格面积

填挖土方量＝中点填挖高度×方格面积

将所得挖方量与填方量分别求和，即得场地平整的挖填土方量；也可以用表格或软件进行辅助计算。

技能训练 8.1　经纬仪法大比例尺地形图的测绘

1. 实习目的

(1) 了解测图前准备工作。

(2) 地物平面图的测绘。

2. 仪器设备

每组J_6经纬仪1台、塔尺2把、图板、图纸、量角器、比例尺、小钢尺、橡皮、小刀、记录板各1个。

3. 实习任务

按1∶500测地形图的要求，每组完成2栋房屋的观测、绘图任务。

4. 实习要点及流程：

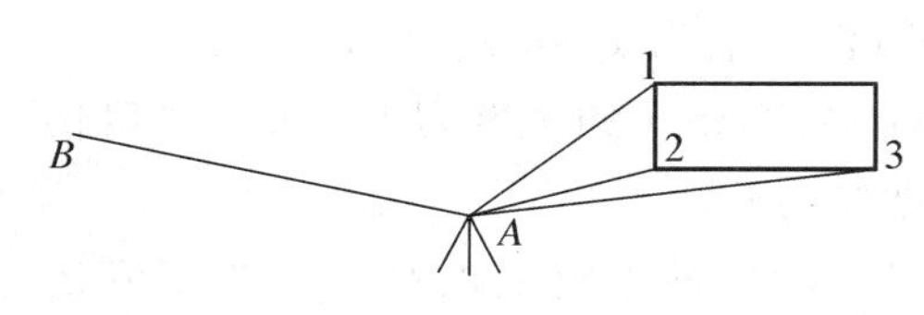

（1）要点：后视方向要找一个距离相对远的点。

（2）流程：在A点架仪——后视B点——测点1，2，3——绘出房屋。

5. 实习记录

经纬仪法测量碎部点外业记录表

日期：______年____月____日　天气：____　仪器型号：________　组号：______

观测者：____________　记录者：____________　司尺者：________________

测站点：________　后视点：________　仪器高：________m　测站高程：________m

点号	视距读数(m)			中丝读数 v(m)	竖盘读数 L (° ′)	水平读数 β (° ′)	水平距离(m) $D=100l\sin^2L$	碎部点高程(m) $H=H_0+i+D\text{ctg}L-v$
	上丝读数(m)	下丝读数(m)	上下丝之差 l(m)					

评　价　单

系：　　　　　　　　　　　　班级：　　　　　　　　　　　　　　　　　　　年　月　日

任务责任人				总评分	
任务名称	经纬仪法大比例尺地形图的测绘				
评价内容		分值	自评(20%)	组评(30%)	教师评价(50%)
决　策	测量工具选用正确	10			
计　划	实施步骤合理	10			
实　施	图纸识读正确	10			
	仪器操作正确	20			
	数据计算正确	10			
	成果测绘正确	20			
	过程记录正确	10			
检　查	检查单填写正确	10			
合　计		100			
小组长					
组　员					

思考与练习

1. 什么是比例尺？什么是比例尺精度？常用的比例尺有哪几种？
2. 什么是地物符号？地物符号有哪几种？试举例说明。
3. 什么是等高线？什么是示坡线？试绘图说明。
4. 试用等高线按下列要求作图：

(1) 描绘等高线跨一条河流。

(2) 描绘 45°的倾斜面。

(3) 以等高距为 2 mm 描绘底面直径为 40 mm 的半球体。

5. 图 8 - 10 为 1∶5 000 地形图，已给出西南角坐标，试求：

(1) A, B, C 三点的高程和坐标；

（2）分别用解析法和图解法求出 AB，BC，AC 的距离

（3）分别用解析法和图解法求出 α_{AB}，α_{BC} 和 α_{AC}，并进行比较。

（4）试求 AC、BC 的连线坡度 i_{AC} 和 i_{BC}，沿 AB 方向绘制纵断面图。

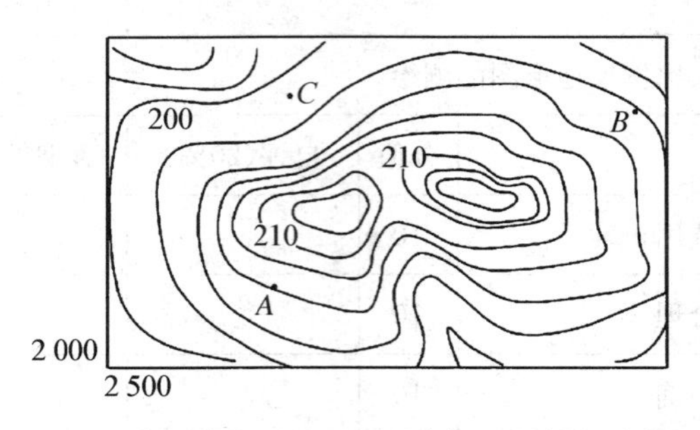

图 8－10　1∶5 000 比例尺地形图

模块九 民用建筑施工测量

任务 9.1 民用建筑施工测量概述

施工测量的目的是把设计的建筑物、构筑物的平面位置和高程，按设计要求以一定的精度测没在地面上，作为施工的依据。并在施工过程中进行一系列的测量工作，以衔接和指导各工序间的施工。所以，民用建筑施工测量是指把图纸上已经设计好的建筑物按照设计的要求测设（俗称放线或标定）到地面上，并设置各种标志作为施工依据，以衔接和指导施工，保证施工质量。符合设计和规范要求。其中民用建筑是指住宅、办公楼、学校和医院等建筑物，可分为单层、多层和高层建筑。随着现代化城市的发展和建筑工艺的进步，高层和高耸建筑物不断涌现，这对民用建筑施工测量技术提出了更高的要求。

在施工中，测量贯穿于整个施工过程中。从场地平整、建筑物定位、基础施工，到建筑物构件的安装，有些工程竣工后。有些高大或特殊的建筑物建成后，还要定期进行变形观测。

施工测量和测绘地形图一样，也要遵循“从整体到局部，先控制后碎部”的原则。

主要内容包括：

1. 建立施工控制网；
2. 建筑物、构筑物的详细放样；
3. 检查、验收；
4. 变形观测。

技能训练 9.1 建筑基线的调整

1. 实习目的

（1）熟悉经纬仪或全站仪的操作。

（2）掌握建筑基线的轴线点的调整方法。

2. 仪器设备

每组 J_2 经纬仪 1 台、测钎 2 个、皮尺 1 把、三角板 1 个、记录板 1 个、计算器 1 个（或全站仪 1 台、棱镜 2 个、三角板 1 个、计算器 1 个）。

3. 实习任务

每组调整好一个有 5 个轴线点的“十”字形建筑基线。

4. 实习要点及流程

（1）要点：要精确测量角值，并注意归化值的方向。

（2）流程：粗略定出长主轴线点 AOB—调整 AOB 位置—O 点架仪定出短轴线点 C，D—调整 C，D 位置。公式：$\delta=\dfrac{ab}{2(a+b)}\dfrac{1}{\rho}(180°-\beta)$；$\varepsilon=\dfrac{s\cdot\Delta\beta}{\rho}$。

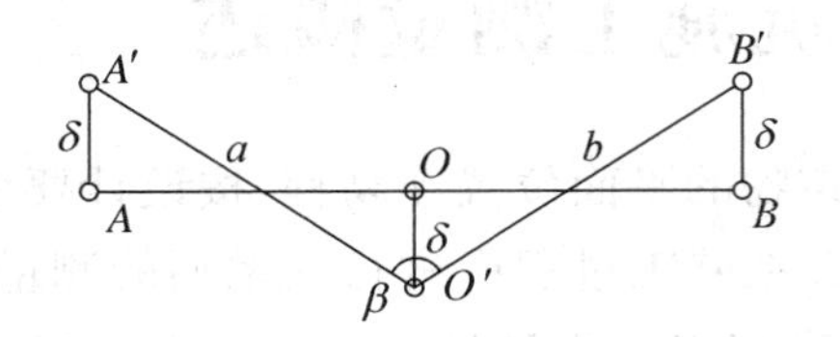

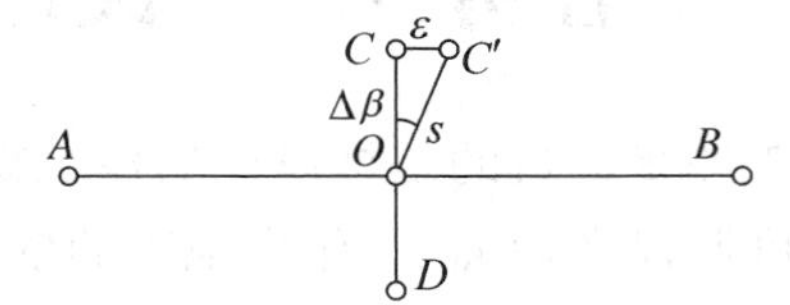

5. 实习记录

（1）水平角 β，$\angle AOC$ 的测量

测回法测水平角记录表

日期：_____年____月____日　天气：____　仪器型号：________　组号：____

观测者：____________　记录者：________　立棱镜者：________________

测点	盘位	目标	水平度盘读数 ° ′ ″	水　平　角		示意图及边长
				半测回值 ° ′ ″	一测回值 ° ′ ″	

（2）水平距离 a、b、s 测量：

直线 a：第一次＝________m，第一次＝________m，平均＝________m。

直线 b：第一次＝________m，第一次＝________m，平均＝________m。

直线 s：第一次＝________m，第一次＝________m，平均＝________m。

（3）计算调整：

经计算得：δ＝________________mm。

ε＝________________mm。

评 价 单

系：　　　　　　　　　班级：　　　　　　　　　　　　　　　　　　　年　月　日

任务责任人				总评分	
任务名称	建筑基线的调整				
	评价内容	分值	自评(20%)	组评(30%)	教师评价(50%)
决　策	测量工具选用正确	10			
计　划	实施步骤合理	10			
实　施	图纸识读正确	10			
	仪器操作正确	20			
	数据计算正确	10			
	成果测绘正确	20			
	过程记录正确	10			
检　查	检查单填写正确	10			
合　计		100			
小 组 长					
组　员					

任务 9.2　测设前准备工作

9.2.1　熟悉图纸

为了测设工作正确无误进行，首先要进行熟悉设计图纸的工作。设计图纸是施工测量的主要依据，在测设前，应熟悉建筑物的设计图纸，了解施工建筑物与相邻地物的相互关系，以及建筑物的尺寸和施工的要求等，并仔细核对各设计图纸的有关尺寸。

测设时应具备以下图纸资料：

1. 建筑总平面图

建筑总平面图给出了地上建筑物和道路的平面位置及其主要点的坐标，标出相邻建筑物之间的尺寸关系，注明各建筑物室内地坪标高，是测设建筑物总体位置和高程的重要依据。建筑总平面图示例见图 9－1。

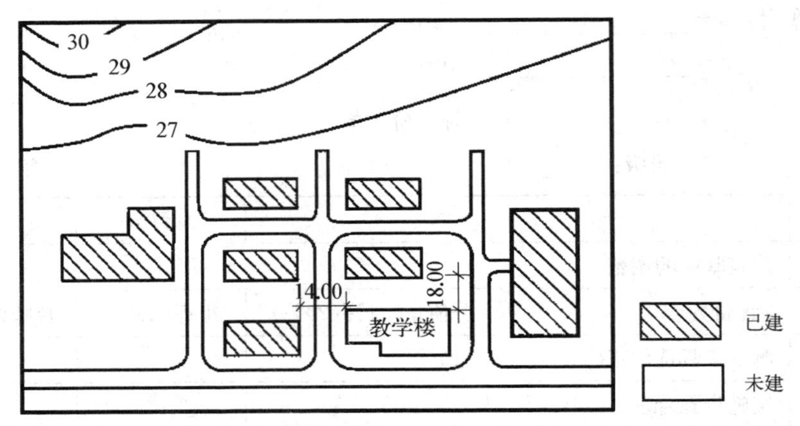

图 9－1　总平面图

2. 建筑平面图

建筑平面图是施工测设的基本资料，从建筑平面图中，可以查取建筑物的总尺寸，以及内部各定位轴线之间的关系尺寸。如图 9－2 所示。

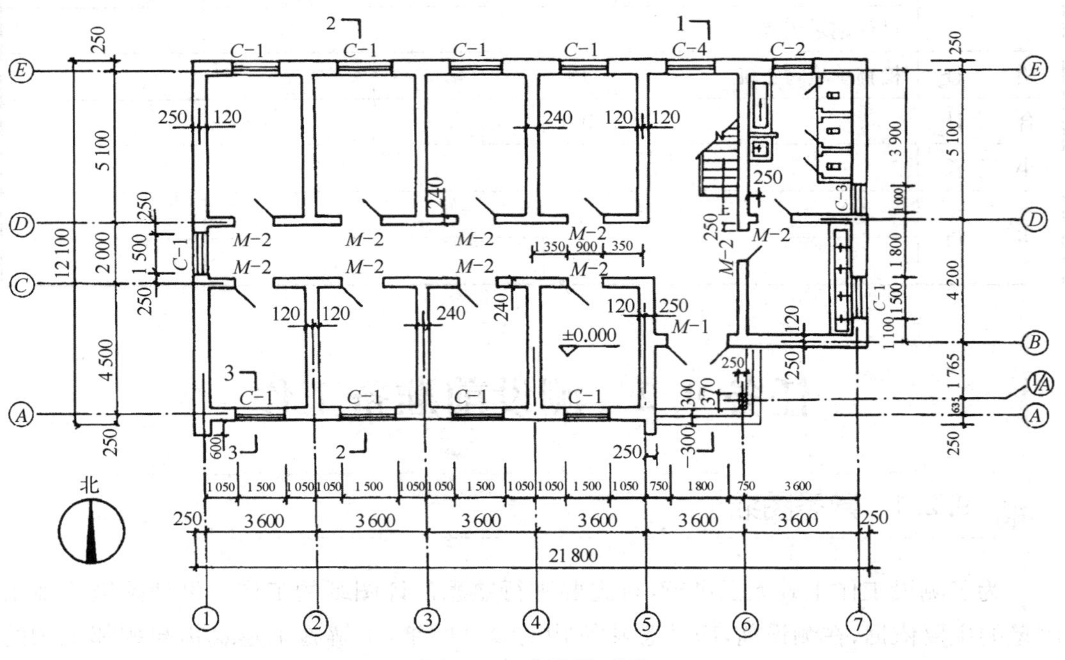

图 9－2　建筑平面图

3. 基础平面图及基础详图

基础平面图给出的是基础轴线间的尺寸关系和编号，是基础定位及细部放样的依据，如图 9－3 所示。

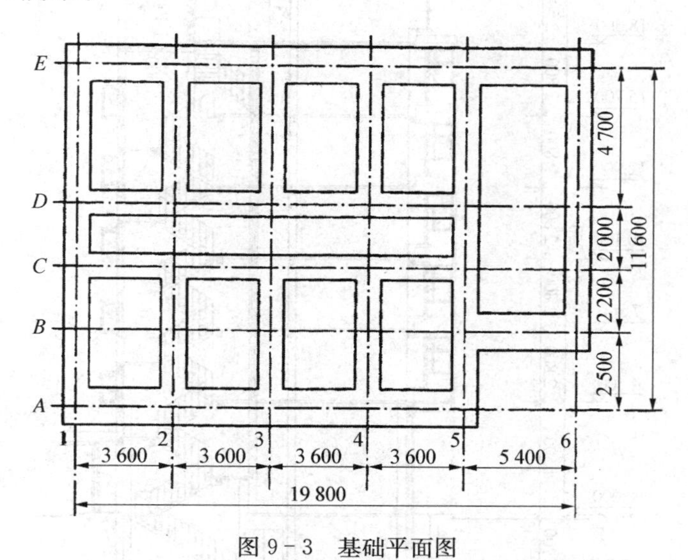

图 9－3　基础平面图

基础详图给出基础剖面尺寸、设计标高以及基础边线与定位轴线的尺寸关系，是基础高程测设的依据，如图 9－4 所示。

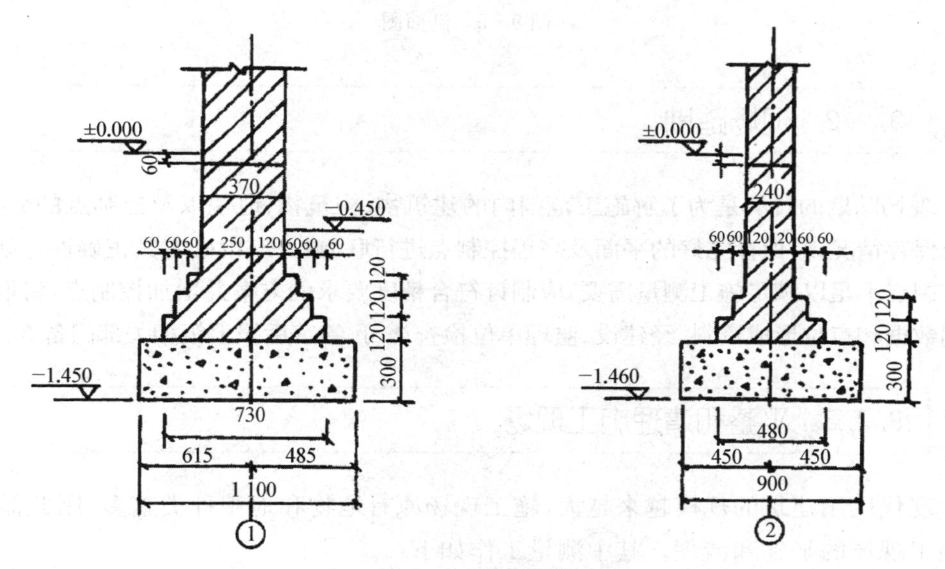

图 9－4　基础详图

4. 剖面图

从剖面图中可以读出基础、地坪、门窗、楼板、屋架和屋面等的设计高程，它是高程测设的主要依据，如图 9－5 所示。

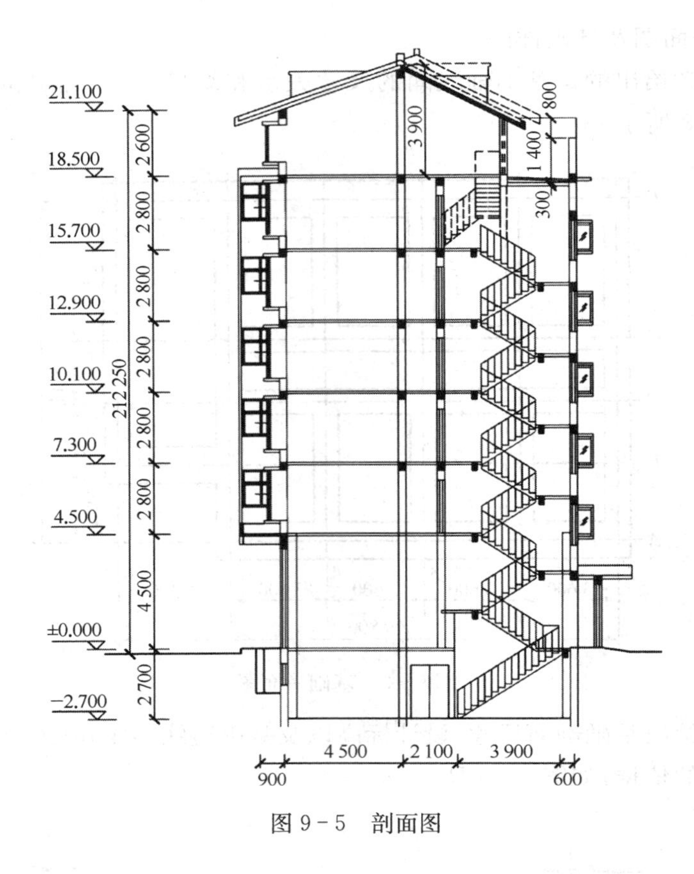

图 9-5　剖面图

9.2.2　现场踏勘

现场踏勘的日的是为了解施工范围内的建筑物、构筑物、地貌以及控制点的分布、通视及保存情况，对保存完好的平面及高程控制点进行联测校核，以确定其正确性。如果现有控制点不足以满足施工测量需要，应制订符合精度要求的方案并增加控制点，将取得的正确数据和点位形成资料，经建设、监理单位检查认可，签字后报上级相关部门备案。

9.2.3　平整和清理施工现场

现代民用建筑的规模越来越大，施工现场原有地物和地貌种类繁多，因此需要进行施工现场的平整和清理。其中测量工作如下：

(1) 取得最新地形图资料，并实地踏勘建立符合平场要求的施工测量方格网。

(2) 根据地形图用测量仪器将施工范围边界测设到地面上，并做好相关征地及其范围内的建筑物体拆迁、清理工作。

(3) 根据设计标高控制平场标高，并计算平场挖填土石方量，尽可能做到挖、填平衡。

9.2.4 编制施工测量方案

对于民用建筑来说，不同的建筑物对施工的精度要求也各不相同，因此在熟悉设计图纸、施工计划和施工进度的基础上，须结合现场的条件和实际情况，拟订合理的施工测量方案。施工测量方案应包括以下内容：

(1) 根据施工不同阶段制定相应施工测量方法和测量步骤。

(2) 不同施工阶段测设资料，包括测设数据计算和绘制测设略图等。

(3) 根据设计精度要求选择施工测量工具。

(4) 合理安排时间，按需组织人、材、机。

技能训练 9.2　直角坐标法、极坐标法测设平面点位

1. 实习目的

(1) 熟悉经纬仪或全站仪的操作。

(2) 掌握直角坐标法放样点平面位置的方法。

(3) 掌握极坐标法放样点平面位置的方法。

2. 仪器设备

每组 J_2 经纬仪 1 台、测钎 2 个、皮尺 1 把、记录板 1 个(或全站仪 1 台、棱镜 2 个)。

3. 实习任务

每组用直角坐标法放样 4 点、用极坐标法放样 2 点。

4. 实习要点及流程

(1) 要点：注意角度的正拨和反拨。

(2) 流程：如下图：直角坐标法放样出 M，N，P，Q—极坐标法放样出 A，B。

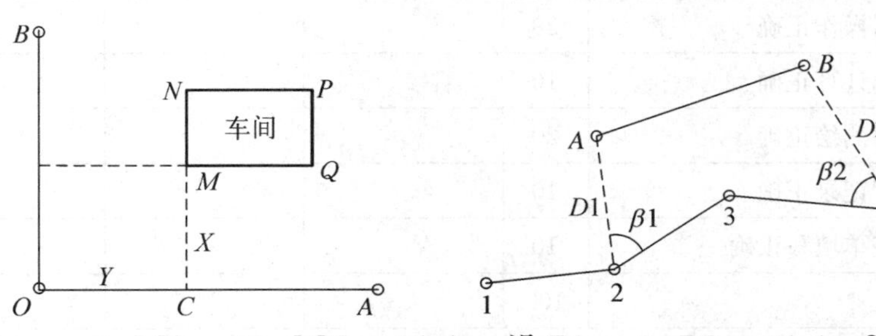

设 $x=3$，$y=5$，$MQ=10$，$MN=6$(m)　设 $D1=6$，$D2=8$(m)，$\beta1=30°$，$\beta2=50°$

5. 实习记录

(1) 直角坐标法放样平面点位

角桩点 M 的坐标 $X=$________m，$Y=$________m；待测设建筑物的 $MN=$________m，$MQ=$________m。

角桩点 M 的坐标 $X=$________m，$Y=$________m；待测设建筑物的 $MN=$________m，$MQ=$________m。

角桩点 M 的坐标 $X=$________m，$Y=$________m；待测设建筑物的 $MN=$________m，$MQ=$________m。

(2) 极坐标法放样平面点位

测站点______的坐标 $X=$________m，$Y=$________m；

后视点______的坐标 $X=$________m，$Y=$________m。

待放样点______的坐标 $X=$________m，$Y=$________m，经计算得：测设水平角 $\beta=$________，水平距离 $D=$________。

待放样点______的坐标 $X=$________m，$Y=$________m，经计算得：测设水平角 $\beta=$________，水平距离 $D=$________。

待放样点______的坐标 $X=$________m，$Y=$________m，经计算得：测设水平角 $\beta=$________，水平距离 $D=$________。

待放样点______的坐标 $X=$________m，$Y=$________m，经计算得：测设水平角 $\beta=$________，水平距离 $D=$________。

评 价 单

系：　　　　　　班级：　　　　　　　　　　　　年　月　日

任务责任人			总评分		
任务名称	直角坐标法、极坐标法测设平面点位				
评价内容		分值	自评(20%)	组评(30%)	教师评价(50%)
决　策	测量工具选用正确	10			
计　划	实施步骤合理	10			
实　施	图纸识读正确	10			
	仪器操作正确	20			
	数据计算正确	10			
	成果测绘正确	20			
	过程记录正确	10			
检　查	检查单填写正确	10			
合　计		100			
小 组 长					
组　员					

任务 9.3　民用建筑的定位和放线

9.3.1　建筑物的定位

建筑物的定位是指把建筑物的外廓各轴线交点测设到地面上，即根据设计要求在地面上标出拟建建筑物的准确位置，它是进行细部放样的依据。根据控制网的形式及分布、放线的精度要求及施工现场的条件来选用。建筑物的定位主要有以下几种测设方法：

（1）根据测量控制点测设。根据建筑物附近的导线点、三角点等测量控制点和建筑物各角点的设计坐标用极坐标或交会法测设建筑物的位置。

（2）根据建立方格网和建筑基线测设。当建筑场地已经建立方格网或建筑基线时，可以采用直角坐标放样法，使用经纬仪和钢尺测设定位点。

（3）根据与原有建筑物的关系测设。即根据设计图上都绘出的新建建筑物与附近原有建筑物的相对位置关系，进行测设。

建筑物的定位，就是将建筑物外廓各轴线交点（简称角桩，即图 9－6 中的 M，N，P 和 Q）测设在地面上，作为基础放样和细部放样的依据。

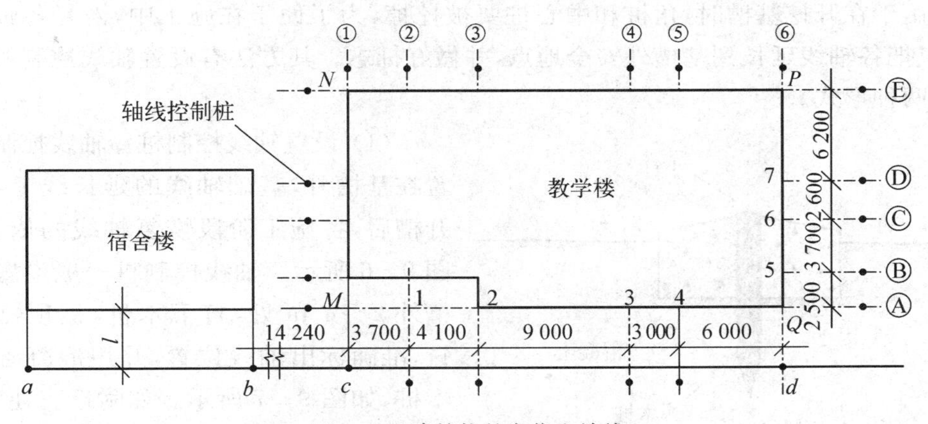

图 9－6　建筑物的定位和放线

由于定位条件不同，定位方法也不同，下面介绍根据已有建筑物测设拟建建筑物的方法。

（1）如图 9－6 所示，用钢尺沿宿舍楼的东、西墙，延长出一小段距离 l 得 a，b 两点，作出标志。

（2）在 a 点安置经纬仪，瞄准 b 点，并从 b 沿 ab 方向量取 14.240 m（因为教学楼的外墙厚 370 mm，轴线偏里，离外墙皮 240 mm），定出 c 点，做出标志，再继续沿 ab 方向从 c 点起量取 25.800 m，定出 d 点，做出标志，cd 线就是测设教学楼平面位置的

建筑基线。

(3) 分别在 c，d 两点安置经纬仪，瞄准 a 点，顺时针方向测设 90°，沿此视线方向量取距离 $l+0.240$ m，定出 M，Q 两点，做出标志，再继续量取 15.000 m，定出 N，P 两点，做出标志。M，N，P，Q 四点即为教学楼外廓定位轴线的交点。

(4) 检查 NP 的距离是否等于 25.800 m，$\angle N$ 和 $\angle P$ 是否等于 90°，其误差应在允许范围内。

如施工场地已有建筑方格网或建筑基线时，可直接采用直角坐标法进行定位。

9.3.2 建筑物的放线

建筑物的放线，是指根据已定位的外墙轴线交点桩(角桩)，详细测设出建筑物各轴线的交点桩(或称中心桩)，然后，根据交点桩用白灰撒出基槽开挖边界线。放线方法如下：

1. 在外墙轴线周边上测设中心桩位置

如图 9-6 所示，在 M 点安置经纬仪，瞄准 Q 点，用钢尺沿 MQ 方向量出相邻两轴线间的距离，定出 1，2，3，4 各点，同理可定出 5，6，7 各点。量距精度应达到设计精度要求。量出各轴线之间距离时，钢尺零点要始终对在同一点上。

2. 恢复轴线位置的方法

由于在开挖基槽时，角桩和中心桩要被挖掉，为了便于在施工中，恢复各轴线位置，应把各轴线延长到基槽外安全地点，并做好标志。其方法有设置轴线控制桩和龙门板两种形式。

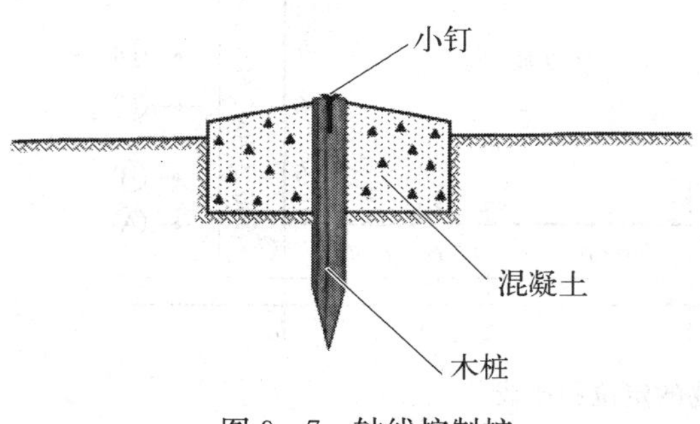

图 9-7　轴线控制桩

(1) 设置轴线控制桩。轴线控制桩设置在基槽外，基础轴线的延长线上，作为开槽后，各施工阶段恢复轴线的依据，如图 9-6 所示。轴线控制桩一般设置在基槽外 2～4 m 处，打下木桩，桩顶钉上小钉，准确标出轴线位置，并用混凝土包裹木桩，如图 9-7 所示。如附近有建筑物，亦可把轴线投测到建筑物上，用红漆作出标志，以代替轴线控制桩。

(2) 设置龙门板。在小型民用建筑施工中，常将各轴线引测到基槽外的水平木板上。水平木板称为龙门板，固定龙门板的木桩称为龙门桩，如图 9-8 所示。设置龙门板的步骤如下：

在建筑物四角与隔墙两端，基槽开挖边界线以外 1.5～2 m 处，设置龙门桩。龙门桩要钉得竖直、牢固，龙门桩的外侧面应与基槽平行。

根据施工场地的水准点，用水准仪在每个龙门桩外侧，测设出该建筑物室内地坪

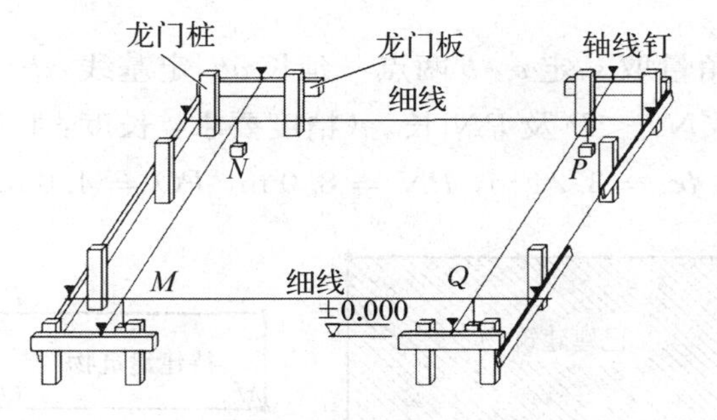

图 9-8　龙门板

设计高程线(即±0 标高线),并做出标志。

沿龙门桩上±0 标高线钉设龙门板,这样龙门板顶面的高程就同在±0 的水平面上。然后,用水准仪校核龙门板的高程,如有差错应及时纠正,其允许误差为±5 mm。

在 N 点安置经纬仪,瞄准 P 点,沿视线方向在龙门板上定出一点,用小钉作标志,纵转望远镜在 N 点的龙门板上也钉一个小钉。用同样的方法,将各轴线引测到龙门板上,所钉之小钉称为轴线钉。轴线钉定位误差应小于±5 mm。

最后,用钢尺沿龙门板的顶面,检查轴线钉的间距,其误差不超过 1∶2 000。检查合格后,以轴线钉为准,将墙边线、基础边线、基础开挖边线等标定在龙门板上。

技能训练 9.3　据已有建筑物进行建筑物定位

1. 实习目的

(1) 熟悉经纬仪或全站仪的操作。

(2) 掌握据已有建筑物进行建筑物角桩测设的方法。

2. 仪器设备

每组 J_2 经纬仪 1 台、测钎 2 个、皮尺 1 把、记录板 1 个(或全站仪 1 台、棱镜 2 个、记录板 1 个)。

3. 实习任务

每组根据一栋已有房屋,测设出一栋待建房屋的四个角桩。

4. 实习要点及流程

(1) 要点

要考虑墙厚(轴线离墙 0.24 m);定出建筑物的 4 个角桩后,要进行角度和边长的检核。

(2) 流程

由已建建筑物角量取 s,定 a, b 两点—延长 ab,定基线 cd—拨角、量边得角桩 M, N, P, Q——检查 $\angle N$, $\angle P$ 及 PN 长。(精度要求:长度:1/5 000,角度:$1'$)

设:$s=1.0$ m,$bc=3.24$ m,$PN=8.0$ m,$PQ=4.0$ m。

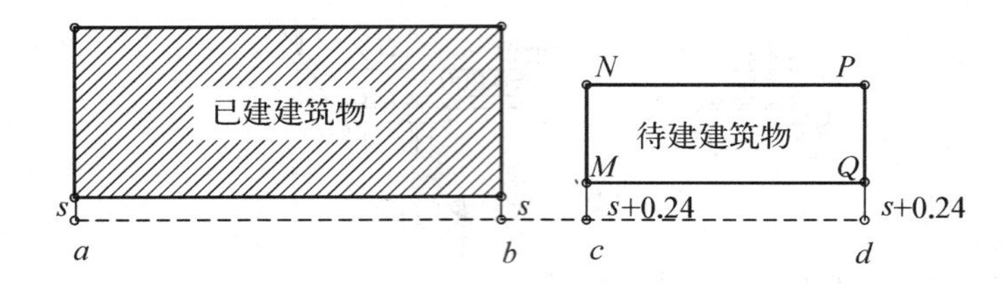

5. 实习记录

设轴线离墙 0.24 m,待建建筑物与已建建筑物间距=________m,待建建筑物长=________m,宽=________m。设置已建建筑物的延长线 s=________m,则:

测设数据:bc=________m,bd=________m,cM 或 dQ=________m,cN 或 dP=________m。

评 价 单

系: 班级: 年 月 日

任务责任人				总评分	
任务名称	据已有建筑物进行建筑物定位				
评价内容		分值	自评(20%)	组评(30%)	教师评价(50%)
决 策	测量工具选用正确	10			
计 划	实施步骤合理	10			
实 施	图纸识读正确	10			
	仪器操作正确	20			
	数据计算正确	10			
	成果测绘正确	20			
	过程记录正确	10			
检 查	检查单填写正确	10			
合 计		100			
小 组 长					
组 员					

任务 9.4　基础施工测量

9.4.1　基础开挖深度的控制

基础开挖过程中，为了控制开挖深度，首先要根据平场标高和基础开挖线，进行基础开挖，当基槽挖到设计高程 0.3～0.5 m 时，应使用水准仪在基槽壁上测设若十个水平的小木桩(又称水平桩)，使水平桩的上表面离基槽底部的设计标高为一个固定数值(如 0.50 m)，为了施工方便，一般在基槽壁各拐角处和槽壁每隔 3～4 m 设置一个水平桩。必要时，可沿水平桩的上表面拉上自线绳，作为挖槽深度、清理槽底和打基础垫层时控制高程的依据。

9.4.2　基础标高的控制

1. 设置水平桩

为了控制基槽的开挖深度，当快挖到槽底设计标高时，应用水准仪根据地面上±0.000 m 点，在槽壁上测设一些水平小木桩(称为水平桩)，如图 9-9 所示，使木桩的上表面离槽底的设计标高为一固定值(如 0.500 m)。

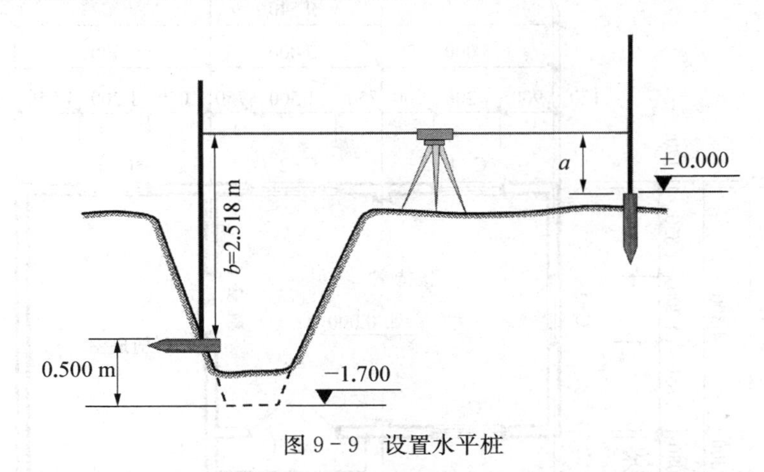

图 9-9　设置水平桩

为了施工时使用方便，一般在槽壁各拐角处、深度变化处和基槽壁上每隔 3～4 m 测设一水平桩。

水平桩可作为挖槽深度、修平槽底和打基础垫层的依据。

2. 水平桩的测设方法

如图 9-9 所示，槽底设计标高为−1.700 m，欲测设比槽底设计标高高 0.500 m 的水平桩，测设方法如下：

（1）在地面适当地方安置水准仪，在±0标高线位置上立水准尺，读取后视读数为1.318 m。

（2）计算测设水平桩的应读前视读数b应为：

$$b_{应} = a - h = 1.318 - (-1.700 + 0.500) = 2.518$$

（3）在槽内一侧立水准尺，并上下移动，直至水准仪视线读数为2.518 m时，沿水准尺尺底在槽壁打入一小木桩。

技能训练9.4　开挖边线的测量

1. 实习目的

熟悉并掌握普通民用建筑开挖边线撒灰的过程。

2. 仪器设备

每组J_2经纬仪1台、测钎2个、皮尺1把、三角板1个、记录板1个、尼龙线、石灰一桶。

3. 实习任务

根据图纸完成开挖边线撒灰的过程。

4. 实习要点及流程

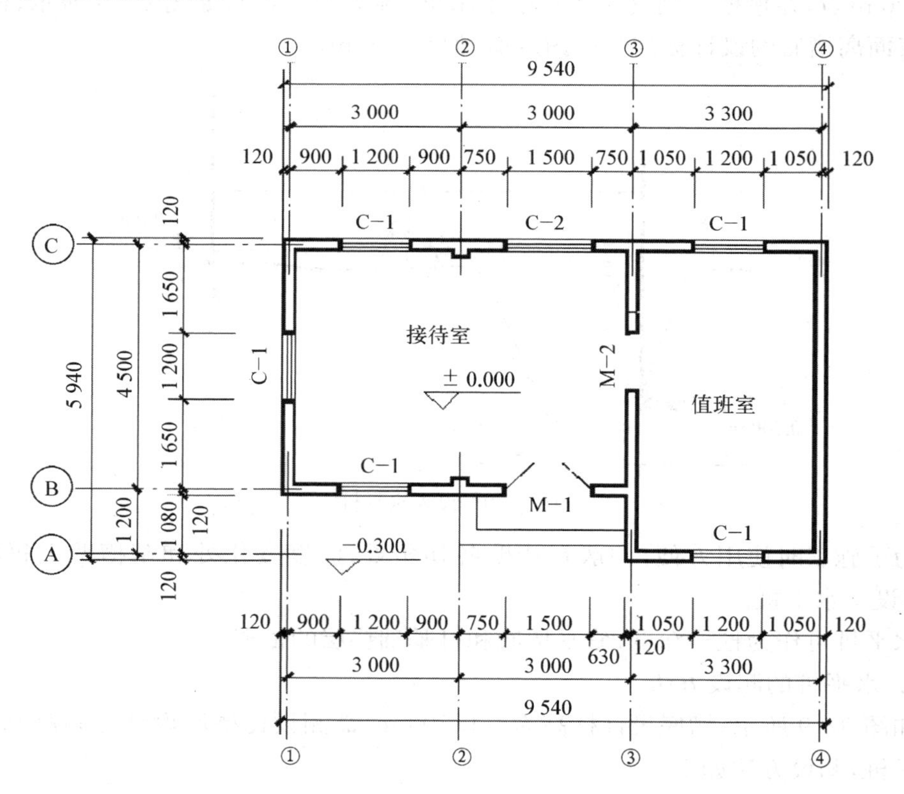

(1) 用尼龙绳连接1轴上的两个桩，再将尼龙绳分别向两侧平移0.75 m，沿尼龙绳撒灰。

(2) 分别。

(3) 擦去多余灰线，只保留图中墙体部分的灰线。

5. 实习记录

拍照撒灰过程中的操作照片及成果照片。

评　价　单

系：　　　　　　　　　班级：　　　　　　　　　　　　　　　　　　　年　月　日

任务责任人				总评分	
任务名称	建筑基线的调整				
评价内容		分值	自评(20%)	组评(30%)	教师评价(50%)
决　策	测量工具选用正确	10			
计　划	实施步骤合理	10			
实　施	图纸识读正确	10			
	仪器操作正确	20			
	数据计算正确	10			
	成果测绘正确	20			
	过程记录正确	10			
检　查	检查单填写正确	10			
合　计		100			
小组长					
组　员					

任务9.5　墙体工程测量

9.5.1　墙体定位

墙体定位具体步骤如下：

(1) 利用轴线控制桩或龙门板上的轴线和墙边线标志，用经纬仪或拉细绳挂锤球的方法将轴线投测到基础面上或防潮层上。

(2) 用墨线弹出墙中线和墙边线。

(3) 检查外墙轴线交角是否等于90°。

(4) 把墙轴线延伸并画在外墙基础上，如图 9－10 所示，作为向上投测轴线的依据。

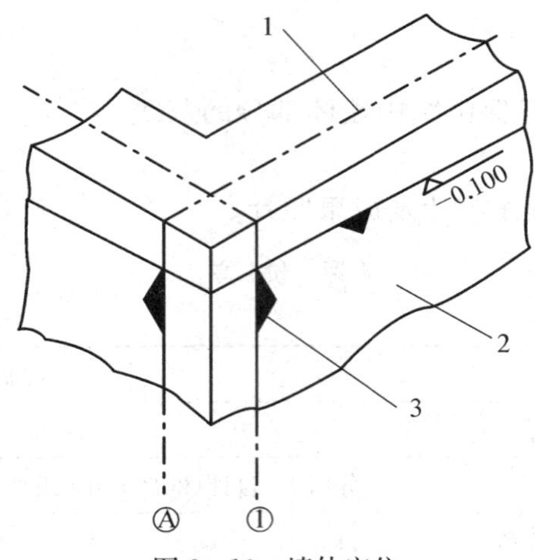

图 9－10　墙体定位

1—墙中心线　2—外墙基础　3—轴线

(5) 把门、窗和其他洞口的边线，也在外墙基础上标定出来。

9.5.2　墙体各部位标高控制

在墙体施工中，墙身各部位标高通常也是用皮数杆控制。

(1) 在墙身皮数杆上，根据设计尺寸，按砖、灰缝的厚度画出线条，并标明 0.000 m、门、窗、楼板等的标高位置，如图 9－11 所示。

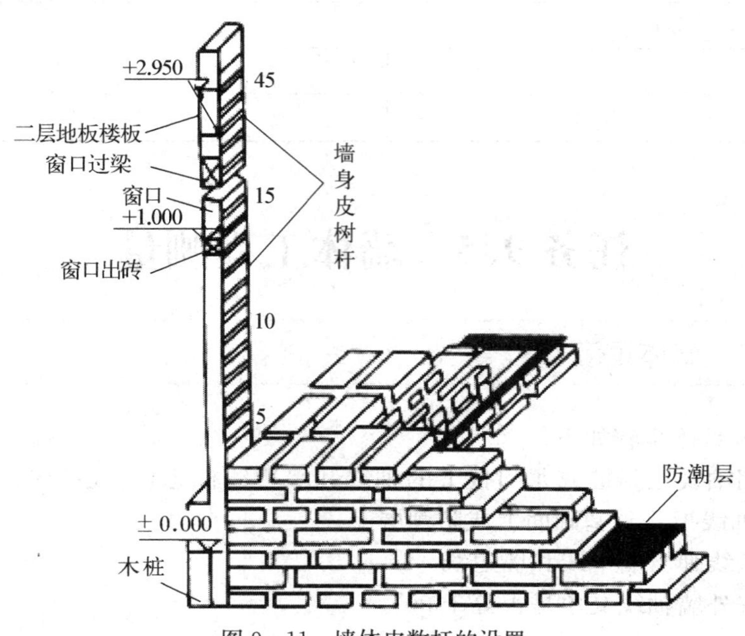

图 9－11　墙体皮数杆的设置

(2) 墙身皮数杆的设立与基础皮数杆相同，使皮数杆上的 0.000 m 标高与房屋的室内地坪标高相吻合。在墙的转角处，每隔 10～15 m 设置一根皮数杆。

(3) 在墙身砌起 1 m 以后，就在室内墙身上定出＋0.500 m 的标高线，作为该层地面施工和室内装修用。

(4) 第二层以上墙体施工中，为了使皮数杆在同一水平面上，要用水准仪测出楼板四角的标高，取平均值作为地坪标高，并以此作为立皮数杆的标志。

框架结构的民用建筑，墙体砌筑是在框架施工后进行的，故可在柱面上画线，代替皮数杆。

此外还有诸如吊钢尺法、普通水准测量法等。

9.5.3 轴线投测

施工轴线的投测，宜使用 2″″级经纬仪或激光铅垂仪进行施测，控制轴线投测至施工层后，应在结构平面上按闭合图形对投测轴线进行校核。合格后才可以进行本施工层上的其他测设工作，否则须进行重测。

任务 9.6 高层建筑的施工测量

9.6.1 高层建筑施工测量的特点

我国的高层建筑蓬勃兴起，高层民用住宅群也在各大、中型城市中悄然屹立。为了提高工程质量，高层建筑施工测量越来越受到广泛地重视。高层建筑的特点是层数多，高度高，结构复杂。因结构竖向偏差直接影响工程受力情况，故在施工测量中要求竖向投点精度高，所选用的仪器和测量方法要适应结构类型、施工方法和场地情况。由于建筑结构复杂，设备和装修标准较高，特别是高速电梯的安装等，对施工测量精度要求亦高，一般情况在设计图纸中有说明，有各项允许偏差值，施工测量误差必须控制在允许偏差值以内。因此，面对建筑平面、立面造型的复杂多变，要求在工程开工前，先制定施工测量方案，仪器配置，测量人员的分工，并经工程指挥部组织有关专家论证后方可实施。

高层建筑施工测量的主要任务是将建筑物的基础轴线准确的向高层引测，并保证各层相应的轴线位于同一竖直面内，要控制与检核轴线向上投测的竖向偏差每层不超过 5 mm，全楼累计误差不大于 20 mm；在高层建筑施工中，要由下层楼面向上层传递高程，以使上层楼板、门窗口、室内装修等工程的标高符合设计要求。

高层建筑的施工测量包括基础定位及建网、轴线投测和高程传递等工作。高层

建筑放样的主要问题是轴线投测时轴线竖向传递误差和层高误差，也就是各轴线如何精确向上引测的问题。

9.6.2　高层建筑轴线投测

1. 经纬仪投测法

高层建筑物的平面控制网和主轴线是根据复核后的红线桩或平面控制坐标点来测设的，平面网的控制轴线应包括建筑物的主要轴线，间距宜为 30～50 m，并组成封闭图形，其量距精度要求较高，且向上投测的次数愈多，对距离测设精度要求愈高，一般不得低于 1/10 000，测角精度不得低于 20″。

高层建筑物的基础工程完工后，须用经纬仪将建筑物的主轴线（或称中心轴线）精确地投测到建筑物底部侧面，并设标志，以供下一步施工与向上投测之用。另以主轴线为基准，重新把建筑物角点投测到基础顶面，并对原来所作的柱列轴线进行复核。然后再分量各开间柱列轴线间的距离，往返丈量距离的精度要求与基础轴线测设精度相同。

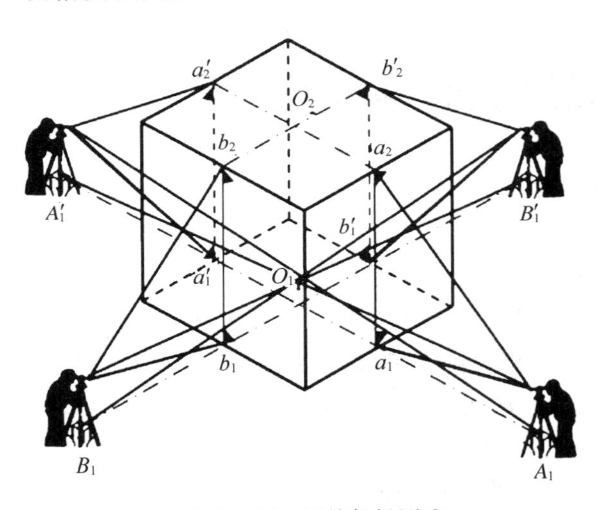

图 9-12　经纬仪投测法

随着建筑物的升高，要逐层将轴线向上投测传递。如图 9-12 所示，向上投测传递轴线时，是将经纬仪安置在远离建筑物的轴线控制桩 A_1，A_1'和 B_1，B_1'上，分别以正、倒镜两个盘位照准建筑物底部侧面所设的轴线标志 a_1，a_1'和 b_1，b_1'，向上投测到每层楼面上，取正、倒镜两投测点的中点，即得投测在该层上的轴线点 a_2，a_2'和 b_2，b_2'。a_2a_2'和 b_2b_2'两线的交点 O'即为该层楼面的投测中心。

当建筑物层数增至相当高度时（一般为 10 层以上），经纬仪向上投测的仰角增大，则投点误差也随着增大，投点精度降低，且观测操作不方便。因此，将主轴线控制桩引测到远处的稳固地点或附近大楼的屋面上，如图 9-13 所示。所选轴线控制桩位置距建筑物宜在0.8H～1.5H(m)外（H 为建筑物总高），以减小仰角。

为了保证投测质量，使用的经纬仪必须进行检验校正，尤其是照准部水准管轴应精密垂直仪器竖轴。投测时，应精密整平。为避免日照、风力等不良影响，宜在阴天、无风时进行投测。南京金陵饭店（110 m）、北京彩电中心（135 m）均采用此种方法。

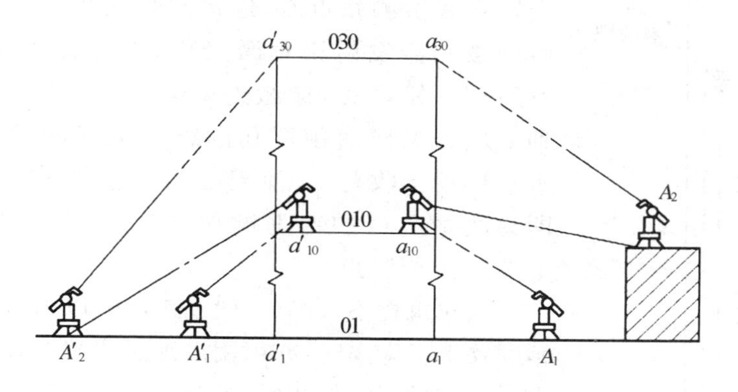

图 9-13　增设轴线引桩

2. 铅垂仪投测法

激光铅垂仪是一种供铅直定位的专用仪器，适用于高层建筑、烟囱和高塔架的铅直定位测量。主要由氦氖激光器、竖轴、发射望远镜、管水准器和基座等部件组成，基本构造如图 9-14 所示。激光器通过两组固定螺钉固装在套筒内。仪器的竖轴是一个空心轴，两端有螺扣，激光器套筒安装在下端(或上端)，发射望远镜装在上端(或下端)，即构成向下(或向上)发射的激光铅直仪。仪器上设置有两个互成 90°的管水准器，分划值一般为 20″/mm，仪器配有专用激光电源。使用时利用激光器底端(全反射棱镜端)所发射的激光束进行对中，通过调节基座整平螺旋，使管水准器气泡严格居中，从而使发射的激光束铅垂。

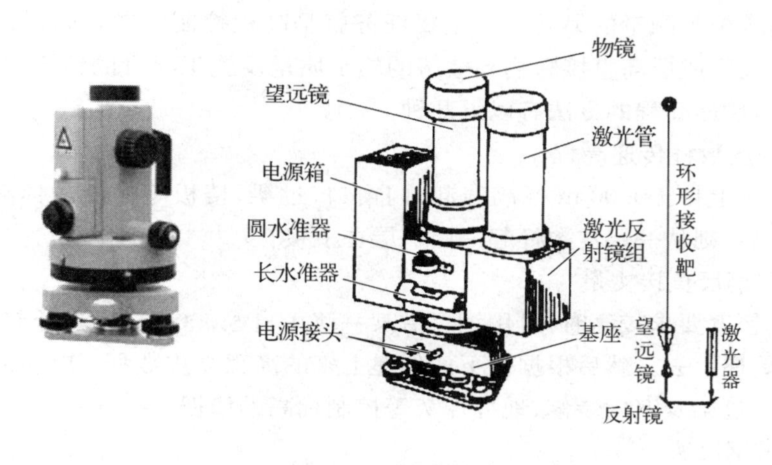

图 9-14　激光铅垂仪

为了把建筑物轴线投测到各层楼面上，根据梁、柱的结构尺寸，投测点距轴线500～800 mm 为宜。每条轴线至少需要两个投测点，其连线应严格平行于原轴线。为了使激光束能从底层直接打到顶层，在各层楼面的投测点处需预留孔洞，或利用通风道、垃圾道以及电梯升降道等。如图 9-15 所示，将激光铅垂仪

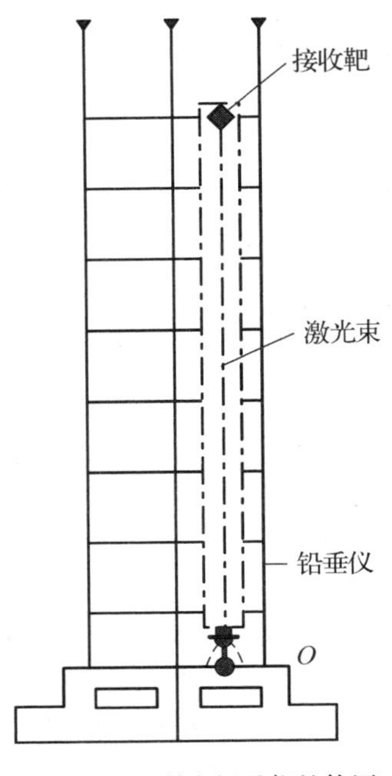

图 9-15　激光铅垂仪的使用

安置在底层测站点 O，进行严格对中、整平，接通电源，启辉激光器发射铅垂激光束，作为铅垂基准线。通过发射望远镜调焦，使激光束会聚成红色耀目光斑，投射到上层施工楼面预留孔的绘有坐标网的接收靶 P 上，水平移动接收靶 P，使靶心与红色光斑重合，靶心位置即为测站点 O 的铅垂投影位置，并以此作为该层楼面上的一个控制点。

当建筑物不太高(一般在 100 m 以内)，垂直控制测量精度要求不太高时，亦可用重锤法代替铅垂仪投测。悬挂重锤的钢丝表示铅垂线，重锤重量随施工楼面高度而异，高度在 50 m 以内时约 15 kg，100 m 以内时约 25 kg，钢丝直径为1 mm，投测时，重锤浸在废机油中并采取挡风措施，以减少摆动。此外，配有 90°弯管目镜的经纬仪也可作为光学铅垂仪使用，其方法与激光铅垂仪一样，不同的是一个激光斑，一个是光学视线点。

9.6.3　高层建筑高程传递

高层建筑施工测量的另外一个主要任务就是高程控制问题，即各楼层的高程传递。楼层的高度或层高直接影响到楼房的施工质量及施工项目的经济效益。高层建筑物施工中，传递高程的方法有以下几种。

1. 利用皮数杆传递高程

在皮数杆上自±0.00 m 标高线起，门窗口、过梁、楼板等构件的标高都已注明。一层楼砌好后，则从一层皮数杆起一层一层往上接。

2. 利用钢尺直接丈量

在标高精度要求较高时，可用钢尺沿某一墙角自±0.00 m 标高处起向上直接丈量，把高程传递上去。然后根据由下面传递上来的高程立皮数杆，作为该层墙身砌筑和安装门窗、过梁及室内装修、地坪抹灰等控制标高的依据。

3. 悬吊钢尺法

在楼梯间悬吊钢尺，钢尺下端挂一个重锤，使钢尺处于铅垂状态，用水准仪在下面与上面楼层分别读数，按水准测量原理把高程传递上去。

任务9.7　竣工测量

9.7.1　竣工测量概述

竣工总平面图是设计总平面图在施工后实际情况的全面反映，所以，设计总平面图不能完全代替竣工总平面图。编绘竣工总平面图的目的在于：① 在施工过程中可能由于设计时没有考虑到的问题而使设计有所变更，这种临时变更设计的情况必须通过测量反映到竣工总平面图上；② 它将便于日后进行各种设施的维修工作，特别是地下管道等隐蔽工程的检查和维修工作；③ 为企业的扩建提供了原有各项建筑物、构筑物、地上和地下各种管线及交通线路的坐标、高程等资料。

新建的企业竣工总平面图的编绘，最好是随着工程的陆续竣工相继进行编绘。一面竣工，一面利用竣工测量成果编绘竣工总平面图。如发现地下管线的位置有问题，可及时到现场变对，使竣工图能真实反映实际情况。边竣工边编绘的优点是：当企业全部竣工时，竣工总平面图也大部分编制完成；既可作为交工验收的资料，又可大大减少实测工作量，从而节约了人力和物力。

竣工总平面图的编绘，包括室外实测和室内资料编结两方面的内容。

9.7.2　竣工总平面图的编绘

竣工总平面图上应包括建筑方格网点，水准点、厂房、辅助设施、生活福利设施、架空及地下管线、铁路等建筑物或构筑物的坐标和高程，以及厂区内空地和未建区的地形。有关建筑物、构筑物的符号应与设计图例相同，有关地形图的图例应使用国家地形图图式符号。

厂区地上和地下所有建筑物、构筑物绘在一张竣工总平面图上时，如果线条过于密集而不醒目，则可采用分类编图。如综合竣工总平面图，交通运输竣工总平面图和管线竣工总平面图等等。比例尺一般采用 1∶1 000。如不能清楚地表示某些特别密集的地区，也可局部采用 1∶500 的比例尺。

如果施工的单位较多，多次转手，造成竣工测量资料不全，图面不完整或与现场情况不符时，只好进行实地施测，这样绘出的平面图，称为实测竣工总平面图。

思考与练习

1. 民用建筑物如何定位与放线？
2. 设置龙门板或引桩的作用是什么？简要说明如何设置。

3. 在墙体施工过程中如何定位和控制标高?

4. 基础开挖时如何控制开挖深度?

5. 一般民用建筑墙体施工过程中,如何投测轴线?如何传递高程?

6. 高层建筑施工测量的特点是什么?高层建筑轴线投测和高程传递的方法有哪些?

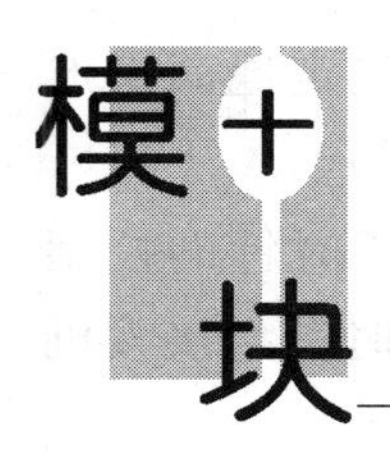

模块十 GPS 应用

任务 10.1 GPS 概述

1957 年 10 月世界上第一颗人造卫星发射成功后，首先引起了各国军事部门的高度重视，人们开始利用卫星进行定位和导航的研究。

1958 年底，美国海军武器实验室就着手实施建立为美国军用舰艇导航服务的卫星系统，即“海军导航卫星系统”(navy navigation satellite system, NNSS)。1964 年该系统建成，并开始在美国军方启用；1967 年美国政府批准该系统解密，并提供民用。

1973 年 12 月，美国国防部组织海、陆、空三军联合研制新一代军用卫星导航系统——GPS，1989 年 2 月 14 日发射第一颗 GPS 卫星，1994 年 3 月 28 日发射完第 24 颗卫星，其中工作卫星 21 颗，备用卫星 3 颗。目前在轨卫星数超过 32 颗。均匀分布在 6 个与赤道倾角为 55°的近似圆形轨道上，每个轨道 4 颗卫星运行，距地表平均高度 20 200 km，速度为 3 800 m/s，运行周期为 11 h 58 min。每颗卫星覆盖全球 38%的面积，保证在地球上任何地点、任何时刻、在高度 15°以上天空能同时观测到 4 颗以上卫星，见图 10 - 1(a)所示。

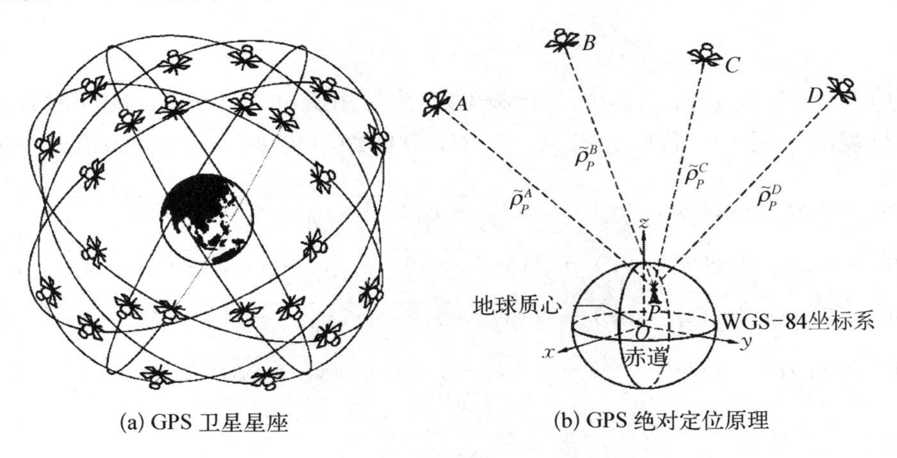

(a) GPS 卫星星座　　(b) GPS 绝对定位原理

图 10 - 1　GPS 卫星星座与绝对定位原理

GPS采用空间测距交会原理进行定位。如图10－1(b)所示，为了测定地面谋点P在图中空间直角坐标系$Oxyz$(称WGS－84坐标系统)中的三维坐标(x_p, y_p, z_p)，将GPS接收机安置在p点，通过接收卫星发射的测距码信号，在接收机时钟的控制下，可以解出测距码从卫星传播到接收机的时间Δt，乘以光速c并加上时钟与接收机时钟不同步改正就可以计算出卫星至接收机的空间距离$\bar{\rho}$

$$\bar{\rho} = c\Delta t + c(\upsilon_T - \upsilon_t) \tag{10-1}$$

式中：υ_t——卫星时钟差；

υ_T——接收时钟差。

与EDM使用双程测距方式不同，GPS是使用单程测距方式，即接收机收到的测距信号不再返回卫星，而是在接收机中直接解算传播时间Δ_t并计算出卫星至接收机的距离，这就要求卫星和接收机的时钟应严格同步，卫星在严格同步的时钟控制下发射测距信号。事实上，卫星钟与接收机钟不可能严格同步，这就会产生钟误差，两个时钟不同步对测距结果的影响为$c(\upsilon_T - \upsilon_t)$。卫星广播中包含有卫星时钟差$\upsilon_t$，它是已知的，而接收机钟差$\upsilon_T$却是未知，需要通过观测方程解算。

式10－1中的距离$\bar{\rho}$没有顾及大气电离层和对流层折射误差的影响，它不是卫星至接收机的真实几何距离，通常称其为伪距。

在测距时刻t_i，接收机通过接收卫星S_i的广播星历可以解算出S_i在WGS－84坐标系统中的三维坐标(x_i, y_i, z_i)，则S_i卫星与p点的几何距离为

$$R_p^i = \sqrt{(x_p - x_i)^2 + (y_p - y_i)^2 + (z_p - z_i)^2} \tag{10-2}$$

由此得伪距观测方程为

$$\bar{\rho}_p^i = c\Delta t_{ip} + c(\upsilon_t^i - \upsilon_T) = R_p^i = \sqrt{(x_p - x_i)^2 + (y_p - y_i)^2 + (z_p - z_i)^2} \tag{10-3}$$

式(10－3)有x_p，y_p，z_p，υ_T 4个未知数，为了解算4个未知数，应同时锁定4颗卫星进行观测。图10－1(b)中对A，B，C，D四颗卫星进行观测的伪距方程为：

$$\left.\begin{aligned}
\bar{\rho}_p^A &= c\Delta t_{Ap} + c(\upsilon_t^A - \upsilon_T) = \sqrt{(x_p - x_A)^2 + (y_p - y_A)^2 + (z_p - z_A)^2} \\
\bar{\rho}_p^B &= c\Delta t_{Bp} + c(\upsilon_t^B - \upsilon_T) = \sqrt{(x_p - x_B)^2 + (y_p - y_B)^2 + (z_p - z_B)^2} \\
\bar{\rho}_p^C &= c\Delta t_{DP} + c(\upsilon_t^C - \upsilon_T) = \sqrt{(x_p - x_C)^2 + (y_p - y_C)^2 + (z_p - z_C)^2} \\
\bar{\rho}_p^D &= c\Delta t_{DP} + c(\upsilon_t^D - \upsilon_T) = \sqrt{(x_p - x_D)^2 + (y_p - y_D)^2 + (z_p - z_D)^2}
\end{aligned}\right\} \tag{10-4}$$

解式(10－4)就可以计算出P点的坐标(x_p, y_p, z_p)。

任务 10.2　GPS 系统组成

GPS 由空间部分、地面监控系统、用户设备三部分组成，如图 10－2 所示。

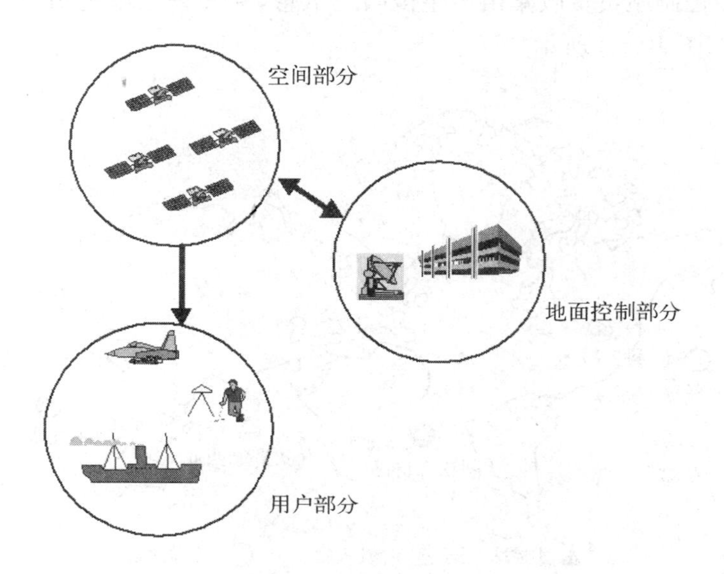

图 10－2　GPS 组成

10.2.1　空间部分

GPS 的空间部分是由 24 颗卫星组成（21 颗工作卫星；3 颗备用卫星），它位于距地表 20 200 km 的上空，均匀分布在 6 个轨道面上（每个轨道面 4 颗），轨道倾角为 55°。卫星的分布使得在全球任何地方、任何时间都可观测到 4 颗以上的卫星，并能在卫星中预存导航信息，GPS 的卫星因为大气摩擦等问题；随着时间的推移，导航精度会逐渐降低，如图 10－3 所示。

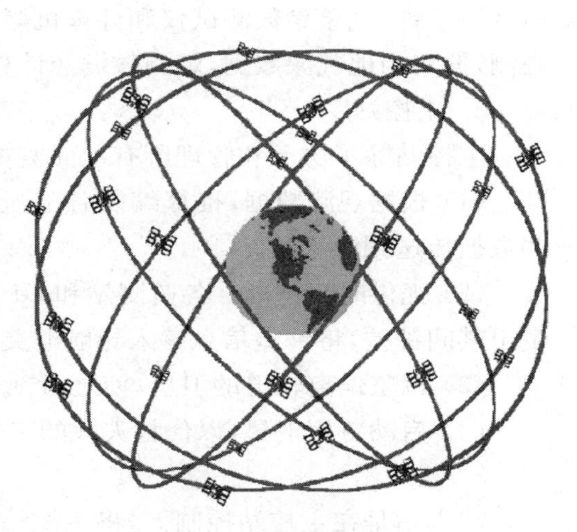

图 10－3　GPS 空间部分

10.2.2 地面控制系统

地面控制系统由监测站(monitor station)、主控制站(master monitor station)、地面天线(ground antenna)所组成,主控制站位于美国科罗拉多州春田市(Colorado Spring)。地面控制站负责收集由卫星传回之讯息,并计算卫星星历、相对距离,大气校正等数据,如图 10-4 所示。

图 10-4 地面监控系统分布

1. 监测站

监测站是在主控站控制下的数据自动采集中心,站内设有双频 GPS 接收机、高精度原子钟、气象参数测试仪和计算机等设备。其任务完成对 GPS 卫星信号的连续观测,搜集当地气象数据,观测数据经计算机处理后传送到主控站。

2. 主控站

主控站除了协调和管理所有地面监控系统工作以外,还进行下列工作:

(1) 根据观测数据,推算编制各卫星星历、卫星钟差和大气层修正参数,并将这些数据传送到注入站。

(2) 提供时间基准。各监测站和 GPS 卫星原子钟应与主控站原子钟同步,或测量出其间钟差,将钟差信息编入导航电文,送到注入站。

(3) 调整偏离轨道的卫星,使之沿预定的轨道运行。

(4) 启动备用卫星,以代替失效的工作卫星。

3. 注入站

注入站是在主控站控制下,将主控站推算和编制的卫星星历、钟差、导航电文和其他控制指令注入卫星存储器中,并监测注入信息的正确性。

除主控站外，整个地面监控系统无人值守。

10.2.3 用户设备部分

用户设备部分即GPS信号接收机（图10-5）。其主要功能是能够捕获到按一定卫星截止角所选择的待测卫星，并跟踪这些卫星的运行。当接收机捕获到跟踪的卫星信号后，就可测量出接收天线至卫星的伪距离和距离的变化率，解调出卫星轨道参数等数据。根据这些数据，接收机中的微处理计算机就可按定位解算方法进行定位计算，计算出用户所在地理位置的经纬度、高度、速度、时间等信息。接收机硬件和机内软件以及GPS数据的后处理软件包构成完整的GPS用户设备。GPS接收机的结构分为天线单元和接收单元两部分。接收机一般采用机内和机外两种直流电源。设置机内电源的目的在于更换外电源时不中断连续观测。在用机外电源时机内电池自动充电。关机后机内电池为RAM存储器供电，以防止数据丢失。目前各种类型的接受机体积越来越小，重量越来越轻，便于野外观测使用。常用的接收器现有单频与双频两种，但由于价格因素，一般使用者所购买的多为单频接收器。

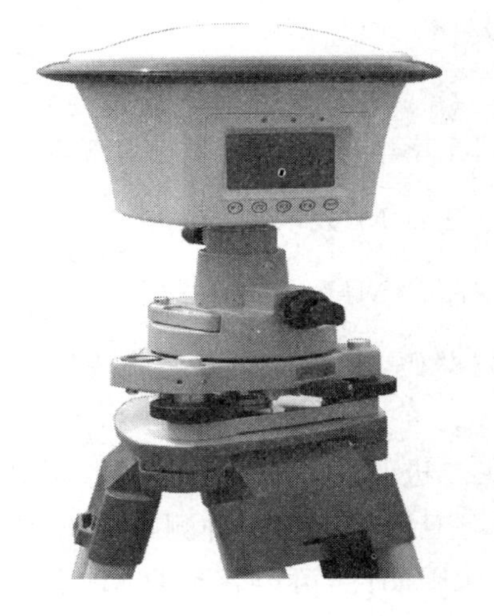

图10-5 GPS接收机

任务10.3 GPS定位原理

根据测距原理，GPS定位方式分为伪距定位、载波相位测量定位、GPS差分定位。根据待定点位的运动状态分为：静态定位和动态定位。

10.3.1 卫星信号

卫星信号包含载波、测距码(C/A 码和 P 码)、数据码(导航电文或称 D 码),它们在同一个原子钟频率 $f_0 = 10.23$ MHz 下产生的,见图 10-6 所示。

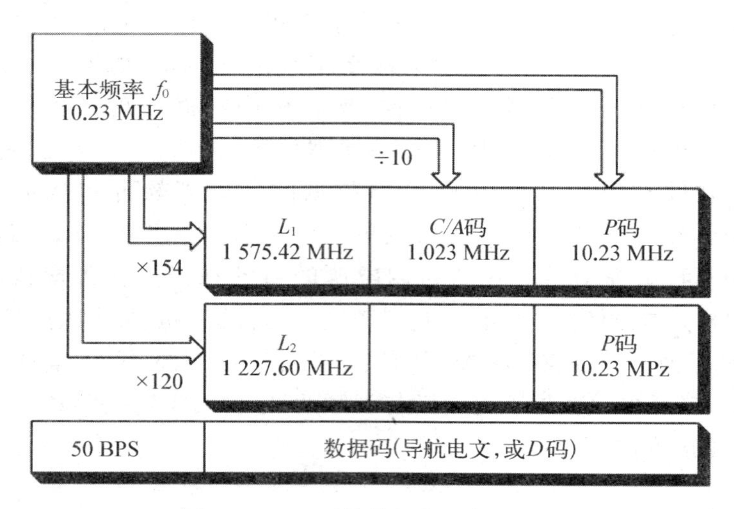

图 10-6 卫星信号频率的产生原理

1. 载波信号

载波信号频率用无线电波段的两种不同频率电磁波。其频率和波长为:

$$L_1 \text{ 载波}: f_1 = 154 \times f_0 = 1\,575.42 \text{ MHz}, \lambda_1 = 19.03 \text{ cm} \quad (10-5)$$

$$L_2 \text{ 载波}: f_2 = 120 \times f_0 = 1\,227.60 \text{ MHz}, \lambda_2 = 24.42 \text{ cm} \quad (10-6)$$

在载波 L_1 上调制有 C/A 码、P 码和数据码,在载波 L_2 上只调制有 P 码和数据码。

测距码是二进制编码,由 0, 1 组成。在二进制中,一位二进制数叫做比特(bit)或一个码元,每秒钟传输比特数称为数码率。卫星采用的两种测距码 C/A 码和 P 码属于伪随机码,它们具有良好的自相关特性和周期性,可以容易复制。两种码的参数列于表 10-1

表 10-1 C/A 码和 P 码参数

参　数	C/A 码	P　码
码长(bit)	1 023	2.35×10^{14}
频率 f(MHz)	1.023	10.23
码元宽度 $t_u = 1/f$(μs)	0.977 52	0.097 752

（续表）

参　　数	C/A 码	P　码
码元宽度时间传播距离 ct_u(m)	293.1	29.3
周期 $T_u = N_u t_u$	1 ms	265 天
数码 P_u(bit/s)	1.023	10.23

使用测距码测距原理是：卫星在自身的时钟控制发射某一结构测距码，经 Δt 时间传播后到达 GPS 接收机；而 GPS 接收机产生结构相同的测距码——复制码，复制码通过一个时间延迟器使其延迟时间 τ 后与接收的卫星测距码比较，通过调整延迟时间 τ 使两个测距码完全对齐[此时自相关系数 $R(t)=1$]。则复制码的延迟时间 τ 就等于要测量的卫星信号的传播时间 Δt(即 $\tau=\Delta t$)。

C/A 码码元宽度对应的距离值 293.1 m，如果卫星与接收机测距码对齐精度 1/100，测距精度 2.9 m；P 码码元宽度对应距离 29.3 m，如果卫星与接收机测距码对齐精度 1/100，测距精度 0.29 m。显然 P 码测距精度高于 C/A 码 10 倍，因此，又称 C/A 码为粗码，P 码为精码。P 码受美国军方控制，一般用户只能用 C/A 码测距。

2. 数据码

数据码就是导航电文，也称为 D 码，它包含了卫星星历、卫星工作状态、时间系统、卫星时钟运行状态、轨道摄动改正、大气折射改正和由 C/A 码捕获 P 码的信息等。导航电文也是二进制码，依规定的格式按帧发射，每帧电文的长度为 1 500 bit，播送速率为 50 bit/s。

10.3.2　伪距定位

伪距定位分单点定位和多点定位。单点定位是将 GPS 接收机安置在测点上并锁定 4 颗以上的卫星，通过将接收到的卫星测距码与接收机产生的复制码对齐来测量与锁定卫星测距码到接收机的传播时间 Δt_i，进而求出卫星至接收机的伪距值，从锁定卫星广播星历获取卫星的空间坐标，莱用距离交会原理解算出天线所在点的三维坐标。设锁定 4 颗卫星时的伪距观测方程为式(10 - 4)，因 4 个伪距观测方程有 4 个未知数，锁定 4 颗卫星时方程有唯一解。当锁定的卫星数超过 4 颗时，就存在多余观测，此时应使用最小二乘法原理通过平差求解待定点的坐标。

由于伪距观测方程没有考虑大气电离层和对流层折射误差、星历误差影响，单点定位精度不高。C/A 码定位的精度为 25 m，P 码定位的精度为 10 m。

多点定位就是将多台 GPS 接收机(一般 2～3 台)安置在不同测点上，同时锁定相同卫星进行伪距测量，此时，大气电离层和对流层折射误差、星历误差的影响基本相同，计算各测点间的坐标差(Δx, Δy, Δz)时，可消除上述误差影响，使测点之间的

点位相对精度大大提高。

10.3.3 载波相位定位

载波 L_1，L_2 的频率比测距码（C/A 码和 P 码）频率高，其波长比测距码短很多，由式（10－5）和式（10－6）可知，$\lambda_1=19.03\,\text{cm}$，$\lambda_2=24.42\,\text{cm}$。使用载波 L_1 或 L_2 作测距信号，将卫星传播到接收机天线的余弦载波信号与接收机基准信号比相，求出相位延迟计算伪距，可获得很高的测距精度。如果测量 L_1 载波相位移误差为 1/100，伪距测量精度可达 19.03 cm/100＝1.9 mm。

1. 载波相位绝对定位

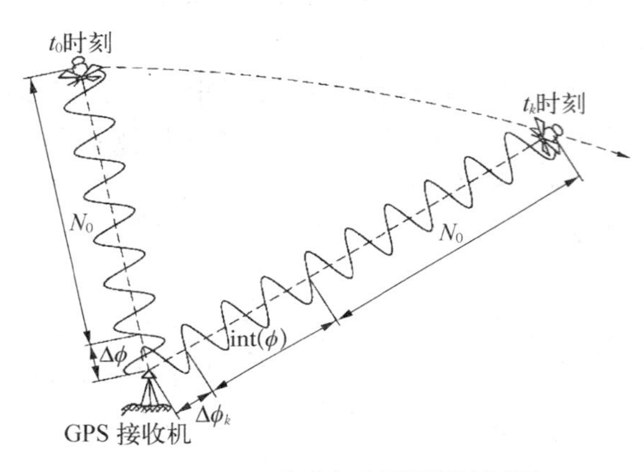

图 10－7　载波相位测距原理图示

图 10－7 为使用载波相位测量法单点定位情形。与相位式电磁波测距仪的原理相同，由于载波信号是余弦波信号，相位测量时只能测出其不足一个整周期的相位移部分 $\Delta\phi$（$\Delta\phi\leqslant 2\pi$），因此，存在整周数 N_0 不确定问题，N_0 也称为整周模糊度。

由图 10－7 可知。在 t_0 时刻（也称历元 t_0），某卫星发射载波信号到接收机相位移为 $2\pi N_0+\Delta\phi$，则该卫星至接收机的距离为

$$\frac{2\pi N_0+\Delta\phi}{2\pi}\lambda=N_0\lambda+\frac{\Delta\phi}{2\pi}\lambda \tag{10-7}$$

式中：λ——载波波长。

当对卫星连续跟踪观测，由于接收机内有多普勒计数器，只要卫星信号不失锁，N_0 不变，故在 t_K 时刻，该卫星发射载波信号到接收机相位移变成 $2N_0+\text{int}(\phi)+\Delta\phi_k$，式中 $\text{int}(\phi)$ 由接收机内多普勒计数器自动累计求出。

考虑钟差改正 $c(v_T-\nu_t)$、大气电离层折射改正 $\delta\rho_{ion}$ 和对流层折射改正 $\delta\rho_{trop}$ 的载波相位观测方程为：

$$\rho=N_0\lambda+\frac{\Delta\phi}{2\pi}\lambda+c(v_T-v_t)+\delta\rho_{ion}+\delta\rho_{trop}=R \tag{10-8}$$

虽然通过对锁定卫星进行连续跟踪观测可修正 $\delta\rho_{Ion}$ 和 $\delta\rho_{trop}$，但整周模糊度 N_0 始终未知，能否准确求出 N_0 成为载波相位定位的关键问题。

2. 载波相位相对定位

载波相位相对定位一般是使用两台 GPS 接收机分别安置在两测点，两测点连线

称为基线。通过同步接收卫星信号，利用相同卫星相位观测值线性组合来解算基线向量在 WGS－84 坐标系的增量(Δx, Δy, Δz)进而确定它们的相对位置。如果其中一个测点坐标已知，可推算出另一个测点坐标。

根据按相位观测的线性组合形式，载波相位相对定位又分为单差法、双差法、三差法。只介绍前两种。

(1) 单差法

如图 10－8(a)所示，将安置在基线两端点安置两台 GPS 接收机对同一颗卫星同步观测，由式(10－8)观测方程可以列出观测方程为：

$$\left.\begin{aligned} N_{01}^{i}\lambda + \frac{\Delta\phi_{01}^{i}}{2\pi}\lambda + c(v_{T}^{i} - v_{t1}) + \delta\rho_{ion1} + \delta\rho_{trop1} = R_{1}^{i} \\ N_{02}^{i}\lambda + \frac{\Delta\phi_{02}^{i}}{2\pi}\lambda + c(v_{T}^{i} - v_{t2}) + \delta\rho_{ion2} + \delta\rho_{trop2} = R_{2}^{i} \end{aligned}\right\} \qquad (10-9)$$

考虑到接收机到卫星的平均距离为 20 200 km，而基线的距离小于它，可以认为基线两端点的电离层好对流层基本相等，也即 $\delta\rho_{ion1} = \delta\rho_{ion2}$，$\delta\rho_{trop1} = \delta\rho_{trop2}$ 对式(10－9)的两式求差可得单差观测方程为：

$$N_{12}^{i}\lambda + \frac{\lambda}{2\pi}\Delta\phi_{12}^{i} - c(v_{t1} - v_{t2}) = R_{12}^{i} \qquad (10-10)$$

式中：$N_{12}^{ij} = N_{01}^{i} - N_{02}^{i}$；$\Delta\phi_{12}^{i} = \Delta\phi_{01}^{i} - \Delta\phi_{02}^{i}$；$R_{12}^{i} = R_{1}^{i} - R_{2}^{i}$。单差方程式(10－10)消除了卫星钟差改正数 v_T。

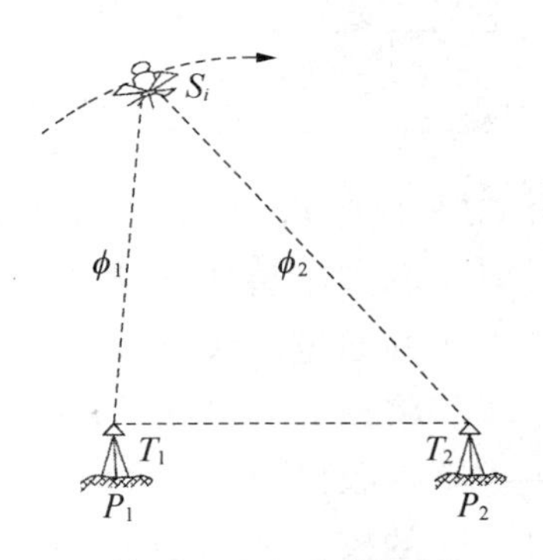

(a) 载波相位单差法定位

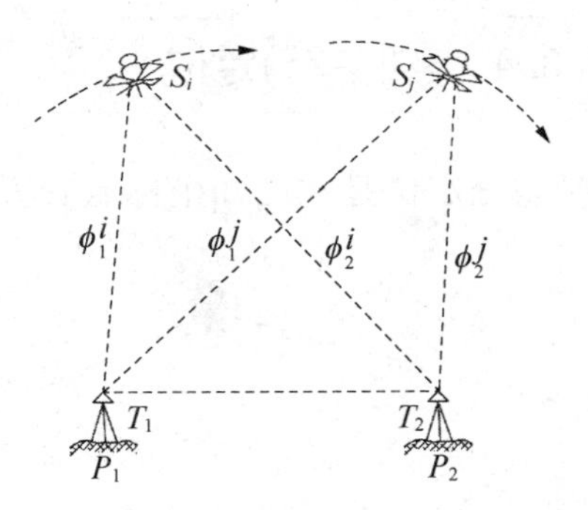

(b) 载波相位双差法定位

图 10－8　载波相位定位

(2) 双差法

如图 10－8(b)所示，将安置在基线端点上的两台 GPS 接收机同时对两颗卫星进行同步观测，根据式(10－10)可以写出观测 S_j 卫星的单差观测方程为：

$$N_{12}^{j}\lambda + \frac{\lambda}{2\pi}\Delta\phi_{12}^{j} - c(v_{t1} - v_{t2}) = R_{12}^{j} \qquad (10-11)$$

将式(10－10)和式(10－11)求差可得双差观测方程为：

$$N_{12}^{ij}\lambda+\frac{\lambda}{2\pi}\Delta\phi_{12}^{ij}=R_{12}^{ij} \quad (10-12)$$

式中：$N_{12}^{ij}=N_{12}^{i}-N_{12}^{j}$；$\Delta\phi_{12}^{ij}=\Delta\phi_{12}^{i}-\Delta\phi_{12}^{j}$；$R_{12}^{ij}=R_{12}^{i}-R_{12}^{j}$。双差方程式(10－12)可消除了基线端点两台接收机相对钟差改正数 $v_{t1}-v_{t2}$。

综上所述，载波相位定位时采用差分法，可减少计算中的未知数数量，消除或减弱测站共同误差影响，提高定位精度。

顾及式(10－2)，可以将 R_{12}^{ij} 化算为基线端点坐标增量(Δx_{12}，Δy_{12}，Δz_{12})的函数，也即式(10－12)中有3个坐标增量未知数。如两台GPS接收机同步观测了 n 颗卫星，则有 $n-1$ 个整周模糊度 N_{12}^{ij}，未知数总数为 $3+n-1$，当每颗卫星观测了 m 个历元时，就有 $m(n-1)$ 个双差方程。为求出 $3+n-1$ 个未知数，要求双差方程数>未知数个数，也即

$$m(n-1)\geqslant 3+n-1 \text{ 或者 } \geqslant m\frac{n+2}{n-1}$$

一般取 $m=2$，也即每颗卫星观测2个历元。

为提高相对定位精度，同步观测的时间应比较长，具体时间与基线长、所用接收机类型(单频/双频)和解算方法有关，在<15 km短基线上使用双频机观测，用快速处理软件，野外每个测点同步观测时间只需10～15 min就可使测量基线长度达到5 mm+1 ppm精度。

10.3.4 实时差分定位

测实时差分定位是在已知坐标点安置一台GPS接收机(基准站)，利用已知坐标和卫星星历算出观值的校正值，并通过无线电通讯设备(数据链)将校正值发送给运动中的GPS接收机(移动站)，移动站用收到的校正值对自身GPS观测值进行改正，以消除卫星钟差、接收机钟差、大气电离层和对流层折射误差的影响。

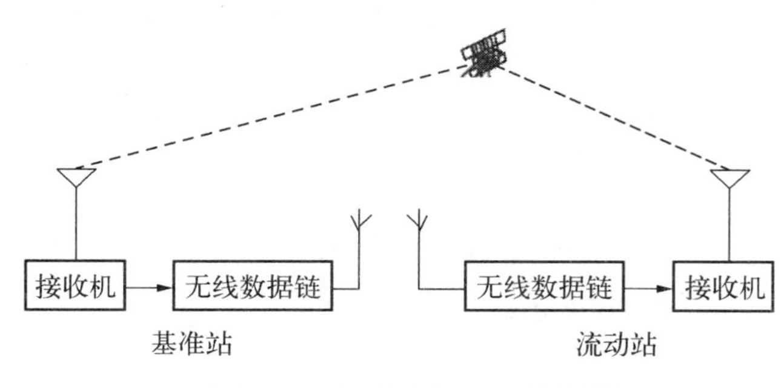

图10－9 实时差分GPS定位原理

实时差分定位应用带实时差分功能的GPS接收机才能进行，如图10－9所示。

1. 位置差分

将基准站的已知坐标与GPS伪距单点定位获得的坐标值进行差分，通过数据链

向移动站传送坐标改正值，移动站用接收到的坐标改正值修正其测得的坐标。

设基准站的已知坐标为(x_B^0，y_B^0，z_B^0)使用GPS伪距单点定位测得的基准站的坐标为(x_B，y_B，z_B)，通过差分求得基准站的坐标改正数为：

$$\left.\begin{aligned}\Delta x_B &= x_B^0 - x_B \\ \Delta y_B &= y_B^0 - y_B \\ \Delta z_B &= z_B^0 - z_B\end{aligned}\right\} \tag{10-13}$$

设移动站使用GPS伪距单点定位测得的坐标为(x_i，y_i，z_i)，则使用基准站坐标改正值修正后的移动站坐标为

$$\left.\begin{aligned}x_i^0 &= x_i + \Delta x_B \\ y_i^0 &= y_i + \Delta y_B \\ z_i^0 &= z_i + \Delta z_B\end{aligned}\right\} \tag{10-14}$$

位置差分要求基准站与移动站同步接收相同卫星的信号。

2. 伪距差分

利用基准站的已知坐标和卫星星历计算卫星到基准站的几何距离 R_{B0}^i，并与使用伪距单点定位测得的基准站伪距值$\tilde{\rho}_B^i$ 进行差分得到距离改正数

$$\Delta\tilde{\rho}^i = R_{B0}^i - \tilde{\rho}_B^i \tag{10-15}$$

通过数据链向移动站传送 $\Delta\tilde{\rho}_B^i$，移动站用接收的$\tilde{\rho}_B^i$ 修正其测得得伪距值。基准站只要观测到4颗以上的卫星并用 $\Delta\tilde{\rho}_B^i$ 修正其值至各卫星的伪距值就可以进行定位，它不要求基准站与移动站接收的卫星完全一致。

3. 载波相位实时差分

前面两种差分方法都是使用伪距定位原理进行观测，而载波相位实时差分(RTK)是使用载波相位定位原理进行观测。载波相位实时差分的原理与伪距差分类似，因为是使用载波相位信号测距，所以其伪距观测值的精度高于伪距定位法观测的伪距值。由于要解算整周模糊度，所以要求基准站与移动站同步接收相同的卫星信号，且两者相距一般应小于30 km，其定位精度可以达到1～2 cm，如图10-10。

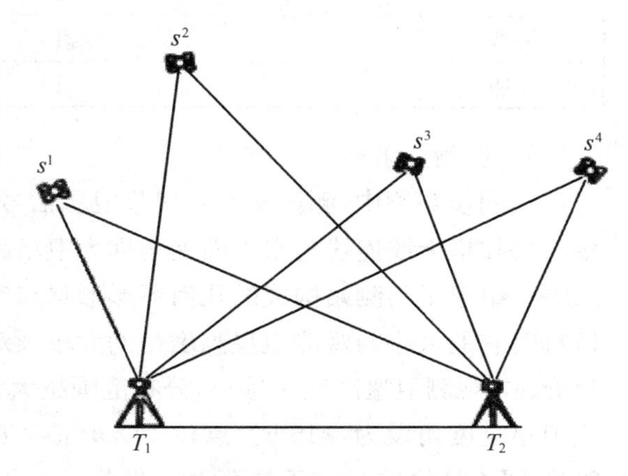

图10-10　载波相位实时差分原理

任务 10.4　GPS 在测量中的应用

使用 GPS 进行控制测量过程为：方案设计、外业观测、内业数据处理。用户可以根据测量成果的用途选择相应的 GPS 测量规范实施：《全球定位系统城市测量技术规程》、《全球定位系统城市测量技术规程》和《公路全球定位系统(GPS)测量规范》，本书只介绍最后一个《规范》的规定。

1. 精度指标

GPS 测量控制网一般使用载波相位静态相对定位法，使用两台或两台以上 GPS 接收机同时对一组卫星进行同步观测。控制网精度指标是以网中基线观测的距离误差 m_D 来定义的。

$$m_D = a + b \times 10^{-6} D \tag{10-16}$$

式中：a——距离固定误差；

b——距离比例误差；

D——基线长。

城市及工程控制网的精度指标要求见表 10 - 2。

表 10 - 2　城市及工程控制网的精度指标

等　级	平均距离(km)	a(m)	b(ppm)	最弱边相对中误差
二等	9	≤10	≤2	1/12 万
三等	5	≤10	≤5	1/8 万
四等	2	≤10	≤10	1/4.5 万
一级	1	≤10	≤10	1/2 万
二级	<1	≤15	≤20	1/1 万

2. 观测要求

在同步观测中，测站从开始接收卫星信号到停止数据记录的时段称为观测时段；卫星与接收机天线连线与水平面夹角称为卫星高度角，卫星高度角太小时不能进行观测；反映一组卫星与测站构成的几何图形形状与定位精度关系数值称为点位图形强度因子 PDOP，它的大小与观测卫星高度角的大小及观测卫星空间的几何分布有关。见图 10 - 11 所示，观测卫星高度角越小，分布范围越大，其 PDOP 值越小。综合其他因素的影响，当卫星高度角设为≥15°时，点位 PDOP 值<6。GPS 接收机锁定一组卫星后将自动计算出 PDOP 值并显示于屏幕上。规范对 GPS 测量作业的基本要求见表 10 - 3。

3. 网形要求

与传统控制测量方法不同，使用 GPS 接收机观测，不要求各站点间相互通视。

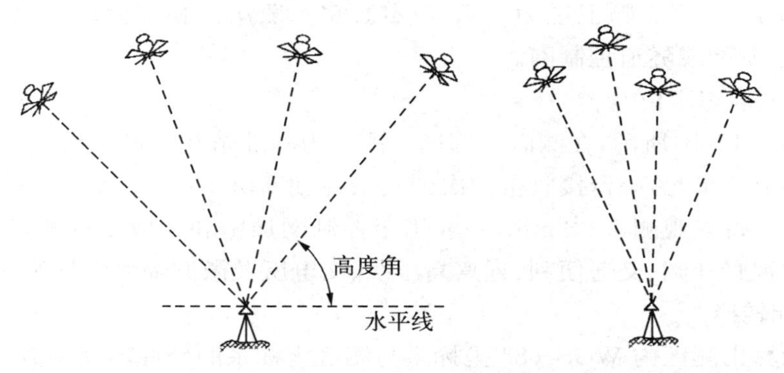

图 10－11　卫星高度角与图形强度因子

表 10－3　静态 GPS 测量作业技术规定

等　　级	二等	三等	四等	一级	二级
卫星高度角(°)	≥15	≥15	≥15	≥15	≥15
PDOP	≤6	≤6	≤6	≤6	≤6
有效观测卫星数	≥4	≥4	≥4	≥4	≥4
平均重复设站数	≥2	≥2	≥1.6	≥1.6	≥1.6
时段长度(min)	≥90	≥60	≥45	≥45	≥45
数据采样间隔(s)	10～60	10～60	10～60	10～60	10～60

网形设计，根据控制网用途、现有 GPS 接收机台数可以分两台接收机同步观测、多台接收机同步观测和多台接收机异步观测三种方案。在这儿只简单介绍两台接收机同步观测方案，其两种测量与布网的方法如下：

（1）静态定位

如图 10－12(a)所示，将两台接收机轮流安置在各基线端点，同步观测 4 颗卫星

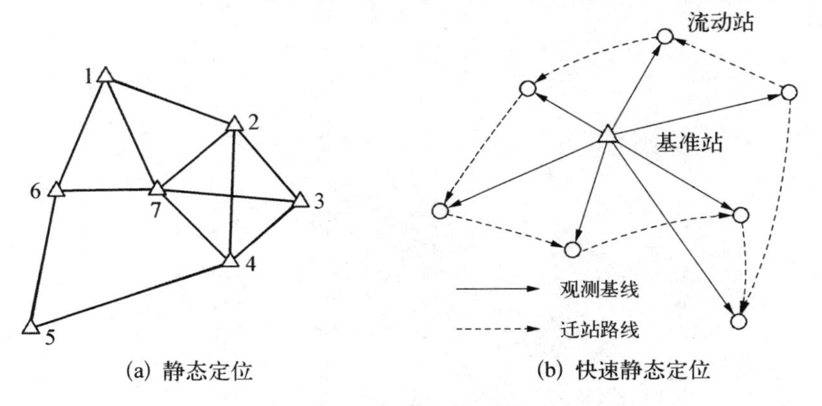

(a) 静态定位　　(b) 快速静态定位

图 10－12　GPS 静态定位典型图形

1 h左右，或同步观测 5 颗卫星 20 min 左右。它一般用于精度要求较高的控制网布测，如桥梁控制网或隧道控制网。

(2) 快速静态定位

如图 10－12(b)所示，在测区中部选一测点为基准站并安置一台接收机连续跟踪观测 5 颗以上卫星，另一台接收机依次到其余各点流动设站观测（不必保持对所测卫星连续跟踪），每点观测 1～2 min，一般用于控制网加密和一般工程测量。但控制点应选择天空视野开阔、交通便利、远离高压线、变电所及微波辐射干扰源的地点。

4. 坐标转换

为了计算出测区内 WGS－84 坐标系与测区坐标系的坐标转换参数，要求至少有 2 个及以上 GPS 控制网点与测区坐标系已知控制网点重合。坐标转换计算由 GPS 附带数据软件自动完成。

参 考 文 献

唐春平.建筑工程测量.北京：北京理工大学出版社，2011
姚德新.土木工程测量学教程.北京：中国铁道出版社，2003
王云江，赵西安.建筑工程测量.北京：中国建筑工业出版社，2005
覃辉.建筑工程测量.北京：中国建筑工业出版社，2007
武汉测绘科技测量组.测量学.北京，测绘出版社，1993

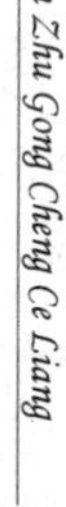

图书在版编目(CIP)数据

实用建筑工程测量/韩永光,周秋平主编. —上海:复旦大学出版社,2013.8
面向21世纪高端技能型专业人才培养系列
ISBN 978-7-309-09972-0

Ⅰ. 实… Ⅱ. ①韩…②周… Ⅲ. 建筑测量-高等职业教育-教材 Ⅳ. TU198

中国版本图书馆CIP数据核字(2013)第178040号

实用建筑工程测量
韩永光 周秋平 主编
责任编辑/罗 翔

复旦大学出版社有限公司出版发行
上海市国权路579号 邮编:200433
网址:fupnet@fudanpress.com http://www.fudanpress.com
门市零售:86-21-65642857 团体订购:86-21-65118853
外埠邮购:86-21-65109143
上海春秋印刷厂

开本 787×1092 1/16 印张 13.5 字数 266 千
2013年8月第1版第1次印刷
印数 1—4 100

ISBN 978-7-309-09972-0/T · 486
定价: 25.00 元
